安全文化

Safety Culture

公益社団法人 日本技術士会東北本部 編

「INSAG-4」原文の掲載は IAEA の許諾済み
Copuright by the International Atomic Energy Agency.
Used by permission of the International Atomic Energy Agency.through Japan Uni Agency. inc., Tokyo.

「INSAG-4」翻訳文の出展は下記のとおり
原子力規制委員会（NRA）
https://www.nar.go.jp/activity/kokusai/honyaku_03.html（2024 年 6 月 28 日に利用）

まえがき

　われわれが住む東北の地は、電力を首都圏の大消費地へ供給していた。そこへ 2011 年 3 月 11 日、東日本大震災が起きた。災害復興が進行するうちに、消費地ではすでに大震災は過去の出来事になっていった。しかし、災害復興に従事してきた東北の技術者たちにとっては、今も目の前にある災害であり、片時も忘れることは決してできない。

　われわれは、復興事業に従事した者の使命として、その教訓を後世に伝承するため「東日本大震災復興 10 年事業」を始めた。このプロジェクトを進める中で、国際間で知られた「安全文化」が、我が国においてほとんど理解されていないことを知ることとなった。

　そして、東京電力福島第一原発事故（以下、福島原子力事故）を経験したことを重くみて、IAEA（国際原子力機関）発行の文書『INSAG-4（安全文化）』をベースとして、国際共通の「安全文化」を明らかにしたい、そして広く普及したいとの思いを強くすることとなった。この思いを実現するために、かねてから安全文化に取り組んでいた著者たちと協働し、本書を作成することとした。

　当初、本書では安全文化の解明を目指していたが、議論を進めていく中、「防災文化」も安全文化の枠組みと共通するものであることが判明した。そのため、「安全文化」に「防災文化」を加えて全 10 章の構成とした。

　本書は、われわれの真摯な検討とその成果であり、大震災を経験した東北の地からの発信である。

　安全文化は、チェルノブイリ事故を機に IAEA が初めて提唱し、1991 年発行の文書 INSAG-4「安全文化」に、安全文化の定義と実務の体系が収められている。この INSAG-4 によって、安全文化が国際共通の理解となり、原子力を越えてあらゆる産業に広がったのである。

　日本で安全文化がほとんど理解されなかったのは、INSAG-4 の邦訳がなかったため、日本人によく読まれなかったことにも原因がある。

1994年に、当時の原子力規制委員会が原子力安全白書（平成6年版）でINSAG-4を紹介したが、その後、邦訳が公表されることもなく、原子力規制における位置づけがあいまいだった。社会では、安全文化の語は一部で知られたものの、安全文化の"醸成"とか、"安全安心"とかの日本独自の用語とイメージにとどまった。

　今般、本書出版に当たり、日本技術士会東北本部はIAEAにINSAG-4対訳の収載について許諾を申請したところ、IAEAと原子力規制委員会（NRA）の連携において、原子力規制委員会によって2024年7月、INSAG-4の邦訳（以下「NRA公表訳」という）が公表された。

　この公表は、これまではあいまいだった安全文化を、IAEA提唱の路線において推進することを示すものと解するなら、その意義は大きい。

　本書は、次の三つの問題意識からなる。
　第1は、防災である。
　災害関連の活動として、一般に、防災・減災・救助・災害復興が示されるが、災害復興の困難を身に沁みて知った人たちは、その中でも防災が重要だと実感し、「防災」が総称となり、「防災文化」が語られるようになった。

　昔から、人々は大災害のたびに、これから生まれてくる人たちが危害にさらされることがないよう、自分たちの経験が将来の世代に伝承されることを願い、その経験が次世代以降の人々によって尊重されてきた。それが「文化」というものだろう。

　防災は、自助・互助・共助・公助に分けられ、大震災以降、あらゆる努力が傾注されるようになった。東北の地の研究者、自治体の行政、それに士業といわれる建築士、弁護士、技術士等の生の声をとらえ「安全文化」に倣い、「防災文化」の定義を試みた。決して十分とはいえないが、これまで漠然としていた「防災文化」について、討論の手がかりにはなり得よう。

　我が国は、今後30年の間に南海トラフ地震、首都直下地震、日本海溝・千島海溝周辺海溝型地震が起きるとされている。本書が防災対策の確立

に向けての一石となれば幸甚である。

　第2の問題意識は、福島原子力事故の構造についてである。
　この事故の原因が安全文化にあるとされながら、その「安全文化」が日本ではよく理解されていないために、結局、事故原因は不明のままである。
　危険なのは原子力だけではなく、科学技術の全てにおいて安全確保が課題なのだ。今後は「安全文化」を解明するとともに、福島原子力事故の事故の構造を明らかにし、対策の方向を示すことが、日本国民の信頼に応え、国際社会に貢献することになるといえるだろう。
　本書では「安全文化」が日本において難解とされている理由を探るため、西洋と日本の文化を比較する目をもって、INSAG-4 を分析し、西洋で重大事故から安全文化が育ち普及した状況を観察している。そして、社会学者のパーソンズの理論を応用して、安全文化の活動が5要素からなるという、安全文化モデルを導く。こうして INSAG-4 の翻訳から出発し、理論的な解明を経て、「安全文化」をよりわかりやすく著した。
　日本の課題として「制度（規制行政）」や「個人」について検討を行うとともに、リーダーとメンバーの関係についての NRC（米国原子力規制委員会）の実務のルールと整合に、日本の「働く人」の行動する姿勢をとらえた。
　最後に、以上明らかにした安全文化の事例研究として、福島原子力事故の構造をとらえる。従来から知られた事故原因とは異なるところがあるが、「安全文化」を理解したうえで、事故の事実を分析するとこのようになるのである。
　以上により「安全文化」を明らかにし、福島原子力事故の構造を突きとめることができたと思われる。

　第3の問題意識は、付録に収めた2点の文書の重要性である。
　最初の文書の INSAG-4 は、IAEA の INSAG（国際原子力安全アドバイザーグループ）の手になる原子力発電所の実務の体系を小冊子に収めたも

のだが、意外なことに、原子力発電所について書かれながら、本文中では、原子力特定の技術については一切言及されていない。INSAG-4には、科学技術の安全確保全般にかかるマネジメントの体系という普遍性がある。それゆえに、安全文化が原子力にとどまらず、西洋社会で急速に、あらゆる産業に普及したのであろう。

　本書はINSAG-4の翻訳から出発し、理論的なモデルを導いて、福島原子力事故の構造を追究したのだが、もしINSAG-4がなければ、この事故の原因は、この国ではついにあいまいなままに終わったであろう。本書をIAEA及びINSAG-4メンバーに心からの敬意と感謝をこめて捧げたい。

　2点目の文書は、NRCの「積極的安全文化方針表明」である。収めたのは2011年、福島原子力事故が起きた年に出た最終版だが、NRCのこの積極的安全文化方針表明に関係する活動は、2001年の同時多発テロに始まる。

　この方針表明は、原子力規制が対象だが、これまた意外なことに、本文中に原子力特定の技術に関する記述は一切出てこない。いわば、民主主義国家における、規制行政一般のあり方を明示するものになっていて、米国で、政府側の規制者（NRC）が、事業者など被規制者や国民一般を含むステークホルダーとどのようにかかわるかが、わかりやすく示されている。

　日本と米国では文化が違うとはいえ、同じ民主主義を原理とし、同じ科学技術を対象に、同じ安全確保を目標とする規制行政のあり方が、日本は独自でよいのだ、といえるはずはない。

　福島原子力事故の直後、2006〜2009年にNRC議長を務めたデール・クライン博士は「"ノー"というのが失礼で、何よりも儀式を守るべき文化においては、西洋流（Western style）の安全文化は受け入れがたいと思う。しかし、卓越性を達成したいなら、受け入れなければならない。」「私は、日本の原子力産業が、原子力運用を安全文化へと転換する能力があることを疑わない」とした（The Ripon Forum, Vol.45, No.3, 2011）。

　これは的を射た見方だ。ただ、日本人は、安全文化を理解していて実

施しなかったのではない。文化の違いから、西洋流の安全文化を理解することがどれほど難解だったか、機会が得られれば、クライン博士へ感謝の念とともに報告申し上げるようにしたい。

　本書は、東北の技術者たちによる提言である。福島原子力事故にみるとおり、原子力は危険なものだ。しかし、危険なのは原子力ばかりではない。科学技術の発達は、地球温暖化を引き起こし、この地球に人類が住めなくなることさえあると言われている。
　日本の将来にとって、科学技術の安全確保は、最も基礎となる考え方や条件であり、前提的な課題である。その科学技術の一端を担うのは科学者、もう一端を担うのは技術者である。東北の技術者たちの思いからなる本書が、科学技術の安全確保の意義を一歩進める一助になることを願っている。

公益社団法人　日本技術士会東北本部
特別顧問　熊谷 和夫
本部長　遠藤 敏雄

安全文化
　　著者：杉本 泰治　福田 隆文　森山 哲　齋藤 明　渡邉 嘉男

付録　翻訳：渡邉 嘉男　杉本 泰治
　　　解説：杉本 泰治　渡邉 嘉男

公益社団法人　日本技術士会東北本部
　「安全文化」モニタリング委員会
　　　　委員：熊谷 和夫　遠藤 敏雄　井口 高夫　畠 良一
　　　　　　　滝上 忠彦　齋藤 明　渡邉 嘉男

目　次

まえがき ………………………………………………………………… *I*

第1章　安全文化への扉を開く ……………………………………… *1*
1.1　東日本大震災の復興の現場から／ *3*
1.2　科学技術と安全文化の関係／ *10*

第2章　西洋と日本―西洋に学ぶ姿勢 ……………………………… *15*
2.1　IAEAと日本、双方の思い込み／ *16*
2.2　技術者倫理と安全文化の出会い／ *18*
2.3　日本の科学技術の課題／ *24*
2.4　明治期　法制創設の前例に学ぶ／ *32*
2.5　医学、技術・工学、法学の戒め／ *41*
2.6　科学技術の安全確保に向けて／ *47*

第3章　なぜ安全文化は日本人に難解か ………………………… *51*
3.1　日本の事故を見る目／ *52*
3.2　安全文化のイメージを探る／ *53*
3.3　INSAG-4の読解の難しさ／ *57*
3.4　安全文化の共通の理解に向けて／ *65*
3.5　安全文化のもう一つの理解／ *67*

第4章　重大事故から見えてくる安全文化 ……………………… *73*
4.1　INSAG-4の性格／ *74*
4.2　安全確保の流れ／ *75*
4.3　西洋の事故の原因究明―ケーススタディ／ *80*
4.4　安全文化の実務と理論の関係／ *107*

第5章　安全文化 ……………………………………………………… *115*
5.1　安全文化―活動と理念／ *115*
5.2　安全文化―枠組みと定義／ *123*
5.3　ただ一つの道―安全文化／ *126*
5.4　日本育ちの"安全文化"／ *130*

第6章　規制行政 ……………………………………………………… *141*
6.1　法の基礎／ *142*
6.2　事前法と事後法／ *145*
6.3　科学技術とのかかわり／ *150*
6.4　規制行政の近年の解明／ *153*

　　　　6.5　文化の分かれ道（その1）／157
　　　　6.6　安全確保の規制行政のイメージ／163
　　　　6.7　安全確保の規制行政の枠組み／166
　　　　6.8　事後法の性格と限界／177
　　　　6.9　1972年ローベンス報告の意義／178

第7章　信頼される倫理 ………………………………………………… 187
　　　　7.1　モラルと倫理／188
　　　　7.2　倫理への信頼／196
　　　　7.3　倫理の意義—何のためのものか／201
　　　　7.4　技術者の倫理規程／207
　　　　7.5　社会とコミュニティ／212
　　　　7.6　公衆とは何か／214
　　　　アメリカ土木エンジニア協会　倫理規程（新版）用語解説／216
　　　　アメリカ土木エンジニア協会　倫理規程（新版）／217

第8章　個人—日本の「働く人」 ……………………………………… 223
　　　　8.1　組織の行動／224
　　　　8.2　技術者の社会的な位置づけ／226
　　　　8.3　安全確保のカギ—経営者と技術者の関係／231
　　　　8.4　「働く人」—文化の分かれ道（その2）／232
　　　　8.5　日本の「働く人」／241
　　　　8.6　日本の「働く人」の行動する姿勢／245
　　　　8.7　技術者の法教育／247

第9章　福島原子力事故の構造 ………………………………………… 251
　　　　9.1　福島原子力事故を見る目／252
　　　　9.2　事故の分析方法／255
　　　　9.3　福島原子力事故の原因／257
　　　　9.4　根本原因1—規制行政のあり方／258
　　　　9.5　根本原因2—経営者・技術者の相反の解決／266
　　　　9.6　事故構造の同定—チャレンジャー事故との比較／270
　　　　9.7　福島原子力事故からの課題／273
　　　　9.8　科学技術の安全確保のために／280

第10章　防災と災害復興の文化（防災文化） ………………………… 287
　　　　10.1　これまで行われてきた災害対策／289
　　　　10.2　「士業」専門家の災害対応／292
　　　　10.3　防災組織—自助、共助・互助、公助／300
　　　　10.4　防災文化／303
　　　　10.5　結　語／315

付録１ ……………………………………………………………… *319*
  IAEA 安全文化 INSAG-4　解説／ *319*
  IAEA 安全文化 INSAG-4　対訳／ *341*
付録２ ……………………………………………………………… *417*
  NRC 安全文化方針表明　解説／ *417*
  NRC 安全文化方針表明　邦訳／ *421*
あ と が き ……………………………………………………………… *435*
索　　引 ……………………………………………………………… *442*

第 1 章
安全文化への扉を開く

第1章　安全文化への扉を開く

　2011年3月11日、東北地方太平洋沖地震に伴う大津波が、東日本の海岸を襲った。広域にわたる複合的な災害は、東日本大震災と名づけられ、震災復興はこの10年余、着実に進み、なお進行している。

　この大津波は、福島原子力事故を引き起こした。事故が起きた発電所現場の事後処理や、被害者に対する損害賠償は、ときにマスメディアに登場し、そのたびに人々は、この悲劇の記憶を新たにしている。

　その一方で、忘れられたかのように遠のいたのは、福島原子力事故の原因である。この事故はなぜ起きたか、その原因が、決定的といえるほどには明瞭になっていないことが、忘れられているようだ。10年余の月日が経ち、ほとんど誰も、そのことを言わなくなった。このまま忘れ去られるのだろうか。

　原子力発電が極めて危険なものであることは、福島原子力事故が証明した。この事故の過酷で悲惨な事実が国民に知られ、脱原発（原発廃止）の主張が、説得力をもつようになった。脱原発が実現すれば、福島原子力事故のようなことは、絶対に起きない、絶対に安全である。その絶対安全の対策をとるべきだ、との主張である。

　従来、原発を推進する主張と、脱原発の主張とが対立したまま解決されないでいたところへ、福島原子力事故が起きてこの事態である。議論に"勝ち"、"負け"があるものなら、脱原発の"勝ち"で議論は終わりだが、それで終わってよいだろうか。

　一つには、福島原子力事故の原因を明らかにして、国民にわかるようにしなければならない。また、日本国民だけではなく、国際社会に対しての責任がある。日本で起きたこの事故の原因を、一番知ることのできる立場にいるのは、日本人である。事故原因を解明し明瞭にすることは、この事故に最大限の関心を寄せてきた国際社会に対する、事故の当事国

日本の責務とみると、われわれはそれをまだ果たしていない。

　これは、この先でわかるように、容易には解決できない難問である。だからこそ、事故調査の努力にもかかわらず疑問が残されているのだということをわきまえ、決意をもって取り組まなくてはならない。

　事故原因の追究は、もう一つのことにつながる。それは、福島原子力事故からの教訓である。われわれに、この事故の悲惨を嘆いている暇はない。この事故が教える多くのことをしっかりととらえ、国民にわかるようにし、次世代へ伝えなければならない。

　事故原因として、これまでに、日本の原子力の「安全文化」に問題があったとのIAEA（国際原子力機関）などの見方が知られている。そのことが、手がかりとなる。問題は、その安全文化という語が、安全に関心のある人々の間に普及したものの、国民には、この語さえ知られていないこと、そのうえ、安全文化とは何かという、肝心かなめのことが、不明のままなことである。事故原因の解明には、安全文化の解明が必要なのである。

　本章では、日本が福島原子力事故を機会に出会った安全文化が、どのような性格のものか、そして、どれほどの重みのある問題かを探り、解明に向かう方角を、おぼろげながらも見定めるようにしたい。

　まず、東日本大震災の復興事業に従事した技術者たちは、得られた数多くの経験や教訓を「文化」として次世代へ伝承したいと考えていることを理解したい（1.1）。

　技術者倫理が説く技術者の役割についての知識を応用し、その「文化」が、IAEAの提唱で知られるようになった「安全文化」と同じらしいことを突きとめる（1.2）。

　なお、安全文化は原子力の領域で提唱され、本章はこうして東日本大震災復興の経験に発して、福島原子力事故の原因に立ち入っており、本章の主旨は、安全文化の理解が、原子力分野のみの課題ではなく、広く科学技術一般にかかわるとみることである。

1.1 東日本大震災の復興の現場から

　東日本大震災が起きて10年になる2021年、この東北の被災地で復興の活動をしてきた技術者たちの集団が、「東日本大震災復興10年事業」[1]を始めた。

1.1.1　東日本大震災
　2011（平成23）年4月1日の閣議了解により、東北地方太平洋沖地震による災害及びこれに伴う原子力発電所事故による災害を「東日本大震災」と呼称することとされた。

　2011年3月11日、東北地方太平洋沖地震とこの地震が引き起こした津波により、約2万人が犠牲となり、さらに福島原子力事故により、人類がそれまで経験したことのない広域複合災害となった。

表1.1　事象と災害

事象		災害
異常な自然現象	地震	地震による災害
	津波	津波による災害
事故（福島原子力事故）		事故による災害

　「大震災」というと、地震と津波を思い浮かべるが、それは地震と津波による災害に、福島原子力事故による災害が加わった、全体を指している（表1.1）。

1.1.2　東北の技術者たちの「東日本大震災復興10年事業」
　10年間、東北の被災地で行われた復興の、どの場面にもそこで働く技術者がいた。技術者の姿を消したら、復興は成り立たない。復興におけるそういう技術者の働きは、社会で話題になることは少なく、働きにふさわしい社会的評価がなされているかいうと、そうではない。

　技術者たちは、通常、自らの業績を声高に訴えることはしないものだ。本書もまた、この10年間に技術者がどれほど復興に大きな寄与をしてき

---

[1] 公益社団法人 日本技術士会 東北本部による事業

たかという、過去の成果を語るものではない。

　かえりみるとこの10年間、復興を支えてきた技術者たちは、復興の実務に携わる立場ゆえに、観察し、知りえたことがあり、考えてきたことがある。それは、これから先、将来にわたる災害復興のあり方や、災害復興を担う技術者のあり方にかかわるが、10年経った時点でも、まだ漠然としたイメージのままである。それをしっかりととらえて次世代へ伝えようという意図が、本書の出発点である。本書の主題は「安全文化」だが、当初から「安全文化」が見えていたわけではない。

1.1.3　研究と行政の識者の意見

　「東日本大震災復興10年事業」の開始にあたり、復興に指導的役割を果たした2人の識者の意見をうかがうこととした。それは、2021年のシンポジウム「レジリエンスな社会に向けた提案」の標題のもとでの、二つの基調講演である。

　東北大学の今村文彦教授は、津波工学の研究者である。東北大学は、東日本大震災に先立つ2007年、高い確率で発生が予想されていた宮城県沖地震を視野に入れ、学内の文・理・工・医学系から約30名のメンバーを集め防災科学研究拠点を結成した。しかし、東日本大震災の規模は想定をはるかに超えるものであり、十分対応できなかったという反省から、東日本大震災の約1年後に東北大学災害科学国際研究所（初代所長平川新教授。講演当時は所長今村文彦教授）の発足となった。その目的は、地球規模の視点で、災害のメカニズムを解明し、国境、文化を超えて世界の災害軽減に貢献することとしている[2]。

　宮城県副知事の遠藤信哉氏（2021年当時）は、知事を補佐し事務を監督する行政の特別職である。東日本大震災発生の翌月の2011年4月土木部次長（技術担当）、13年4月土木部長、17年4月宮城県公営企業管理者、19年4月宮城県副知事という一貫性のある経歴が示すとおり、東日本大震災発生から10年間にわたる復旧・復興の歩みと成果を総括することが

---

[2] 東北大学 災害科学国際研究所ホームページ、https://irides.tohoku.ac.jp/outline/greeting.html

できる立場にある。加えて、今後、高い確率で発生が予想される宮城県沖地震や、近年の激甚化・頻発化する自然災害に対して、事前防災や地域防災力の強化など被害を最小限に止めるための取組みが、その視野にあった。

以下は、両氏の基調講演の記録[3]で、技術者たちが受け止めた概要である（文責は著者らにある）。

(1) 東日本大震災の教訓と今後の防災・減災対応（今村文彦氏）

過去の津波による死亡率をみると、明治29年三陸地震（死亡率83%）、昭和8年三陸沖地震（同33%）、そして東日本大震災（同4%）と減少しているという統計的な事実はある。2度の津波被害を受けた岩手県田老町(現宮古市)では巨大堤防が死亡率を軽減させた。東日本大震災でも仙台東部道路による大きな被害軽減があった。しかし、事前防災の取組みは確実に被害を軽減できるが、ゼロにはできない。

①防災教育と災害伝承

東日本大震災後も、自然災害は繰り返しやってくる。2014年の広島豪雨土砂災害、御岳山噴火、2021年の東北地方での連続地震、熱海市の土砂災害と続いている。防災教育普及協会は3月11日を「防災教育と伝承の日」と呼びかけている。自然災害の多い我が国で国民全体のものとして受け止め、防災教育と災害伝承の活動を一層強化することが求められている。

地すべりや土砂災害などで、避難できないまま被災する現実をどのように改善できるか。人命を守り（犠牲者ゼロを目指す）、地域（コミュニティ）を守るレジリエンス向上が課題として挙げられる。

②防災・減災の新しい動き

防災・減災の新しい動きとして、一つ目に、産学官共創プロジェクトの例がある。川崎市で懸念される地震・津波、南海トラフ巨大地震で予想される津波について、2017年11月に、防災に強い持続的なまちづくりへの貢献を目指した、富士通、川崎市と東北大学・東京大学によるプ

---

[3] 日本技術士会東北本部ホームページ「東日本大震災復興10年事業《2021年事業》開催報告」
https://tohoku.gijutusi.net/wp-content/uploads/2022/01/20210716.pdf

ロジェクトの形成が挙げられる。

二つ目は、自助（自分自身の身の安全を守ること）・共助（地域やコミュニティの人たちが協力して助け合うこと）・公助（公的機関による救助・援助）の三助に、産業が加わる産助の取組みである。それは、イオンモール・イオン環境財団との協定により、みどり豊かな環境整備、地域の防災拠点形成、地域コミュニティの創出を行うものである。

三つ目は、2015年の仙台防災枠組（第3回国連防災世界会議）で決議されたもので、仙台防災枠組と、国際標準化（ISO）することによる新産業化への期待がある。これはエネルギー・防災情報、リスク・ファイナンス、グリーンインフラ、復興ツーリズム・防災学習、コミュニティを国際標準化するものだ。

③東日本大震災の教訓

東日本大震災の教訓として、われわれは備え以上のことはできない。危機管理と対応計画は、最悪のシナリオにもとづき、不確実な状況下での判断と対応には、回復力のあるレジリエント社会の構築が必要である。皆さんと思いをともにし、そして思いを行動にしていきたい。

(2) 東日本大震災からの復興と地域防災力の強化～未来への礎（遠藤信哉氏）[4]

東日本大震災発生から10年間にわたる復旧・復興の歩みと成果を総括するとともに、この間に得られた数多くの経験や教訓を風化させず防災文化として後世に伝承するための取組みが必要だ。また、今後、高い確率で発生が予想される宮城県沖地震に加え、2015（平成27）年9月関東・東北豪雨や2019（令和元）年東日本台風に代表される近年の激甚化・頻発化する自然災害に対して、事前防災や地域防災力の強化など被害を最小限に止めるための取組みが重要になる。

①東日本大震災の概要

2011（平成23）年3月11日14時46分に発生した地震はマグニチュード9.0、宮城県栗原市における最大震度7、その後に太平洋沿岸を中心に

---

[4] 日本技術士会東北本部ホームページ、前出

高い津波を観測した。石巻市鮎川で7.7m以上、仙台港で7.2m以上の津波となり、全壊家屋は83,005棟、半壊家屋は155,130棟など、宮城県内の約20人に1人が住む場所を失った（令和3年3月現在）。総被害額は交通関係、ライフライン、住宅、農林水産、公共施設、学校など9兆960億円で、宮城県内の約1年分の総生産が瞬時に失われた。

発災初期は、くしの歯作戦により道路を啓開（けいかい）した。港湾の啓開により3月21日にタンカーが入港し燃料不足が解消した。仙台空港は米軍のトモダチ作戦により4月13日には再開することができた。

②災害に強いまちづくり「宮城モデル」構築

政府は、約2兆円を投入し社会資本整備の復旧に充てた。安全安心なまちづくりのため、新しい津波防災の考え方としてレベル1による防護、レベル2での減災という考え方により、防潮堤の高さの設定や、多重防御の考え方、住宅移転の考え方を整理した。

地形特性や被災教訓を踏まえたまちづくりとしては、三陸地域の高台移転、仙台湾南部地域の多重防御、中間的地形の石巻・松島地域のそれらの組合せ型による復興を目指した。多重防御機能を有する高盛土道路の高さの設定、道路の幅員の設定や、避難時間の想定、津波浸水深の想定により、多様な要素を安全安心なまちづくりに反映させた。防災集団移転促進事業、土地区画整理事業、津波復興拠点事業など、新しいまちづくりは100％の進捗をみた。

住まいの早期復旧という観点では、22,000戸のプレハブ応急仮設住宅の建設、8年間で16,000戸の災害公営住宅の建設を進めた。自力再建のための資金面での支援として、二重ローン対策、生活再建支援金などにより9,700戸の住宅整備が行われた。

③震災の教訓と伝承

伝承板や津波浸水深表示板を設置した。津波防災シンポジウムの開催は震災前の2006（平成18）年より毎年実施されている。記録誌は、「東日本大震災の記録（宮城県土木部版）」をはじめ、復興まちづくりの検証・伝承を発行した。

今村教授の講演にもあったが、国や県では県内外各所をネットワーク

化し、防災に関する「学び」や「備え」を国内外に発信する「3.11 伝承ロード」により、後世に伝え続ける取組みを行っている。2021年3月28日には、石巻南浜津波復興祈念公園が開園した。

④自然災害に対する事前防災

近年の自然災害を踏まえ、災害に強い道路の整備、地域高規格道路の整備、離半島部、県際・郡界のネットワーク整備、災害に強い港湾・空港の整備といったインフラのハード整備や、河川流域情報システム、アラームメールなどのソフト整備など、全力を挙げてきた新たなまちづくり等のハード整備に加え、被災の記憶や教訓等を次世代へ確実に伝えるため、産学官がそれぞれの強みを活かし、相互に連携しながら一体的に事前防災や伝承に引き続き取り組んでいくことが「未来への礎」につながっていく。

1.1.4　見えてきた課題「文化」

二つの基調講演は、聞き手の技術者たちに、深く考えさせることになった（以下、敬称略）。

両講演に共通するのは、後世への「伝承」の重視である。自然災害は繰り返しやってくる。防災教育と災害伝承の活動を一層強化すること（今村）、得られた数多くの経験や教訓を風化させず、防災文化として後世に伝承すること（遠藤）である。

ここにいう「伝承」というのは、古来の言い伝えの「てんでんこ」とか、明治三陸地震や昭和三陸地震の際になされたのと同様のレベルの伝承を、今後も繰り返すことではない。まして、得られた数多くの経験や教訓を、詳細に記録して残すことでもない。記録誌としては、遠藤講演にあるように、『東日本大震災の記録（宮城県土木部版）』が出版されている。

遠藤講演は、伝承したいそれを「防災文化」と名づけている。そのことが示唆するように、東日本大震災を経験した世代から、将来の世代へ、一つのまとまりのある「文化」を伝承したいのである。

今村講演は「防災」・「減災」に重心があり、遠藤講演は「復興」を論じたうえで「防災」「減災」の重要性を説く。そうすると、同様に名づけ

れば、「防災文化」と並んで、「減災文化」や「復興文化」がありえよう。東日本大震災をめぐって、それらを括った全体的な「文化」を伝承したいのである。

その全体的な「文化」を「防災文化」と呼ぶことにしよう。減災といい復興というのも、災害を防ぎ、災害を免れたい趣旨にほかならないから、総称として「防災文化」が適当だろう。

ところが、ここに問題がある。次世代へ伝承するためには、次世代の人々にわかるように、伝承したい防災文化が、どのようなものか、われわれ現世代が説明できなくてはならない。これが、容易ではない。「文化」の語は、伝承したいことの総体を示す、ぴったりの語ではあるが、文化が何ものかわからなくては、意味をなさない。文化とは、これだ、といった辞典などの簡単な定義や説明は用をなさない。とても難しい問題である。

1.1.5　海外の目で見た東日本大震災復興

「東日本大震災復興 10 年事業」が始まる直前の 2019 年に、米国ノースイースタン大学教授で政治学の D.P. アルドリッチの著書[5]が出た。「筆者が共同研究者と日本に何度も足を運び、ときに長期にわたって滞在して情報収集することによって得た成果である」(まえがき)。東日本大震災の 2019 年までの一時代を画する意義のある報告である。

この著書は、「地震」「津波」「原発事故」という三重苦の災害を一括りにして語る危うさを認識しながら、三重苦を包括して検証している（まえがき）。そして、要旨を次のように記している。

個人レベルから国のレベルに至るまで、すべてのレベルの災害対応を成功させるためには、より緊密で強固な社会的つながりと優れたガバナンスが同時に実現していなければならない。日本及び世界の各国は、強靭な「災害文化」と「災害対策機関」を発展させ、「トップダウンとボトムアップ

---

[5] アルドリッチ、D.P. 著、飯塚明子・石田 祐訳『東日本大震災の教訓－－復興におけるネットワークとガバナンスの意義』ミネルバ書房 (2019)

のアプローチが同時進行する」仕組みを構築する必要がある（220頁）。

　ここに「災害文化」の語がある。前記基調講演と同様、「文化」に目を向けている。しかし、西洋の社会で育っただろうアルドリッチには、本書でこれから扱う、日本の社会における「文化」をめぐる葛藤は、想定外に相違ない。

1.2　科学技術と安全文化の関係

　技術者たちはこの先で、その「文化」が「安全文化」といわれるものと同じらしいこと及び、そこにまた障害があることを突きとめる。それには、2段階の手がかりをたどることになる。

(1)　1段目の手がかり—技術者の役割
　二つの基調講演には、暗黙の了解がある。防災・減災や復興には、科学技術が利用されていること、そして、その科学技術の担い手として、技術者が登場することである。
　日本は米国に学び、2000年ごろから技術者教育に技術者倫理を取り入れている。そこで知られるようになったことだが、社会には技術者の役割への期待があり、それには以下の三つのタイプがある[6]。
　①科学技術の危害を抑止する
　科学技術は人間生活を豊かにしている反面、科学技術がもたらす危害がある。その抑止がなければ、人類の生存が脅かされる事態さえありえる。技術者は、科学技術を人間生活に利用するところで働く。いいかえれば、科学技術から生じる危害を、いちはやく探知し抑止することが可能な立場にある。抑止が可能なのは、その場にいる技術者である。このことの認識が、技術者に期待がかけられ、技術者の倫理が問われる動機になった。
　②公衆を災害から救う
　有史以前からの地震、噴火、津波、暴風雨、洪水、土砂崩れなど自然

---

[6] 杉本泰治・福田隆文・森山哲・高城重厚『大学講義　技術者の倫理　入門（第六版）』丸善出版、47頁（2024）

災害の脅威はいまも大きく、そのほか一般の事故から生じる災害がある。科学技術の発達とともに、災害発生の予知が可能になり、災害時の救援、さらに復興が加速されるようになった。自然の猛威にまかせるほかなかった時代を想像すると、いかに科学技術がこの面で公衆の安全と健康の確保に寄与しているかがわかる。

③公衆の福利を推進する

現代、人間生活にかかわる物品やサービスで、科学技術を利用しないものがあるだろうか。科学技術を利用し、物品やサービスを供給する活動は、それを営む企業に利潤をもたらすとともに、公衆の福利に寄与する。人の願望に限りはなく、願望が満たされないようなことがないよう、技術者に期待がかかる。

(2)「文化」との関係を解く

IAEA（国際原子力機関）は、1986年に起きたチェルノブイリ事故の原因究明から「安全文化」を提唱し、1991年に安全文化を定義して、当時、西洋社会で行われていた原子力発電所における安全確保の実務を体系化して示した。原子力発電は科学技術の一分野であり、その危害を抑止する趣旨だから、上の三つのタイプの1番目の「科学技術の危害を抑止する」関係である。またの名をつければ、「科学技術の危害を抑止する」文化である。

他方、前記基調講演が示唆する、「防災文化」・「減災文化」・「復興文化」は、上の三つのタイプの2番目の「公衆を災害から救う」に相当することに疑いはない。いわば、「公衆を災害から救う」文化である。

ここまでくると、上の三つのタイプの3番目の「公衆の福利を推進する」にも「文化」がありうるのではないか。それは「公衆の福利を推進する」文化である。

以上、「科学技術の危害を抑止する」文化、「公衆を災害から救う」文化、「公衆の福利を推進する」文化という三つの「文化」が出そろった。これらの三つは、それぞれ個別独立の、互いに別物、ではないだろう。共通の文化があって、ただ目的に「科学技術の危害を抑止する」、「公衆を災害から救う」、「公衆の福利を推進する」という違いがあるとみることに

しよう。共通の文化は、端的にいえば「科学技術を人間生活に利用する」文化である。

(3)　2番目の手がかり—安全文化の理解の障害

　上の三つの文化のなかに、上記のとおり、すでに解明され体系化されているものがある。IAEAが「科学技術の危害を抑止する」関係をとらえ、安全文化と名づけたそれである。

　そうであれば、東日本大震災の復興を経験し「文化」に関心をいだいた技術者たちは、IAEA提唱の安全文化を学習し、理解すればよい。そうすれば、自ずと伝承したい「文化」をとらえて、次世代にわかるように説明し伝承することができる、という段取りになる。

　ところが、再びここに障害が立ちはだかる。福島原子力事故が起きてわかったことだが、IAEAが提唱した安全文化が、日本ではほとんど理解されていなかった。安全文化が、どのような内容のものか、福島原子力事故までに、ほとんど理解されず、事故から10年余の現在も、その状況はほとんど変わらない。安全文化を理解しないまま企業や行政の実務が行われている現状は、"五里霧中"と言っても過言ではない。

　ここで注意したい重要なことがある。人は"霧の中"で、常に道を誤るわけではない。人は生まれてからの社会生活で身につけたものがあり、普通の人は、無意識のうちに、してよいこと、してはいけないことを識別して行動する。それで、通常誤ることはない。ただ、そのことへの過信が、外因に対して無防備という結果になる。無意識のそれは、外的な衝撃によって、容易にかき乱される。安全文化を知りその原理を理解することが、強固な備えとなるはずだ。

　これで、課題の進行は振出しに戻った。「安全文化」とは何か、最初から学び直さなくてはならない。

　「安全文化」といわれるものは、西洋の場合も、社会に潜んで長く気づかれなかった。1986年に起きたチェルノブイリ事故をきっかけに、初めてIAEAが「安全文化」と名づけて、明るみに出した。それでも、全体が見えたわけではない。難解な課題であることを覚悟のうえで、「安全文化」を、われわれの手でとらえることにしよう。

第 2 章
西洋と日本―西洋に学ぶ姿勢

第2章　西洋と日本—西洋に学ぶ姿勢

―――――――――――――◆◆◆―――――――――――――

　「西洋」の語は、すでに前章で用いている。もとは「東洋」の対語で、ヨーロッパ（欧州）の文化が支配的な欧米を指している。西洋で育った安全文化を、日本は理解して受け入れることになるのはなぜなのか。その事情は少々複雑だが、安全文化を理解する第一歩となる。

　福島原子力事故の原因が、安全文化にあるとみることでは、IAEA（国際原子力機関）と日本は同じでも、日本は、IAEA提唱の西洋育ちの安全文化を理解できないでいる。つまり、見かけ上の相互理解の虚構が、事故前から事故後10年余の現在まで続いているとみられる (2.1)。

　著者らがこの問題に取り組むのは、日本技術士会において、1990年代末に、技術者の倫理に出会い、やがて安全文化に出会ったからである。そして2011年に起きた福島原子力事故が、倫理と安全文化の関係に気づかせたのだが、この両方とも、日本ではよく理解されていない (2.2)。

　日本は先進国なのに、西洋でわかっていて日本ではわかっていないのは、なぜなのか。要因の一つは、学問に専門分化による空白があること。もう一つは、日本では、倫理というものが、社会規範としてあいまいなままになっていることにあるようだ (2.3)。

　日本は、西洋育ちの倫理と安全文化を理解して受け入れ、自国のものにしなければならない。とても困難なことだが、我が国の歴史上、このタイプの難局に前例がある。明治維新は、いまから150年余り前のこと。日本は、独立国の地位を確保するために、西洋育ちの法制を理解して受け入れ、自国の法制を確立しなければならなかった。明治期の日本は、その難局に立派に対処したのである (2.4)。

　21世紀のいま、倫理と安全文化をめぐる難局は、明治期のそれと同じくらいに重い課題といえよう。日本は、明治以来の傾向として、まじめに西洋に学び、学んだことを実際の目的に利用することではめざましい

成果を挙げている。しかし、その後、西洋から離れ、日本独自の歩みをして、道を誤ることがあった。医学、工学・技術、法学の分野に、西洋に学ぶ姿勢について教訓があり、気をつけなければならない (2.5)。

日本はすでに1世紀半、西洋と同じ科学技術を利用する文化を共有してきたことを前提に、西洋と日本の関係のあり方を考える (2.6)。

2.1 IAEAと日本、双方の思い込み

福島原子力事故の原因追及は、事故の発生と同時に、国際間で最大限の関心をもって始まった。

2.1.1 IAEAと日本の共通の理解か

福島原子力事故が起きてすぐに、日本の原子力の安全文化に問題のあることが、IAEAほか国際間において指摘された。日本政府は2011年6月開催のIAEA「原子力安全に関する閣僚会議」において、次のように安全文化の徹底を約束した（報告書 概要）[1]。

> 原子力に携わる全ての者は安全文化を備えていなければならない。「原子力安全文化」とは、「原子力の安全問題に、その重要性にふさわしい注意が必ず最優先で払われるようにするために、組織と個人が備えるべき統合された認識や気質であり、態度である。」(IAEA) とされている。これをしっかりと我が身のものにすることは、原子力に携わる者の出発点であり、義務であり、責任である。安全文化がないところに原子力安全の不断の向上はない。

ここから読めることは、第1に、もともとIAEAが提唱した安全文化を日本政府が受け入れ、IAEAと日本政府の間に、安全文化とは何かについて、共通の理解が成立していたとみられることである。第2に、その共通の理解のもとに、IAEAも日本政府も、福島原子力事故の原因は、日本の原子力が安全文化を「しっかりと我が身のものに」していなかっ

---

[1] 原子力災害対策本部「原子力安全に関するIAEA閣僚会議に対する日本国政府の報告書 −東京電力福島原子力発電所の事故について−」（平成23年6月）(2011)

たことにあるとみた。日本は IAEA の加盟国の一つであり、IAEA 閣僚会議という正式の場で、双方が互いに共通の理解を確かめ合ったといえよう。

2.1.2　相互理解の虚構

　上の共通の理解は、大切な論点である。もし、IAEA が描く安全文化のイメージと、日本政府が描く安全文化のイメージとが、大きく違っていたらどうだろう。共通の理解は双方の思い込みに過ぎず、実際には、理解し合っていなかったのかもしれない。

　英語の safety culture が日本語の「安全文化」になり、この日本語は、安全に関心のある日本人の間に定着し、安全を語るのに便利な言葉として普及した。

　しかし、安全文化は「文化（culture）」である。文化には、西洋と日本で違いがある。西洋文化と日本文化の間に、ときに埋めるのが難しい隔たりがあることは、日本が西洋文化に接するようになった明治維新のころから百数十年のこのかた、何かにつけていわれてきた。

　IAEA 提唱の安全文化が、西洋のセンス（意識）で書かれていれば、英語を日本語にする作業のみで、日本人に理解できるものではないかもしれない。IAEA は、西洋の社会に通常のやり方で文章として表現し、国際機関として公開し、特に反論がなければ、当然、日本でも理解されているとみるだろう。その安全文化の、どこが、どのように、日本人には理解できないか、IAEA にはわかっていないかもしれない。

　こうした安全文化をめぐる IAEA と日本の間の、見かけ上の相互理解の虚構が、福島原子力事故が起きる前から、事故後 10 年余の現在まで続いているとすると、大変なことだ。日本はそういう西洋育ちの安全文化を受け入れ、我が身のものにしなければならない立場にあるのだ。

2.2　技術者倫理と安全文化の出会い

かえりみると20余年前、日本技術士会は、日本の技術者倫理の始まりに、一つの大きな役割を果たしていた。

2.2.1　米国のテキストに学ぶ

技術者の倫理は、日本では20余年前の1990年代末に、先行していた米国のテキストによる学習で始まった。国際共通の技術者の倫理の理解が必要となったからである。

日本で倫理といえば、倫理の学問を築いた先賢の思想であり、高校の倫理科目で教えるのも、思想史のような内容だった。この新しいタイプの倫理は日本にはなかったので、米国のテキストに学んだのである。

(1)　ハリスらのテキストの邦訳

テキサスA&M大学教授、ハリスらのテキストの邦訳は、日本技術士会訳編により、1998年9月に出版された[2]。

そうすると翌10月に、原子力関係で、使用済燃料輸送容器の試験データ改ざん問題が起き、科学技術庁（当時）の調査検討委員会の報告書は、技術者の倫理の必要を強調し、この本を「技術者の必読書とすべきである」とした。この本は、原子力産業における技術者倫理への取組みに火をつけることになった。

他方で、この本が書評に取り上げられた。「この書物で目立つのは、一般の社会、公共の福利、あるいは人類全体（未来の世代も含めて）への責任が強調されていることである。本書は、単に工学系の大学教育に関心のある人々だけに読者を期待するものではない。現代社会のなかでの科学・技術のあり方に関心のあるすべての人々に読んで貰いたい内容なのである」（村上陽一郎、毎日新聞[3]）。

「評者はある理工系学会の倫理綱領作りに関与したことがあり、倫理というものの扱いにくさに戸惑ったことがある。それだけに著者の試みを

---

[2] ハリス、プリッチャード＆ラビンズ、日本技術士会訳編『科学技術者の倫理（初版）』丸善（1998）原著は、Harris, C.E., Pritchard, M.S. & Rabins, M.J., "Engineering Ethics: Concepts and Cases", Wadsworth(1995)

[3] 村上陽一郎、毎日新聞1999年3月7日「書評と紹介：強調されている社会と人類への責任」

たいへん刺激的に受け止めている」（名和小太郎、東洋経済新報[4]）。
　その影響は科学技術政策に及び、翌2000年1月、小渕恵三首相の施政方針に、次のくだりがあった。

　　科学が進歩し続ければし続けるほど、科学をしっかりとコントロールできるような確かな心が必要になります。子どもは大人社会を見ながら育ちます。まず大人自らが、倫理やモラルに普段から注意しなければなりません。

　首相の施政方針演説に、科学の進歩との関係で「倫理やモラル」が強調されたのは、前にも後にも例のないことではなかろうか。日本技術士会訳編によるハリスらのテキストは、政府を含む日本の社会に、科学技術の関係で倫理に目を向けるよう、先駆して訴える役割を果たした。

(2)　邦訳出版のいきさつ

　当時、日本技術士会内のグループ「技術翻訳センター」（代表幹事：工藤飛車）の例会で、メンバーの守弘栄一が、米国の友人からの情報として、米国で技術者教育に倫理が取り入れられている、米国の代表的なテキストの翻訳をやろう、と提案した。それが、日本技術士会理事で技術士審議会委員（いずれも当時）の高城重厚（たきしげあつ）へつながり、米国勤務の経験とその渉外能力により米国プロフェッショナルエンジニア協会に相談するなどして、候補のテキストのうち、ハリスらの著作が選定された。そして著者（杉本）を含む8人のメンバーによる約11か月間の訳業となった。ちなみに、日本技術士会の会員である技術士の多くは、かなり長い人生経験のうえに、企業や行政機関での業務経験があって、会内の活動では上下関係がなく、個人が自由に自主的に判断して行動している。
　これに日本技術士会事務局（保坂彬夫専務理事、堀内純夫専務理事＝次代、畠山正樹経理部長＝のちに常務理事）が協力し、日本技術士会会長、梅田昌郎が序文を書き、出版となった。この翻訳出版が評価され、平成12年度科学技術振興調整費が交付され、これによる調査研究報告書[5]がある。
　ここに、翻訳出版にかかわった日本技術士会の関係者の名前を記した

---

[4] 名和小太郎：東洋経済新報1998年10月31日号「BOOKS：　技術者の倫理をどう確立する」
[5] 日本技術士会『科学技術に係るモラルに関する調査報告書』（平成13年3月）

が、一人ひとりが、それぞれ役割を担い、グループとしてまとまり、国の制度としての日本技術士会で統合されて、科学技術庁（当時）へつながり、日本の技術者倫理の第1ページを開くことになった。

2.2.2　技術者倫理教育の経験

ハリスらのテキストは、倫理教授のハリス及びプリチャードと、プロフェッショナルエンジニア（PE）で工学教授のラビンズとの共著である。倫理学と工学が協力し、分担執筆ではなく全体が合作である。技術者の教育に役立てようとの著者たちの誠意と熱意が感じられる内容であり、倫理の知識とともに、豊富な事例がちりばめられている。

(1)　技術者倫理教育の始まり

ハリスらのテキストに学んで2000年ごろから、日本の理工系の大学・高専における技術者倫理教育が始まった。

ところが、そこでぶつかった問題は、ハリスらのテキストは標準的な米国人学生が対象のせいか、日本人にはわかりにくいところがあったことである。米国人にとっては当たり前のことが、書かれていない、ということがあるためのようであった。

2000年暮れに、著者（杉本）と高城らがテキサスA&M大学を訪問し、ハリス倫理教授とラビンズ工学教授に対面した。著者と訳者の、いま思い出しても心温まる場面だった。しかし、こちらからわかりにくいことについて質問しても、よく理解されないようで、互いに理解し合おうとしながら、容易に越えられない隔たりが感じられた。

結局、日本人にとってわかりにくいところが重要であり、日本人にそれをどのように説くか、工夫するうちに10年余りが過ぎた。そこで起きたのが2011年3月、福島原子力事故である。

(2)　福島原子力事故が気づかせたこと

福島原子力事故が起きてみると、日本は技術者倫理を推進しながら、この事故を防げなかったことに気づく。技術者の倫理教育はそれでよいのか、と言われたら、反論できるだろうか。事故の防止ばかりが倫理教育ではないが、反省しないわけにはいかない。

知識よりも、信頼される倫理

　日本が米国のテキストに学び、10年余り実施してきた技術者倫理の教育は、間違いではなかった。ただ、何かが抜けていた。この事故は、思いもよらない、途方もなく大きな問題に気づかせたのである。抜けていたのは、倫理には人を動かし、社会を動かす力があるとして、信頼されるものだ、ということである。

　従来、日本では、倫理はおよそ知識であって、倫理の力とか信頼という理解はされていなかった。

　倫理への信頼ということが、米国のテキストに出ていないのは、それが普通に行われている社会なら、いちいち書かないからであろう。そこに現れるのは、米国の社会では倫理に力があり、倫理への信頼があって、日本にはないという違いだ。それは、この国で暮らすわれわれの生き方・働き方や、社会のあり方にかかわる根本の問題と思われる。

　こうなると、技術者倫理は、何を学ぶか、考え直さなくてはならない。米国のテキストを日本語に直すだけでは足りないし、米国育ちの技術者倫理の、表面をなぞるようなやり方ではダメなのだ。日本は、日本の立場で考えなくてはならない。

安全文化との出会い

　技術者の倫理では、あとで見るように、技術者の倫理規程は「公衆の健康、安全及び福利を最優先する」。つまり、目標に、安全の確保がある。

　ところが、人間が精魂込めて取り組んできた、もう一つの安全確保がある。1986年に起きたチェルノブイリ事故を機に、IAEAが提唱し、あらゆる産業に広がった「安全文化」がそれである。

　福島原子力事故の原因が、IAEAや日本政府によって日本の原子力における安全文化の不足にあるとされ、安全文化が注目される一方で、倫理が話題になることは、ほとんどない。技術者倫理の重要性を説いても、だれも振り向いてはくれない。安全文化が重視されている反面、倫理は存在感がないのである。これは大変なことだ。もはや倫理は、安全に関する限り、安全文化に取って代わられ、役目を終えたのだろうか。

　この問題を難しくしている要因は、倫理を論じる米国のテキストは安

全文化に触れておらず、安全文化を論じる IAEA の文書は倫理に触れていないことである。つまり、倫理と安全文化の関係が不明なのである。いいかえれば、技術者倫理とはどのようなものか。解決への手がかりは、倫理と安全文化の関係を解くことにある。

倫理と安全文化の関係

技術者が安全確保に従事するとき、安全確保に向けて必要な行動がある。次章以下で解明されることを先取りすれば、次のようになる。

　倫　　理：（行動するよう）意識づける。
　安全文化：行動の枠組みを与える。

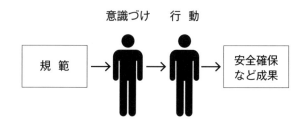

図 2.1　技術者倫理の視野

倫理には規範がある。規範（norm）は、人が守る「きまり」である。規範があり、意識づけがあって、枠組みどおりの行動がなされることにより、安全が確保される（図 2.1 参照）[6]。倫理と安全文化はこのような関係なので、安全文化が倫理に取って代わるようなことは、ありえないことだ。両方とも必要なのである。

技術者倫理は、実務の倫理（practical ethics）であって、倫理の学問の哲学的な倫理（philosophical ethics）とは違いがある。後者が、倫理の規範を中心に、学問的な取り組みをするのに対して、技術者倫理は、規範があって、意識づけし、行動し、それが安全確保の成果をあげるまで見届けなくてはならない。技術者倫理に取り組んだがゆえに、倫理と安全文化の間の、このような関係が見えてきたのである。

---

[6] 杉本泰治・福田隆文・森山哲・高城重厚『（第六版）大学講義 技術者の倫理 入門』丸善出版、5 頁（2024）

倫理に行動あり／安全文化に倫理あり

　倫理と安全文化のこのような関係は、西洋では自明でも、日本では知られなかったことだ。

　その関係をいいかえれば、こうだろう。倫理が行動につながるには、行動の枠組みを与える安全文化がなくてはならない。安全文化が枠組みを与える行動は、倫理的な行動でなくてはならない。つまり、倫理のほうから取り組んでも、安全文化が対象になり、安全文化のほうから取り組んでも、倫理が対象になるわけで、視野は同じになる。

　西洋で、ハリスらのテキストなど倫理を説く立場の人たちは、倫理的な行動の仕方を説くから、行動のない倫理はありえない。だから、"倫理には行動がある"などと書いてはいない。その代わり、収められている豊富な事例には、行動の仕方を教える意味があった。日本では、事例の陰に行動があることに気づかないまま、技術者倫理の科目は、事例を数多く学習することに励んできた。

　他方の、INSAG-4（後出73頁以降で詳述、参照）で安全文化の体系を組み立てた人たちは、安全文化が与える枠組みの行動は、当然、倫理的な行動だった。倫理的ではない行動が安全確保にありうるとは、想像もできなかっただろう。安全文化には倫理が必要などと書かれていないのは、そのためだろう。

　行動のない倫理はありえず、倫理のない安全文化はありえない。これは、福島原子力事故が気づかせたことである。漠然としてあいまいだった技術者倫理の視野が、こうして明瞭になってきた。

　ただ、視野は明瞭になったが、意識づける倫理とは何か、行動の枠組みを与える安全文化とはどのようなものかが、いよいよ直面する課題である。

(3)　技術者倫理二つの主題

　これで技術者の倫理には、二つの主題があることがわかってきた。

主題1：　意識づける倫理

　西洋の社会は、倫理を生んで育て、大切にしてきた。20世紀初頭、そのことにエンジニアが気づき、米国でエンジニア団体が倫理規程を制定

するようになった。

　日本では、倫理は従来、学問であり、普通の人にとっては教養というレベルのことだった。倫理が人を意識づけ、社会を動かす力があるとは、まず聞いたことがない。しかし、こうして気づいてみると、それがあってこそ、倫理は大切なのだ。

　日本の問題は、西洋で育った技術者の倫理を、ハリスらのテキストによって学んできたものの、倫理がどのように意識づけし、どのように社会を動かすのか、わかっていないことである。つまり、日本では、西洋でいう倫理が、理解されていないに等しいのである（この問題は第7章で取りあげる）。

　主題2：　行動の枠組みを与える安全文化

　西洋の社会は、科学技術を生んで育てた。科学技術が自生した西洋の社会では、科学技術の危害が出現する時代に、危害を防いで安全確保を図る手がかりもまた自生し、人々はその手がかりを利用して安全を確保してきた。それが1986年に起きたチェルノブイリ事故を機に見いだされ、「安全文化」と名づけて提唱された。

　その安全文化が、日本ではほとんど理解されないでいるうちに、福島原子力事故が起きた。この事故の原因が、安全文化の不足にあるとされながら、安全文化が理解できていないから、結局、事故原因は不明のままになっている。

2.3　日本の科学技術の課題

　ここまでをまとめると、日本では、人を意識づけ、信頼される倫理とはどのようなものか、わかっていない。また、行動の枠組みを与える安全文化が、どのようなものか、わかっていない。

　これが、日本の科学技術の安全確保の体制の現状といえよう。このことが、どれほど重大か、想像できるだろうか。

　日本は、科学技術を人間生活や産業に利用することでは、先進諸国のトップグループにあるはずなのに、西洋でわかっていて日本ではわかっ

ていないことがある。どうしてだろうか。

2.3.1 技術の正の効果／負の効果
　前記 1990 年代の技術者倫理の始まりは、2000（平成 12）年の技術士法改正につながったのだが、この改正の基本構想には、「技術が社会に及ぼす影響の大きさは、正の効果も負の効果も拡大する傾向にある」[7]との認識があった。

　「正の効果」は、人間生活を豊かにし、産業活動を発展させ、「負の効果」は、人間に危害を及ぼし、環境を害する。従って、正の効果を促進し、負の効果を抑止する、両面の対策がなければならない。

　このことは上記の技術士法改正には、考慮されなかった。それ以前の 1995 年に制定された科学技術基本法は、「我が国の経済社会の発展と国民の福祉の向上に寄与すること」を目的としていた（同法第 1 条）。つまり、正の効果が目的である。科学技術基本法は 2020 年改正で、科学技術・イノベーション基本法となったが、目的は同じである。

　このことが象徴するように、我が国では、正の効果を追求する政策によって、科学技術はめざましく進歩し、その一方で、負の効果への対策に、それほど真剣にならなかった傾向がある。それは政府の科学技術政策の関係ではあるけれど、もっと根が深い問題のようだ。実際にこの先で、法の大事な部分に「学問のエア・ポケット」や空白が見つかる。日本の社会に、そういう"落とし穴"があり、それが科学技術の安全を危うくするリスクとなってきた。そういうリスクが現実のものとなり、福島原子力事故が起きた、との推測がありえよう。

2.3.2 科学技術の安全確保のリスク
　そのリスクは、日本の社会に根ざした複雑なことのようだが、仮説として、二つの要因が考えられる。一方は、この関係の学問の専門分化のリスクであり、他方は、日本では、社会規範としての倫理があいまいな

---

[7]科学技術庁 技術士審議会「技術士制度の改善方策について」（2000 年 2 月）

ままになっているとみられることである。

[要因1] 学問の専門分化のリスク

　学問の社会的な重要性は、いうまでもない。学問は世に先駆けて先導し、啓発するものだとすると、学問の空白は、どういう影響を及ぼすだろう。いわゆる先進国とは、必要な学問が発達し、学問の空白のない（または、少ない）国ともいえよう。

　この方向に目を開かせたのは、規制行政について「一種の学問上の『エア・ポケット』」があるとの指摘（後出153頁参照）だった。つまり、科学技術の安全確保の行政に、一種の学問上の「エア・ポケット」があるということだ。

　学問の担い手は学者だが、これは、規制行政の学者たちが怠けていて生じた空白などという、単純なものではなさそうだ。西洋の社会と日本の社会とでは、科学技術の構造に違いがあるらしい。科学技術そのものは、西洋と日本でほとんど同じでも、それを支える社会的構造に違いがあるとみて、次のように仮説を立ててみる。

西洋の科学技術

　西洋社会では、科学技術が自生し、科学技術の危害を抑止するための手がかりなど、科学技術の利用に必要なこともまた自生する。科学技術にかかわるそれらの学問は専門別に分化し、細分化された数多くの分科が成立している。

　そうであれば、分科それぞれが、生んで育てた社会と直接につながっていて、学問にはたえず社会を見る目があるといえよう。のみならず、個々の分科間には、社会的なつながりがあり、社会に問題が発生すれば、自ずといずれかの分科によって、あるいは関係する分科間の協力によって、その問題は解決されることになろう。

日本——専門分化の機能不全

　他方、日本の社会では、明治維新の前後から、西洋の学問が導入され、西洋で成立していた専門別の分科ごとに受け入れていた。その結果、日

本における分科は、日本の社会とのつながりなしに出発したことになる。分科の学問が、西洋の学問を取り次ぐだけでは、日本の社会の役に立たないし、積極的につながる努力をしなければ、日本の社会とつながらない。日本の社会と、西洋から導入された学問との間の隔たり、という問題が発生する。

さらに、分科ごとに目に見えない垣根で囲まれ、垣根のなかで自主・独立の運営がなされる体制となり、分科間のつながりや交流は、ほとんどないに等しい。

そうすると、分科と分科の間に、どの分科にも属さない空白が生じよう。社会に必要性があっても、学問に空白があって、カバーされないリスクをはらむことになる。専門分化によって学問が社会的機能を十分に果たせない状態、といえようか。

もっといえば、西洋からの受け入れに、思い込みや誤りもありえよう。日本は、西洋とタイプこそ違え高度な文化の持ち主であることが、かえって考えすぎるなどして、事態をより複雑にしたかもしれない。

このような事態のなかで、倫理や安全文化が、わけがわからなくなった可能性がある、との仮説である。

[要因2] 社会規範としての倫理のあいまい

日本では、1990年代末に技術者倫理の学習が始まったとき、この新しいタイプの倫理は、それまで日本にはなかったので、米国のテキストに学んだのである。学習の当初から、倫理というものがあいまいだったのだ。

(1) 社会の二つの規範

法は、倫理とともに、社会の秩序を保つ規範である。社会規範の主なものに、法と倫理の二つがあるといってもよい。法が力を持ち、倫理が力を持つことによって、互いにつながって共存し、社会の秩序が保たれる。

日本の法の始まり

今日に至る日本の社会規範は、明治維新に始まる。日本は明治期に、西洋の原理による法を受け入れた。それまでの幕政時代とは異質な法を、

自国のものにした。主要な法律で最後になった民法は、立法を志して30年、さまざまな難関を乗り越え、明治31（1898）年に施行された。

以来、百余年、日本人は西洋と共通の法のもとで暮らしてきた。法に関しては、日本は西洋の原理による法によって、秩序を保っているといえる。日本人が西洋人と同じ原理の規範のもとで生きることが、現実に行われてきている。ところが、倫理のほうは、そのようには進んでいない。

法と倫理は別物にされ、法のみの論理（ロジック）が展開する。日本は"法治国"であることや、"法の支配"ということが強調される。それはそのとおりでも、このように法ばかりが強調される。

日本に倫理がないわけではないけれど力がなく、法のみが力を持つ社会である。そのことがこの国を、いくらか、堅苦しいものにしていないだろうか。

法の特徴／倫理の特徴

法も、倫理も、持ち主は人間である。法の特徴は、文章化した規範が、国民に向けて公示されることである。法律の文章を通じて、共通の理解が形づくられる仕組みである。

法は、規範に従って行動するよう要求し、そうしなければ違法として制裁される。その制裁のために、民事訴訟法、刑事訴訟法などの手続きや、それらを所管する裁判所について定める法律があり、さらに刑事収容施設やそこに収容される者の処遇に関する法律まである。つまり、法では、規範、行動、評価のひとつづきのことが、誤解の余地のないよう明文化されている。

それに対して倫理は、モラル原則など少数の規範はあるものの（後出188頁参照）、本体は人の心に宿る。精神に宿る、といってもよい。

われわれ人間の、心のうちのモラルの意識の問題である。目に見えず、共通の理解を確かめるのが難しい。それを、どのように人々が納得する共通のものにするか、難しいことのようだが、西洋の社会では長い歴史の間に実現している。共通モラル（common morals）というのが、それである。

西洋で共通モラルが育つ過程を見ると、それは日本人にもありうるの

である。われわれ自身の心のことだから、その意味で取り組みやすい。この国の社会において、法とともにある倫理のあり方を、自分の問題として考えよう（「モラル」の定義を含めて第7章へ）。

(2) 法はモラルの最小限度

法と倫理の関係について、一歩進めよう。

20世紀初頭 英国で

20世紀初頭のオックスフォード大学教授ヴィノグラドフの著書[8]は、法学の古典として定評がある。教養ある人々は、法について関心をもつべきで、経済理論のある程度の知識をもたないで、経済的なことに合理的な見解をもつことができるとは、だれも考えないだろう。それと同じで、法理のある程度の理解なくして、法の諸問題を論じるのは論外である。法の世界における人間の心の働きは、常識に基礎をおくものであり、普通の知性と教育のある人が、この心の働きをたどることは決して困難ではない、と説いた。

そして「法はモラルの最小限度」ということを、次のように述べている。

> モラルが一定の社会的決定によって強行できる限りにおいて、法はモラルである。いいかえれば、法は、その社会が公式化して採用したモラルの最小限度（minimum of morality）である。

法には人間関係が対象でないものもあるから、法のすべてがそうではない、と断ったうえで、さらに次のようにいう（要旨）。

> 一つはっきりしていることは、法的義務は、モラルの義務よりも厳格で、より強制的であることである。モラルの義務違反は、多くの場合、実質的な懲罰を直接に受けることなく、ただ世評を失うという形ですむ。多くの悪党は、法の規定に反しないよう注意しさえすれば、その悪業を償うことなしに一生を送るのだ。

モラルは人間の本性で、法は二次的なもの、つまり、人間には本来、モラルの義務があり、そのうち人々に強制的に及ぼすべきことが、公式

---

[8] Vinogradoff, Paul, Sir: "Common Sense in Law", Oxford in Asia College Texts, p.21(1959) 初版は1913年。末延三次・伊藤正己訳『法における常識』岩波文庫、24頁（1972）を参考にさせていただきながら、本書読者向きに著者が翻訳した。

に法として定められる。それゆえ「法はモラルの最小限度」といえる。いいかえれば、制定された法律の背後には、モラルがあり、モラルが背後にあって法律を支えているのである。

　法律は、議会の議決を経て制定されるから、制定されるまでは、法律がない状態である。法律とモラルの関係が上のとおりであれば、既成の法律のない場合に、法律に代わってモラルが役に立つわけだろう。

法と倫理の互いに補う関係

　法と倫理は、法では足りないところを倫理が補い、倫理では足りないところを法が補う関係である（図2.2参照）。自動車運転の例では、道路交通法という法の規制で安全が確保されているのは確かだが、同時に、事故を起こさないようにしようというドライバーの自律がある。逆に、ドライバーの自律がどれほど強固でも、道路交通法による速度・横断・追越しなどの規制に不備があれば、事故につながる。

　倫理の作用は、過小評価しても、過大評価してもいけない。倫理だけでは果たせないことがあるからである。

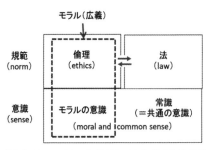

図2.2　モラルと倫理、法と倫理の関係

(3)　議論の方法──ディベートと対話

　読者は疑問に思わないだろうか。なぜ日本ではなく英国のヴィノグラドフに頼るのか。これは大切なことだから、記しておきたい。日本でも、法と倫理の関係について、法学には無数の論説があるが、一例として、1984年の時点で「法とモラルの根本的区別がどこにあり、いかなる関係

によって結びつけられているかということについては、現代でも依然として激しく争われている」[9]ということがある。

つまり、法と倫理の関係について、結論が出ていない状況は、いま現在、変わりはないようだ。

裁判では、原告と被告が、互いに相手方の主張を否定して争う。それでは際限がないので、裁判官がある程度のところで判断し、判決となる。その互いに争う議論の方法が、ディベートである。それが法学に持ち込まれ、法学の議論といえばディベートになっている。法とモラルの関係について、ディベートが尽きず「現代でも依然として激しく争われている」。これでは、法とモラルの関係について、ほんとうのことを知りたい国民が困る。百余年前の英国のヴィノグラドフに頼るわけである。

このことは、さらに考えさせる。

議論には、ディベートのほかにもう一つの方法がある。それは、人々が互いに共通の理解を見いだすための対話である。人間社会には、ディベートだけでなく、対話がある。人が集まると、隣り合う人が互いに対話するものである。倫理は、隣り合う人が互いに対話する関係である。

ディベートですべてを決するタイプの法学は、倫理をうまく扱えない。われわれは、対話によって共通の理解を見いだすやり方で倫理を扱う道を明らかにし、法と倫理がともに、われわれの社会の秩序を保つ規範として認められるようにしなければならない。

2.3.3 日本の課題

ここまでに述べたことの意義は、次のようにいえよう。

科学技術は、すでにこの国の人間生活や産業活動に広く、深く浸透している。科学技術が将来にわたり目的とする成果をあげるには、科学技術の危害を抑止し安全を確保することが前提となる。そのカギをにぎるとみられる倫理と安全文化が、西洋では理解されていて、日本ではわからないままでいる。

---

[9] 金澤文雄『刑法とモラル』一粒社、33頁（1984）

福島原子力事故を契機として、日本は、西洋で育った倫理と安全文化をすなおに理解して、すなおに受け入れることが大事である。そうすれば、倫理と安全文化は日本の社会に根づき、西洋社会と同じように、科学技術の安全確保に必要なものが、この国の社会に自生するようになることだろう。

　技術者は、科学技術の利用において事故や不祥事が起きないようにすることに責任を負う立場にある。日本技術士会は20余年前、日本における技術者の倫理の幕を開ける役割を担った。その延長上で、福島原子力事故を機会に気づいたこの問題を、傍観するわけにはいかないのである。

2.4　明治期 法制創設の前例に学ぶ

　150余年を隔てて、明治維新の際の日本と、福島原子力事故に出会った日本とは、同じような構成の難局にある。難局に立ち向かうには、まず、その重み（重大性）の認識がなくてはならない。

2.4.1　事態の重みの認識

　明治期に、当時の政治の最高指導者たちは、直面している事態の重みをこの国の興亡にかかわる難局であると認識し、自ら先頭に立ち、最優秀の人材を集めて西洋に学び、西洋の原理による法制を創設して、日本という国の独立を確保した。

　翻(ひるがえ)って21世紀の現在、福島原子力事故を契機に、西洋の安全文化の受け入れを、どれほどのものとみるか。日本の原子力発電所にとどまらず、科学技術の安全確保を左右する問題とみれば、その重みはいうまでもない。科学技術の安全確保は、科学技術立国や科学技術イノベーションの、基本中の基本となる課題ではなかろうか。それにどう対応すればよいか、考えながら歴史をたどるとしよう。

2.4.2 ただ一度の機会

　長く続いた幕政時代は、幕府を頂点とした政治を中心とする制度が、固有の思想のもとに構成され、運用された時代であった。それとは違う原理の制度に、初めて手がつけられたのは、幕政が終わり、明治期になってからである。今日に至る西洋と日本の関係の始まりである。

　明治維新は、黒船に象徴される西欧列強の力の優位と圧力の下で成し遂げられたところの、日本という民族国家の独立の確保を至上命令とする一種の民族自決の革命であった[10]。とりわけ幕末に幕府が列強諸国との間に結んだ条約の改正は、明治新政府の存在意義を賭けた大事業だった[11]。誇り高い独立国家としての日本にとって、特に治外法権（領事裁判権）[12]は、絶対に取り払われなければならない障壁であった。

　グリフィス[13]によれば、日本が「キリスト教の悪口を言い、信仰のために投獄された人は、陪審裁判のこと、人身保護令状のこと、現代法のことを、何も知らなかった。「日本の死刑執行と牢屋における死は、間違いなく1年平均3千人にのぼる」[14]。西洋側にしてみれば、日本が野蛮な制度を維持しているうちは、諸外国は日本を国際礼譲上、同等の地位にあるものと認めることを拒否したのである」[15]。日本という国への、西洋人の恐怖がうかがえよう。幕末の条約を「不平等条約」という史家もいるが、西洋側には不平等ではなく、必要な条約だった。列強は、条約改正の条件として、西洋の原理による法制を、強く要求したのは当然であろう。

2.4.3　条約改正の外交

　法域（jurisdiction）とは、一つの法体系の支配する地域をいう。明治期に日本が西洋の法を受け入れたのは、日本が西洋の法域に組み込まれ、西洋の主権による支配を受けよう、というものではなかった。むしろ独立

---

[10] 大久保泰甫『ボアソナアド――日本近代法の父』岩波新書、44頁（1977）
[11] 坂本多加雄『明治国家の建設 1871-1890』日本の近代2、中央公論社、305頁（1998）
[12] 日本にいる外国人に、日本の法律、特に裁判権に服さない権利があること。
[13] 米国人グリフィス（Griffis, William E.）は、当時、日本に住んだ。明治3（1870）年に来日、福井藩の藩校で教えたのち、明治4年の廃藩置県で東京へ出て大学南校に転じ、我が国の理化学教育のさきがけとなった。のちに、新渡戸稲造が明治32（1899）年に米国で出版した著書 "Bushido（武士道）" に、序文を書いている。
[14] グリフィス、同上 287頁
[15] グリフィス著、山下英一訳『明治日本体験記』東洋文庫、292頁（1984）。原書は "The Mikado's Empire"（1877）

国として日本の法域を確立することを方針とし、そのために西洋の法を受け入れたのであった。

明治4年11月、大久保利通(としみち)(内務卿)、木戸孝允(たかよし)(参議)、岩倉具視(ともみ)(外務卿)など中心的指導者が総出で、総勢百人を超えるいわゆる岩倉使節団を結成し、欧米への旅に出発する。直接には、翌明治5年に到来する条約改正交渉の期限を前にして、廃藩置県(はいはんちけん)を終えたばかりで国内の体制が整わないうちに改正交渉が行われると、不利な方向に改訂される恐れがあり、改正交渉延期の了解を得る必要があるという事情と、これを期に、条約改正に備えて、西洋文明諸国の法制度や機構についての政府指導部の知見と理解を深めるという動機に発していた[16]。

使節団が帰国し、外務卿に就任した寺島宗則(むねのり)が、明治8年、条約改正の方針を立て、治外法権の撤廃を試みたが、それについては、各国は応じなかった。この時期に勃興した民権派は、条約改正の失敗を政府批判のテーマとした。寺島に代わって外務卿になった井上馨(かおる)は、明治13年、修好条約改正案を準備して交渉するが、列強は、治外法権の撤廃には、「近代的」(すなわち西洋的)な法典を編纂して、文明国である事実を示すのが先決であるとした。

明治19年8月、「泰西主義(たいせい)」[17]にもとづく法律制度を整備するため、外務省に法律取調所を設置し、井上自らが委員長に就任した。井上は、領事裁判権の撤廃がいかに困難であるかを説いたが、「泰西主義」への親和的態度に反感が強く、ついに挫折し、7月、各国に条約改正交渉の無期延期を通告、9月には外相を辞任した。

井上と首相伊藤博文(ひろぶみ)の計らいにより、大隈重信は、明治21年2月、外相に就任し、外国との交渉方式を改めるなどして、条約改正は現実味を帯びてきたが、閣議は分裂し、政府は危機を迎えた。そうしたなかで大隈は、明治22年10月、民族主義団体の玄洋社の来島恒喜(くるしまつねき)による爆弾テロにあって片脚を失い、辞任する。

こうして条約改正事業は容易に成功しなかったが、当時の日本の「穏

---

[16] 坂本、前出33頁の脚注11の113頁
[17] 「泰西」は、西洋のこと。

健で着実な路線」が、現代、次のように評価されている[18]。

　日本がいたずらに外国人への排斥的行動に出ることなく、あくまで外交上合法的なそして執拗な努力によって、劣悪な国際法上の地位を一歩一歩向上させたことの意味は、やはり見落としてはならないであろう。のちの中華民国のように、政府みずから現行条約の非合法性を正面にかかげ、民族主義的エネルギーを動員して、外国の諸権益の即時奪還を主張するということも、可能性としてはありえた。
　しかし、日本はそうした急進的な方法は採らなかった。明治日本の外交が、こうした穏健で着実な路線を歩んだことの意味をどのように考えるか。近代日本の外交全体の評価と並んで今一度考察すべき課題であろう。

　当時の情勢は、このような日本の外交の姿勢と並行して、西洋の原理による近代的な法典[19]の実現に向かっていたのである。

2.4.4　西洋法の受け入れ

　幸いに、日本には、幕政のもとでの教育システムによって育てられ、伝統的な教養を身につけながらも、新しい知識に積極的で、感受性の優れた若い人たちがいた。そして、その各藩が育てた人材が、明治4年の廃藩置県とともに東京の新政府のもとに集まり、英国、フランス、ドイツなどへ留学し西洋法を学んだ。こうして自国の状況の認識と国際的な視野とを備えた人たちが、列強に受け入れられるような法典を創設する役割を担った。

　日本における西洋の法へのアプローチには、江戸の著名な蘭学の家に生まれた箕作麟祥（みつくりりんしょう）がいた。江藤新平は明治2年、副島種臣（そえじまたねおみ）が箕作に命じて翻訳させていたフランス刑法典の一部を見せられ、その優秀さを大いに悟った。そして、フランスの主要な法典全部の翻訳を行わせた。箕作が翻訳に難渋すると「誤訳も赤（また）妨げず、只速訳せよ」と江藤が督励したという逸話は、この時のものである[20]。

　フランス人ボアソナード（1825-1910）は法律顧問として招かれ、明治6

---

[18] 坂本、前出33頁の脚注11の318頁
[19] 法典（code）は、条文を集めて体系的に編成されたもので、民法には民法典（civil code）がある。
[20] 大久保、前出33頁

年から同 28 年まで、日本人の教育や法律づくりに尽力する。その果実として、民法典が同 23 (1890) 年 4 月 21 日に公布された。

(1) 法典論争

その民法典は、外国人が起草し、旧来の慣習を無視するものとの反対論があり、施行は約 3 年後の明治 26 年 1 月 1 日とされた。そこで、その施行を断行しようという派と、延期を主張する派との間に、いわゆる法典論争が起きた。

この時代の背景として、思想界における「国民主義」の台頭がある。徳富蘇峰の雑誌『国民之友』が先駆し、これを代表するのは、杉浦重剛、三宅雪嶺、志賀重昂らの発行した雑誌『日本人』と、陸羯南の新聞『日本』だった。延期派は、法典の家族法は「倫常を壊乱する」(＊人の守るべき道を破壊し混乱させる) とした。物情騒然たる状況のなかで、第 3 回帝国議会が開かれ、修正を行うため同 29 年 12 月 31 日まで施行を延期することになり[21]、新たに法案を起草する法典調査会の活動となる。

(2) 法典調査会

明治 26 年 3 月 21 日、内閣総理大臣伊藤博文は、法典修正のため、西園寺公望、箕作麟祥、横田國臣、穂積陳重、富井政章、梅謙次郎らを招集して会議を行った。その席上、穂積が伊藤総理の命により作成した法典調査の方法についての意見書を提出し、大凡これが採用された。続いて同月 25 日の勅令により法典調査会が設置され[22]、伊藤総理が自ら総裁となった。

法典調査会の構成は、明治 26 年 5 月 12 日「民法主査会第一回」の議事録にある出席者（原文のまま。＊印は民法起草委員）のとおり、全員が日本人からなる。

　　侯爵　西園寺公望君（議長）
　　　　　箕作　麟祥君
　　　　　末松　謙澄君
　　　　　伊東巳代治君

---

[21] 大久保、前出『ボアソナアド――日本近代法の父』178 頁
[22] 福島正夫編『穂積陳重立法関係文書の研究』、明治民法の制定と穂積文書――「法典調査会穂積陳重博士関係文書」の解説・目録及び資料――民法成立過程研究会（資料③）、日本立法資料全集 別巻 1、信山社出版、16 頁（1989）

＊穂積　陳重君
　横田　國臣君
　熊野　敏三君
　長谷川　喬君
　木下　廣次君
　高木　豊三君
＊富井　政章君
＊梅　謙次郎君
　土方　寧君
　田部　芳君
　村田　保君
　鳩山　和夫君
　三崎亀之助君
　元田　肇君

　この年、伊藤博文52歳、西園寺公望44歳、こうして明治政府の最高指導者が直接に関与し、西園寺が形式的な議長ではなく、草案の審議を取り仕切った。
　穂積・富井・梅の3名が起草した新たな民法典（新民法）の草案が、法典調査会において審議された時期は、日清戦争と重なる。
　明治27（1894）年8月1日、宣戦布告、やがて大本営が広島（第5師団司令部）まで前進し（9月15日）、明治天皇はじめ政府・軍部の首脳が広島入りして戦争指揮にあたり、帝国議会も広島で開催された。ちょうど6月に山陽鉄道が広島まで開通し、5年前に完成していた宇品港から兵員や軍需物資が送り出された。この戦争は、日本が平壌・黄海・旅順などで勝利し、同28（1895）年4月17日、日清講和条約（下関条約）の調印で終戦となった。
　その3か月後の7月2日、法典調査会の会議では、箕作麟祥が議長となり、新民法草案の第8節「雇用」の審議が行われていた。そこへ、総裁の伊藤博文が西園寺公望を伴って出席し、「私は戦争中、旅行致しておりまして、出席することもできません」でしたが、「諸君が引続いてご勉

励に相成って非常の進歩を為したこと」に謝辞を述べ、「到底、現今の法典を実施することは出来ませんので、どうしてもこの修正の法典を実施しなければならない訳であります」、「どうぞ諸君のご尽力を請いまする」と述べた。条約改正に向けて重ねられた努力の、掉尾を飾る一幕だった。

新民法は、法典調査会での審議ののち、帝国議会で議決され、総則・物権・債権の3編は、明治29（1896）年に、残りの親族・相続の2編は、明治31（1898）年に、それぞれ公布され、全5編が明治31年7月16日から施行された。

条約改正の外交上の努力と、西洋の原理による法制とが、近代国家としての基礎を築き、同時に、列強諸国との対等の関係の基礎を築く、大事業を成し遂げた。

(3) 法典起草の姿勢

民法起草の指導的役割を担った穂積陳重の著作、1890（明治23）年出版の『法典論』[23]は、名著の一つといわれ、その中心論旨は、のちに法典の起草が決まると、その全事業を貫く骨子となった。「今日に至るまでわが日本の法学における重要文献であるばかりでなく、世界的水準において高く評価さるべき立法学である」（小野清次郎『刑法と法哲学』）。

穂積は『法典論』の最後に、法治国の立法のあり方を、次のように記している（現代語化）[24]。

　　古代の社会においては、法律は君主が人民を統御する道具だったから、近世のように必ず法令を公布することはなかった。
　　我が国では、聖徳太子の十七条憲法、北条氏の貞永式目、徳川氏の御定書百箇条などは、みな官吏の執務規定のようなもので、あまねく人民に公布したものではなく、いわゆる「法は官吏にあり、民に知らせない」という有様だった。
　　御定書百箇条の奥書にも、「お上の耳に入れて決めたことで、奉行のほかには見せてはならない」とあって、当時の政府は、「民をして依らしむべし、知らしむべからず」の主義にもとづき、深く法令を秘したことが理解できるだろう。
　　このように、法令すら秘密にする時代においては、人民を法律の制定に

---

[23] 穂積陳重『法典論』哲学書院（1890）なお、日本立法資料全集 別巻3、信山社出版（1991）
[24] 穂積、前出『法典論』、208頁

参与させないのは、もとより論じるまでもない。しかしながら、近世になって、その主義は一変し、法律はこれによって人民の権利義務を確定し保護する道具であるとして、「民をして知らしむべし、拠らしむべし」との主義を採用し、ただ法令を公布するだけではなく、立法議会を公開し、人民に法案の議事を知らせる必要があるとするようになった。

こうした穂積の方針の一つとして、法典調査会の詳細な議事録が残されることになった。

(4) それからの民法典

明治31（1898）年施行の新民法は5編からなり、うち前3編（総則・物権・債権）は効力を維持して21世紀に至っている。

他方、後2編の家族法（親族・相続）は、第二次大戦の敗戦後、1946年に制定された日本国憲法が家族生活における個人の尊厳と男女の平等を宣言したのを受けて、全面的に改正され、1948年1月1日に施行された。日本国憲法を「新憲法」と呼んだように、その後は、これが新民法と呼ばれることになった[25]。

明治期には、全体の方針としては西洋の原理を目指しながらも、日本の旧習にとどまった家族法だが、50年後にその改革が実現した。

2.4.5 民法典創設の学識

起草委員3人の出自は、穂積家は宇和島藩藩士で、祖父と父は本居派の国学者、富井家は聖護院家（北白川宮）家臣、梅家は4代前が長崎で学んだ医家で松江藩藩士だった。

穂積は、留学先の英国でバリスター・アット・ローの学位を受け、ドイツでベルリン大学修業証書を得た。富井は、フランスでドクトル・アン・ドロア（法学博士）の学位を受け、梅は、フランスで同じくドクトル・アン・ドロアとなり、その論文にはリヨン市から賞牌が贈られた。これらのことが象徴する学識によって、3人は西洋の法制を受けとめ、日本人自らのための民法典を起草した。

---

[25] 大村敦志『家族法（第3版）』有斐閣、18頁（2010）

西洋法の学習には、西洋法の条文と、それの優れた総説書とが用いられたようだ。法典調査会議事録によれば、審議の際、フランス、オーストリア、イタリア、スイス、モンテネグロ、スペインなどの条文のほか、ベルギーとドイツで立法段階の草案の条文が、邦訳によって参照された。また、法典調査会の審議に、ポチエ[26]の著書への言及がある。

　ポチエの総説書で総論を学び、西洋法の条文を参照しながら、日本語での条文を作成し、前記のとおり20名前後の、西洋に学んだ学者たちが一堂に集まって審議した。その成果が21世紀の現在にいたるまで生き続けている。

2.4.6　それからの世代の法学

　学問の専門分化とともに、法学もまた分化した。主な分科を挙げれば、憲法学、民法学、刑法学、行政法学・政治学、会社法学、民事訴訟法学、刑事訴訟法学などがある。

　日本の法学は、明治期に始まってから、相当に高いレベルにあって今日に至ったと思われる。とはいえ、学問に空白があるとか、後れているという観点からすると、分科ごとに違いがあり、一概にはいえない。

　民法施行から14年後の1912（明治45、大正元）年の法学者、水口吉蔵の主張がある[27]。

　ドイツの法学者サヴィーニの意見をついだウインドシャイドは、法律の解釈には立法者の意思を知るべきで、最良の方法として、立法事業に関与した者の論文その他の意見、ことに法典の理由書、議事録、議会の報告等を利用することを推奨し、これに勝るものはないとしたが、この意見は「誤謬（ごびゅう）」であり、「客観的に法律としての効力のある法典の、外形上の権威は、ただ法典の文詞のみ」で、「法典の文詞のみが拘束力のあるものである」、とした。

　この水口説に対する評価は不明だが、法学はこの方向になったようだ。1970年、民法学の星野英一（1926-2012、東大教授）は、我が国の民法学の

---

[26] ポチエ（Pothier, Robert Joseph、1699-1772）は、ドマ（Jean Domat、1625-1696）とともに、のちのフランス民法典起草者に大きな影響を与え、その著書は民法典研究の重要な手引となっている。
[27] 水口吉蔵『法律解釈学』巌松堂、90頁（1912）。水口は、明治法律学校卒、大審院判事、明治大学教授

特色として、次の3点があるとする[28]。
　①あまり条文の文字を尊重しないこと
　②立法者または起草者の意思をほとんど考慮しないこと
　③積極的に、特殊な「理論」にもとづいて体系的・演繹的な解釈をすること

　つまり、明治以降50余年の間、西洋の学問を否定し、日本独自の行き方をした結果、こうなってしまったようだ。これは重要なことであり、少なくとも次の二つの影響を及ぼすことになったとみられる。

①立法のいきさつの埋没

　民法起草時の法典調査会議事録や、穂積の前記『法典論』が、かえりみられなくなった。当時の日本人が、法の領域で、国際的にも極めて高いレベルの仕事をしたことを示すものだが、その後の法学によって埋没されてきた。本書で、明治期の法典創設について紹介するのは、蛇足ではないと思うのである。

②概念法学

　この明治期の条文偏重が、いわゆる概念法学の始まりとみられる。百余年後の法学教育でも、議会で議決されるのは、条文の文言であり、それが法律であると説かれ、そのとおりだから、この論法には一見、説得力がある。しかし、人間観察や社会観察をしないで、条文を解釈するのでは、実在の人間や社会に合わなくなる。果ては、条文の文言さえも尊重しない。概念法学の弊害（後出158頁参照）が、学問の専門分化とともに、社会で大事な論点を空白にしたり、誤らせることがありえよう。

2.5　医学、技術・工学、法学の戒め

　法制の場合と同じ時期に、日本は西洋の文明に多くを学んだ。医学、工学・技術、法学の各分野で学ぶ姿勢について、日本人が気をつけなければならないことが示された例がある。

---

[28] 星野英一「民法解釈論序説」『民法論集 第一巻』有斐閣、9頁（1970）

2.5.1　医師ベルツが説いた「科学の精神」

ドイツ人医師エルウイン・ベルツ（1849-1913）は、明治9（1876）年に招かれ、いく度かの帰国をはさんでその滞日は29年に及んだ。

外人教師の雇用契約が更新されず、日本人教師への切り替えが進むなか、明治34年11月22日、ベルツの日本在留25周年の祝典が、文部大臣、大学総長、ドイツ公使館員が出席して開催された。その席でのベルツの演説は、「日本人が自身で産み出し得るようになるためには、科学の精神をわが物とせねばならない」ことを強調するものだった[29]。

> わたくしの見るところでは、西洋の科学の起源と本質に関して日本では、しばしば間違った見解が行われているように思われるのであります。人々はこの科学を、年にこれこれだけの仕事をする機械であり、どこか他の場所へたやすく運んで、そこで仕事をさせることのできる機械であると考えています。これは誤りです。西洋の科学の世界は決して機械ではなく、一つの有機体でありまして、その成長には他のすべての有機体と同様に一定の気候、一定の大気が必要なのであります。
>
> しかしながら、地球の大気が無限の時間の結果であるように、西洋の精神的大気もまた、自然の探求、世界のなぞの究明を目指して幾多の傑出した人々が数千年にわたって努力した結果であります（中略）。
>
> 西洋各国は諸君に教師を送ったのでありますが、これらの教師は熱心にこの精神を日本に植えつけ、これを日本国民自身のものたらしめようとしたのであります。
>
> しかし、かれらの使命はしばしば誤解されました。もともとかれらは科学の樹を育てる人たるべきであり、またそうなろうと思っていたのに、かれらは科学の果実を切り売りする人として取扱われたのでした。かれらは種をまき、その種から日本で科学の樹がひとりでに生えて大きくなるようにしようとしたのであって、その樹たるや、正しく育てられた場合、たえず新しい、しかもますます美しい実を結ぶものであるにもかかわらず、日本ではいまの科学の「成果」のみをかれらから受取ろうとしたのであります。この最新の成果をかれらから引継ぐだけで満足し、この成果をもたらした精神を学ぼうとはしないのです。

このベルツの意見に、ここで補足することはない。21世紀の日本が、

---

[29] トク・ベルツ編、菅沼竜太郎訳『ベルツの日記（上）』岩波文庫、236頁(1979)。この日記は原題を「黎明期日本における一ドイツ人医師の生活」といい、彼が日本人妻ハナとの間にもうけた長男トクの編になる。

西洋が育てた意識づける倫理や、行動の枠組みを与える安全文化を、理解できないままに福島原子力事故が起きたことを考えよう。

2.5.2 近代水道の西洋と日本

　明治期に、日本は西洋が育てた水道技術を学習し、日本の水道技術を確立し、今日に至る。1987年、日本の近代水道百年の際の記録がある。

　　西洋技術の継受 [30, 31]

　明治維新の後、我が国はしだいに近代国家としての体裁を整えていく。人口わずか千人程度の寒村にすぎなかった横浜村は、開港とともに人口が急増し、明治15（1882）年には6万7千余人に達していた。我が国における西洋式の近代的水道は、この年に調査に着手し同20年に竣工した横浜市水道に始まる。

　この時期、2人のイギリス人がいた。1人は、パーマー（1838-1893）である。香港政庁で総督副官を務めるかたわら香港及び広東の水道の設計に従事したパーマー工兵中佐（のち少将）は、明治16（1883）年に来日し、横浜市水道の設計から施工にいたる全過程の指導にあたった。その間、神戸市から設計調査を依頼されたときには、水道布設に消極的な区会が調査費を3分の1に減らし、さらに旅費も出さないという条件でありながら快くこれを受けたという。横浜市水道が完成していったん帰国するが、明治25（1892）年、神奈川県から横浜築港の監督を乞われて再び来日、しかし翌年、工事半ばにして肺炎で倒れ、日本人の妻にみとられながら東京で死去した。

　もう1人は、バルトン（1855-1899）である。キングス大学で衛生工学を修め、明治20年、帝国大学の招きで来日、工科大学で衛生工学講座の初代教授になり、内務省顧問技師を兼ねた。明治21年の「東京市区上水設計第一報告書」は主としてバルトンが作成したもので、東京市水道はこれによるところが大きく、日本人技術者に受け継がれて明治32年に完成した。バルトンは、大学での教育、実地指導を通じて、水道技術を日

---

[30]「近代水道百年の歩み」編集委員会『近代水道百年の歩み』日本水道新聞社（1987）
[31] 杉本泰治『濾過は語る—技術はいかに進むか』地人書館、25頁（1994）

本に根づかせるとともに、多くの日本人技術者を養成することに貢献した。その間、バルトンは、神戸市（明治25年）、仙台市（同26年）、名古屋市（同年）、広島市（同27年）ほか福岡、門司、下関などでの計画指導に従事、明治29（1896）年、帝国大学の任を離れ、台湾総督府民生局長後藤新平の要請で台湾にわたり、主要都市の水道調査にあたるうちに風土病にかかり、明治32（1899）年東京で死去した。

　日本の水道が、こうして外国人技術者の指導を仰いだのは、わずか10年余の期間であった。その間に、日本人技術者が着実に育っていった。パーマーのもとで横浜市水道の設計監督助手を務めたターナーは、英国に帰ってからこう述べているという。「ほとんどすべての面で新しい工事に携わった若い日本人技術者一同が発揮した熱意と理解の早さは賞讃に値する」[32]。

水道工学の100年と今後の展望

　日本における「近代水道の100年」記念の1987年に、近代水道は、都市に日々出入りする最大物質量である水を市民が等しく「自由」に「安全」に「いつでも」使えることを目標にして日々の「進歩」を遂げてきた、とみる水道工学の研究者、丹保憲仁（1933-2023。北海道大学、1995-2001年総長）は、次のとおり記している[33]。「技術」の語と「工学」の語が使い分けられていることにも注意願いたい（傍点は筆者による）。

　　日本の水道技術が、近代水道150年の歴史の50年目から始まったことは、できあがりつつあった技術を学ぶことによって、ほとんど無駄をしないで済んだ反面、技術を試行錯誤する段階を持たなかったため、その後の技術が定型化してしまったように思われる。
　　ヨーロッパの人々は、水道技術を自身の手でつくり、試行錯誤を経て、「水道工学」として一応の体系化をしたが、まだそこからこぼれ落ちる幾つもの技術があり、そしてそれがまた新しい水道の発達の活力となっている。
　　それに対してほぼできあがったヨーロッパの「水道工学」を輸入して出発点とし、思想を外した「水道施設基準」的技術による画一的水道施設群を次々と出現させた日本の水道普及もまた一つの驚きである。日本では、

---

[32] 東京都水道局『境浄水場摘要』（1987）
[33] 丹保憲仁「水道工学の100年の展望と今後の課題」、水道協会雑誌、56巻10号、177頁（1987）

地べたに根を生やした水道技術からではなく、「水道工学」から近代水道の技術が始まったというべきであろうか（中略）。しかし、近代水道には、その前の50年の技術形成の時代があることを忘れてはならないだろう。

「ヨーロッパの人々」が「自身の手でつくった」ものを、日本が学ぶことの問題点を、ここに読むことができる。西洋の言葉で書かれた文献の知識だけでなく、日本のその分野の実務に精通するエンジニアならではの着想といえよう。「思想を外した『水道施設基準』的技術」とあり、その「思想」を「安全文化」で置き換えれば、本書の主題は、そういう安全文化にあるといえよう。

この丹保説から読みとれる原理を、「丹保の法則」と呼ぶことにしよう。丹保の法則は、明治維新以降、急速な工業化を実現した軍艦、発電機・給電など諸産業に当てはまるであろう。

2.5.3 成功し、次に誤るパターン

日本人は、西洋によく学び、その学習の成果を実際の目的に利用することでも成功する。しかし、その後、日本独自の歩みをして道を誤る場合がある。明治以降の日本に、このような傾向があるとすれば、気をつけなければならないことだ。以下に示すのは、その例である。

(1) 『坂の上の雲』

司馬遼太郎の『坂の上の雲』は、この「国が、はじめてヨーロッパ文明と血みどろの対決をしたのが、日露戦争である。その対決に、辛うじて勝った」とみる[34]。この国が興るか滅びるか、ロシアのバルチック艦隊を迎え撃った日本海海戦は、敗れればその先がない、最初で最後の、ただ一度の機会だった。西洋から学んで育てた軍事の実務能力によって、自らの生死と存在意義を決する、ただ一度の機会に、勝利によって道を開いた。それは、どのような見方をするにせよ、この国にとって壮大な事実である。

ところが、その後、次世代の人たちが、第二次大戦の敗戦にいたる誤

---

[34] 司馬遼太郎『坂の上の雲1 司馬遼太郎全集24』文芸春秋、46頁（1973）

りを犯すことになる。司馬遼太郎は、1905（明治38）年の日露戦争の勝利の直後から、軍部の態度が不幸な15年戦争へ向かうことになった、とみている。参謀本部編纂の『明治卅七八年日露戦史』全10巻（大正2年刊）について、次のように記している[35]。

　　軍部は公的であるべきその戦史をなんの罪悪感もなく私有するという態度を平然ととった。もしこのぼう大な国費を投じて編纂された官修戦史が、国民とその子孫たちへの冷厳な報告書として編まれていたならば、昭和前期の日本の滑稽すぎるほどの神秘的国家観や、あるいはそこから発想されて瀆武（*武をけがす）の行為をくりかえし、結局は日本とアジアに15年戦争の不幸をもたらしたというようなその後の歴史はいますこし違ったものになっていたにちがいない。

西洋に学ぶことに成功し、その後、道を誤るというパターンは、この国で、軍事以外にもあった、または、今後もありうるのではなかろうか。

(2) 高度経済成長後の日本

日本は第二次大戦後、敗戦の廃墟から立ち上がり、科学技術を有効に利用した信頼性の高い優れた製品の生産と供給を基礎として、産業経済の高度成長を成し遂げた。それからの日本について、憲法学の樋口陽一は1979年、「最近の日本には二つの時代的特徴がある」として、次のように観察している[36]。

　　ひとつは、ものごとを外国と比較するときに、ますます、ナショナリスティックな自己評価が目につくようになったことである。しかも、日本人の排他思想だけならば今にはじまったことではないが、いくつかの点で、これまでとのちがいがある。
　　第1に年間の海外旅行者が300万人をこえたという数字が示すように、多くの日本人が直接外国に出かけ、「円の威力」＝「経済大国ぶり」と「日本のよさ」を自分で「実感」するようになり、ナショナリズムがいわば大衆的な「実感」をともなうようになった。
　　第2に、外国人の側から、『ジャパン・アズ・ナンバーワン』というふうに持ち上げられるようになり、（……）ナショナルな自尊心を満足させ

---

[35] 司馬遼太郎『坂の上の雲3 司馬遼太郎全集26』文芸春秋、512頁（1973）
[36] 樋口陽一『比較のなかの日本国憲法』岩波新書、204頁（1979）

てくれる。
　第3に、体制批判側の方でも、(……) 西洋諸国との比較のなかで日本のことがらを冷静に批判的に点検するという視点が、ことさらに無視される傾向がある。
　もうひとつの特徴は、そういった諸傾向とふかくむすびついているが、日本国憲法と戦後民主主義という普遍的価値(少なくとも私はそう考える)に対する敬意という建前をぬぎすてて、「日本は日本」と公言する、一種の居直りがはじまったということである。

　このあと、安全文化を追究するうちに、樋口のこの見方に思い当たることがある。

　日本(人)は、日本の社会を科学技術が支えていることに、意外と関心が薄く、その科学技術に危険なリスクが潜むことにほとんど無関心なまま、「ナショナルな自尊心を満足」させているとみると、科学技術に対するそのような安直な姿勢は、樋口が説く、「西洋諸国との比較のなかで日本のことがらを冷静に批判的に点検するという視点が、ことさらに無視される傾向がある」こととと無関係ではないようだ。

2.6　科学技術の安全確保に向けて

　福島原子力事故が起きて、日本では、西洋で育った安全文化を理解できないでいることが見えてきた。
　ただ一つの道
　西洋と日本の間の文化の違いは、ことあるごとに語られてきた。ここで大切なことは、文化の違いの認識だけではすまないことである。
　科学技術の安全確保に、安全文化のほかに選択肢があるだろうか。本書でこれから解明されていくことだが、ほかに選択肢はない。安全文化が、科学技術の安全確保のただ一つの道である。
　西洋と日本が、同じ科学技術を利用し、日本が同じ科学技術の安全確保を実現するには、安全文化を納得のいくように理解し受け入れなくてはならない。

社会のなかの安全文化

　西洋の社会と、日本の社会とを比べよう。どちらの社会も、人間で構成されることでは全く同じである。安全文化は、西洋の社会で育った。西洋の人たちが安全を求めるのは人間の本性であり、そこから安全文化が育った。

　それなら、日本人にも、安全を求める本性がある。そうであれば、日本の社会にも、"安全文化"の語はなくても、近似のものがあるはずであろう。

　西洋にはその社会で育った安全文化があり、それを受け入れるのは、日本の社会である。日本の社会に、近似の安全文化があるから、受け入れ可能なのである。受け入れられるようにするには、どうするかの問題である。それには、日本の社会を知らなくてはならない。

　本書では、今の日本の社会の始まりは、西洋の原理による法制など、西洋の文化を受け入れるようになった明治期にあるとみる。そこを原点として百余年、現在の日本の社会まで、途切れることなくつながっている。そういう日本の社会が、西洋の安全文化を受け入れることができるようにするには、どうすればよいか。

　日本はすでに明治維新のころから、西洋と同じ科学技術を利用する文化を共有してきた。そこで起きる課題として、第1に、科学技術の利用に関して、常に西洋が先んじる可能性があることである。日本は常に謙虚に西洋に学ぶ努力をしなければならないのである。第2に、日本がすでに1世紀半にわたり西洋と文化を共有してきたことである。そのことでは西洋と日本は対等の立場にあり、西洋人に劣らない聡明な資質の日本人が、新たな知見を見いだし、国際社会に貢献することがありえよう。その努力をしなければならない。

第 3 章
なぜ安全文化は日本人に難解か

第3章　なぜ安全文化は日本人に難解か

　安全文化は、1986年にチェルノブイリ事故が起き、IAEA（国際原子力機関）が事故調査報告で初めて提唱し、IAEAの1991年の文書INSAG-4(付録1参照）に、安全文化の定義と、実務の体系とが収められている。

　安全文化を知るには、INSAG-4を読むことである。しかし、読めば安全文化が理解できるかというと、そこに難しさがある。INSAG-4はIAEAが作成したものだが、それを日本が理解できない。というと、日本人の理解力や努力の不足となりそうだが、そう簡単なことではない。

　日本で安全文化が理解できない原因として、前章で、科学技術の安全確保について、安全文化が西洋で育ったこと、日本には学問の空白があるという、日本の社会における学問の構造を取りあげた。

　しかし、日本人が安全文化を理解できないできた状況は複雑であって、本章は、もう一面をとらえる。

　日本の一般的な事故観は、事故が起きると加害者を探し責任追及することを中心とし、安全確保が中心の安全文化の思想とは異なっている。日本で安全文化が理解されなかった、有力な理由の一つのようだ (3.1)。

　安全文化とは、大凡、どのようなイメージのものか。福島原子力事故の経験に発して、大凡イメージを描いてみよう (3.2)。

　日本がINSAG-4の安全文化を理解し、日本に適するように国際共通の安全文化を築くには、三つの盲点があり、対策を必要とする (3.3)。

　INSAG-4の体系を、国際共通の安全文化として尊重し、よりよくするために、福島原子力事故を経験した日本は貢献できるはずである (3.4)。

　安全文化を理解するために、シャインの組織文化の考え方を応用して、安全文化の適切なイメージつくりを助けてみよう (3.5)。

3.1　日本の事故を見る目

　本書の第9章では、安全文化の見方によって、福島原子力事故の原因をとらえる。その安全文化の事故観と、在来の日本の事故観との間には、かなりの違いがある。

安全文化の事故観
　安全文化の事故観を、第9章を先取りして示すと、次のとおりである。

> 　規制行政のあり方について学問の空白があり、合理的なルールの不明が規制の迷走となって、当事者の注意を妨げ（根本原因1）、その上、リスクアセスメント担当の技術者の努力がとりで（砦）となるところ、技術者と経営者の関係においてそれが機能せず（根本原因2）、津波による電源喪失により原子炉の制御不能となり（直接原因）、事故は起きた。

　このとおり、根本原因1すなわち、「規制行政のあり方について学問の空白があり、合理的なルールの不明が規制の迷走」を生じて、そこから根本原因2が生じ、さらに直接原因が生じて事故が起きた、とみる。
　このような事故を防ぐためには、「規制の迷走」が起きないよう、合理的なルールを明らかにし、それには、学問の空白を解消することから着手しなくてはならない。事故原因の調査の目的は、事故に学び、再び同様の事故が起きないようにすることにあるから、直接原因から遡り、根本原因2、根本原因1を順次、突きとめることになる。

在来の日本の事故観
　しかし、日本の社会で実際に事故原因調査の主たる目的とされているのは、それではない。
　事故が起きた場合に、ただちに着手する事故原因調査（事故原因究明と

もいう）は、事故責任の追及を目的とする。刑法の業務上過失致死傷罪（刑法第211条）と、民法の不法行為法（民法第709条）の系列とがあり（表6.2参照）、これらの規定の適用である。

事故が起きると、加害者がいるはずだ、加害者を突きとめて、業務上過失罪の刑罰を科し、損害賠償責任を負わせる、というのが一般的なパターンである。それゆえ、事故調査はもっぱら加害者を特定することにある。厳重に処罰し損害賠償責任を負わせることが、事故の再発防止に有効とされてきた。

この日本の在来の事故観では、上記「直接原因」が関心の対象である。根本原因2や、まして根本原因1は、裁判で論議されることがあっても、いわゆる傍論にとどまる。

マスメディアは大きな事故を精力的に報道し、事故から長く報道されるのは、長引く責任追及の裁判である。そういうことだから、法律家、マスメディアとその背後にいる国民が、根本原因2や根本原因1に興味を持つことはほとんどない。安全確保に興味をもってINSAG-4を読むようなことはありえなかった。日本で安全文化が理解されなかった、有力な理由の一つといえよう。

3.2 安全文化のイメージを探る

上記のことから、安全文化が、日本人に理解できるように解明する方法を見つけることが課題となる。

3.2.1 推論——安全文化のイメージを探る

安全文化は、大凡どのようなイメージのものか。大まかなイメージを描くことができれば、理解がはかどることになる。読者とともに、探るとしよう。読者の勤め先にも安全文化にあたるものがあるかもしれない。自分の勤め先のことを念頭に置きながら、推論を進めよう。

事故には、いうまでもなく原因がある。福島原子力事故の原因には、ある「要因」が関係しているとみて、以下、その推論である。

ある「要因」の広がり

福島原子力事故の「要因」は、この事故のみに限らない。同じ「要因」が、我が国の社会のあらゆるところに、目に見えず、気づかれないで潜在している可能性がある。この事故は、たとえようもないほど重大だが、しかし、それ以上に重大なのが、そのことである。

それは目に見えないが「目に見える形となって現れたもの」、それを利用して安全文化の有効性を判断するというのが、IAEA 安全文化の手法である（付録1「IAEA 安全文化 INSAG-4 解説」参照）。

たまたま、その日その海岸を大津波が襲った。そこは日本であり、襲われたところに所在する東京電力の福島第一原子力発電所は、安全に電力を供給する目的で設置され、そのつもりで運用されていた。たまたま大津波が、海の向こうからそこへ事故を運んできたのではなく、そこに、ある「要因」がもともと潜んでいて、原子炉が制御不能となる事故になったのである。

その「要因」は、その日までに東京電力の福島第一原子力発電所に潜んでいた。同じように、東京電力の他の地域の各発電所それぞれに潜み、その上、東京電力の全体を統御する本社にも潜んでいたであろう。東京電力のあらゆる業務に、1年365日、1日24時間、常時、潜んでいた。そこで起きるのは、原子力発電所の原子炉の制御不能だけではない。いろいろなタイプの大小様々な不都合、不祥事、事故がありえよう。

ハインリッヒの法則を思い出していただきたい。一つの重大事故の背後には29の軽微な事故があり、その底辺には300の異常（ヒヤリ・ハット）が存在するという三角形の頂点に位置するのが、福島原子力事故である。

それは、東京電力のみにとどまらない。東京電力以外の電力企業にも、製造業やサービス業など日本に所在するあらゆる業種の企業にも、同様の「要因」が潜在する可能性がある。

民の企業ばかりではない。政府による規制（規制行政）は、国民生活や産業活動に広く深くかかわり、科学技術の危害を事前に抑止して安全の確保を図るために、規制側（官）が被規制側（民）を規制する関係である。その官にも、同様の「要因」が潜んでいる可能性がある。

学問の世界も、無縁ではありえない。日本の社会で生まれ育った学者たちの世界に、同じ「要因」が潜むとみるべきだろう。

企業や行政機関の職場で働く人々は、一日のほぼ半分を、職場の外側で社会生活をする。職務を終えて帰る家庭に、同じ「要因」が潜む可能性がないとはいえない。

国民を背景に、マスメディアの活動がある。国民一人ひとりは無力でも、マスメディアの動向によって形づくられる世論が、企業や行政に影響を及ぼすことがありうる。そこにも、この「要因」が潜むことがありえよう。

「安全文化」といわれるもの

ある社会に生まれ育ち長く生活する者は、その社会で起きていることや、起きようとしていることが、目に見えなくても何らか感知することができる。上の推論がそれである。

ここまで「要因」としてきたものは、「安全文化（safety culture）」の名前に置き換えられるとしよう。

そうすると、安全文化には正と負の両面がある。「科学技術の危害を抑止する」、「公衆を災害から救う」、「公衆の福利を推進する」を目標にそれを実現し、その成果を享受するのが正の面であり、通常「安全文化」といわれるのはそれである。特にそのことを強調し、積極的安全文化（positive safety culture）と呼ばれることがある。

他方、「科学技術の危害を助長する」、「公衆を災害のなかに放置する」、「公衆の福利を妨げる」といった結果になれば、害を及ぼす負の面であり、通常、安全文化の「不足」とか「後れ」といわれるのがそれである。消極的安全文化（negative safety culture）と呼ばれることもある。

正と負の両面があることは、東京電力の場合も同じである。負の面が福島原子力事故につながった一方で、電力企業として日々、広域にわたり電力の安定供給をし、その事業を通じて多人数の雇用を維持しそれら家族の生活を安定させるなど、高く評価される正の面がある。

安全文化が国民生活に及ぼす影響は、計り知れないほど大きい。福島原子力事故一つを例にとっても、もし、この事故がなかったら、この国はより豊かで、人々はより幸せだっただろう。安全文化の負の面が積も

り積もって失われるものは、想像以上に大きい。そうならない条件を、将来に向けて、作り出さなくてはならない。

組織・個人の性格・姿勢

安全文化は、人とともにある。安全文化を正の方向にするのも、負の方向にするのも人である。人が行動し、その行動の仕方によって、結果が正にもなり負にもなる。そして、人の行動はその人の「理性(mind,＊心)」、あるいは「特質（characteristics,＊性格）」や「姿勢（attitudes）」の影響を受ける。（なお、「＊」付の訳語は著者らによる。以下同じ）。

人（個人）は通常、組織のなかで働く。個人たちの働きが統合されて、組織の成果になる。そこで、個人たちの性格と姿勢が組織の性格と姿勢となり、また逆に、組織の性格と姿勢が、個人たちの性格と姿勢に影響する。

まとめていえば、組織と個人の性格と姿勢の集合が、安全文化を、正の方向にもし、負の方向にもする。安全文化を正の方向にするには、組織と個人の性格と姿勢を、そうなるように仕向けなければならない。

性格や姿勢は、通常「目に見えない」。それでも目に見える形になって現れるものがあり、それを利用して、正しい方向かどうかを分析し評価することができる。

上に用いた「理性（＊心）」、「特質（＊性格）」、「姿勢」、「目に見えない」、「目に見える形になって現れる」の語は、IAEAがチェルノブイリ事故後、1991年に発表したINSAG-4「安全文化」（付録1参照）の用語と同じである。

3.2.2　安全文化の解明の方法

ここまで進んだところで、著者らが上のとおり推論して得た安全文化のイメージは、大まかなところ、IAEAのそれと矛盾しないでつながるようだ。このことは、安全文化を日本人にわかるように解明する方法への手がかりとなる。

安全文化が日本にもありうるなら、日本の社会で生まれ育ち、科学技術を利用する業務に従事してきた著者らは、日本においてそれを受け入れることになる環境条件を、判断することができる。その立場から経験

的に、安全文化がどのようなものか、推論する。その推論を、先行の西洋の安全文化について知られていることと照合する。こうすれば、西洋の安全文化が、日本に当てはまるかどうか、当てはめるにはどうしたらよいか、ということがわかるだろう。これが、本書でこれから用いる方法である。付録に「IAEA 安全文化 INSAG-4」と「NRC 安全文化方針表明」を収めるのは、そのためである。

　本書は、西洋育ちの安全文化を紹介するといった翻訳・翻案の書ではない。それを日本が受け入れるには、大きな障害があること、それらの障害は克服されなければならないし、克服できるであろう方向への進路を見いだすようにしたい。

3.3　INSAG-4 の読解の難しさ

　INSAG-4 の英和対訳が本書末尾の付録 1 にある。本文は、94 個の段落からなり、そのすべてが難解なのではない。全体として実務に役立つよう、読めばわかるよう平明に書かれている。ここに取り上げる三つの論点が、日本人にわかりにくいのは、日本人の理解力や努力が足りないせいばかりではない。理解を妨げているのは何か。そこをあいまいなまま放置しないで、明らかにする。

　著者らは、INSAG-4 を読み、英文を日本文に直し、幾度となく、英文と日本文を照らし合わせて修正を重ね、納得のいく英和対訳を試みた。この過程で、日本人には難解と思われる点が見えてきた。以下、論点と分析である。

（論点 1）西洋と日本の文化の違い

　西洋と日本の間には、さまざまな文化の違いがあり、多くの場合、違いがあるというだけで、そのままにされる。国際間における安全文化の重要性から、違いを認識するだけなく、違いを解消して、共通の理解を図る工夫をしなければならない。

(1) INSAG-4 の表現——"神の御業"と呼ばれることがあるような

INSAG-4 の 94 個の段落からなる本文の、1 番目にこうある。

1. "神の御業"(Acts of God)と呼ばれることがあるような場合を除けば、原子力プラントで起こるかもしれない問題は何らかの意味で人間の過ち（human error）がその発端である。とはいっても、人間の理性（mind, *心）は、潜在的な問題を摘出し解消するのに極めて有効であって、安全に対して重要で建設的な影響も有しているといえよう。このような理由から、個人には重い責任がある。個人はそれぞれ、定められた手順書に従うだけでなく、「セーフティ・カルチャ」に従って行動をしなければならない。原子力プラントを運転する組織だけでなく、安全に責任を有するその他のすべての組織も、人間の過ちを防止し、人間の行動の建設的な面を活用するようにセーフティ・カルチャを醸成（develop）させなければならない。

このように、「個人には重い責任がある」趣旨を述べている。

(2) 日本人にわかりにくいのは

個人に重い責任があることをいうのに、"神の御業"と呼ばれることがあるような場合を除けばと、"神"を持ち出すのはなぜか。日本の古来の文章術に、枕詞があるが、これはその類ではなさそうだ。

(3) 共通の理解のために

"神の御業"と呼ばれることがあるような場合を除けばを、冒頭におくのは、強調のためだろう。西洋の人たちに、チェルノブイリ事故の衝撃は大きかった。そうであれば、次のように解釈されよう。

チェルノブイリ事故（のような事象）は、絶対に許容できない、絶対に起こしてはならない。しかし、絶対に起きないようにするのは、神の御業であり、人間がすることに絶対や完全はありえない。それでも、人間は、絶対安全を目標に、限りなく近づける努力をすることはできる。それゆえ、個人には重い責任がある。

人間が絶対ないし完全を目指す資質は、完全指向であり、「完全性（インテグリティ integrity）」（コラム 5.2「インテグリティとレジリエンス」参照）といわれるもので、INSAG-4 にこの語はないが、それとみてよい。「レジリエンス」（同コラム 5.2 参照）も、粘り強く、めげないで、完全を目指す、

同様の趣旨とみられる。
　INSAG-4 は、安全文化を次のとおり定義する。

> 6．セーフティ・カルチャとは、すべてに優先して原子力プラントの安全の問題が、その重要性にふさわしい注意を集めることを確保する組織と個人の特質（*性格）と姿勢を集約したものである。

　この「すべてに優先する（an overriding priority）」は、"この上ない優先度"であり、完全性を表している。このことからも、完全性（インテグリティ）は安全文化の根本思想といえよう。完全性を理解しないで、安全文化の理解はありえない。
　業務や職務において、完全を指向することは、日本でも行われている。最善を尽くす、できる限りのことをする、抜かりのないようにする、などである。旅行に出かけるときなど、カギはすべて掛けたか、ガスの元栓は閉めたか、などとミスや漏れがないように気をつけるのは、普通の人のそれである。
　日本人にもあるそれを、「完全性（インテグリティ）」として意識し、意識してそうすることは、日本人にとって難しいことではないと思われる。すでに同様の趣旨の「レジリエンス」が普及していることから、比較的容易に定着するとみられる。
　以上のように考えれば、西洋と日本の文化の違いは、完全性（インテグリティ）やレジリエンスに関する限り、西洋人にもわかる、日本人にもわかる共通の理解がありうる。

(4)　個人の重要性

　完全性（インテグリティ）は、人間がすることに絶対や完全はありえないけれど、絶対安全を目標に、限りなく近づける努力をすることを意味する。そういう完全性の働きをめざす個人がいてこそ、安全確保は実現する。
　実務では、実務に従事する人のために、マニュアルが備えられる。マニュアルは定型化された知識であり、それを遵守するだけでは足りないので、実務に従事する個人の完全性の働きによって補うのが、マニュアルの本来の仕組みである。

個人の働き方として、他から指示されたとおりに働く（他律）、自ら進んで自主的に働く（自律）の二通りがある。自律であってこそ、その個人の完全性が期待できる。前記引用の「個人には重い責任がある」ことは、個人の自律によって負う責任であり、安全文化を貫く根本思想である。

　西洋では、個の確立がなされているといわれ、個人には重い責任があるのが普通なのだろう。日本では、基本的人権を定める日本国憲法の基本でありながら、個人の重要性があいまいで、個人よりも所属する団体といういわゆる団体主義の傾向がある。所属する団体はもちろん大切だが、個人を軽視ないし無視することになりかねない。

　このような問題の認識やその解決には、学問（法学）のガイドがあってよいと思われるが、見当たらない。それどころか、あとで見るように、法学に個人軽視の傾向さえある。安全文化に取り組むについて、日本の盲点（以下「盲点X1」という）といえよう。

(5) まとめ

　西洋と日本の間には、文化のさまざまな違いがあり、それはINSAG-4のなかにも見いだされる。西洋と日本の違いの、「安全文化」版である。科学技術の基本は、西洋も日本も共通ゆえ、西洋の安全文化と日本の安全文化とが、違ってよいはずはない。違いを放置しないで、西洋と日本の間に、どのような共通の理解がありうるか、確かめなくてはならない。

　まず、西洋の「神」をめぐる文化の違いによる難解さは、完全性（インテグリティ）やレジリエンスと結びつけることで共通の理解が可能といえよう。しかし、個人の重要性があいまいということは、日本の盲点（盲点X1）とみられる。

(論点2) 安全確保の組織の構成

　INSAG-4には、たった1枚の図が「安全文化の主要な構成要素を説明したもの」(段落14参照) として掲げられている (図3.1参照)。唯一ゆえに、安全文化を知ろうとして読む日本人は、強く印象づけられる。そこに、2種類の問題がある。

(1) INSAG-4 の図の趣旨

図について解説すれば、企業の場合「ポリシー(*方針)レベル」は、取締役会、社長、CEO(chief executive officer)など、「管理職者(*マネジャー)」は、部長、課長、係長などである。

(2) 組織の説明の仕方

この図は、安全文化の主要な要素を説明したもので、本文中の各節の表題の位置づけを示している(INSAG-4、段落14参照)。つまり、この図の「ポリシー・レベル」、「管理職者」、「個人」がそれぞれ、本文の3.1節、3.2節、3.3節の表題になっている。

この図の3段階の表現は、階層構造の組織図のように見える。「ポリシー・レベル」を頂点とし、その方針が「管理職者」を通じて、「個人」に伝えられる、という階層構造のようである。

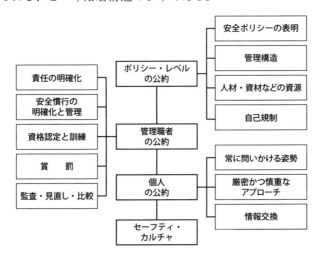

図3.1 安全文化の表現の図示(INSAG-4の第1図)

しかし、図のとおり個人は最下段のみで、「ポリシー・レベル」と「管理職者」は、個人ではないかのようである。実際には、「ポリシー・レベル」も「管理職者」も、そこにいるのは個人である。

すなわち、この図で3段目の「個人」に要求されている「常に問いか

ける姿勢」、「厳密かつ慎重なアプローチ」及び「情報交換（communication）」は、三つのレベルのすべての個人に要求される。

　ここにいう「情報交換」は、いまの時代の普通の用語では、カタカナ書きの「コミュニケーション」だろう。三つのレベルを通じて、組織全体でのコミュニケーションがなされなくてはならないし、また実際に行われている。

　こうしてみると、図の3段目の「個人」は、「メンバー」ではないだろうか。そうであれば、公約の3項目も書き替えられることになる。「ポリシー・レベル」での方針に従い、「管理職者」の指揮のもとで「メンバー」が作業をする関係である。

　この図は、組織における個人の位置づけが不明で、個人の重要性が見えにくい。図に改良の余地があると思われる。IAEAの課題といえよう。

(3)　組織原理

　安全確保の規制行政は組織によって遂行され、その中心となるのは、規制側の政府の組織体（官）の組織と、被規制側の運転組織体（電力会社、民）の組織である。

① INSAG-4 の見方

　INSAG-4 の考え（図 3.1 参照）は、規制側（官）の組織と、被規制側（民）の組織とに共通とする。つまり、官と民とで職名は違うが、ともに同じ組織原理のものとみている。

② 日本の見方

　日本では、官の組織は、行政組織法や国家公務員法があり、学問としては行政法学の領域で扱われる。民の組織は、会社法があり、会社法学の領域で扱われる。このように制定法（法律）による区別があるのみで、学問の領域も違い、全体を通じる組織一般の考えがない。

　組織原理を知ることは、合理的な組織をつくり、それを合理的に運営するには、大切なことである。

　原始時代から、人間は自分一人ではできない場合、他の人と組んできた。そのように団体は社会に自生し、社会が複雑になるとともに、団体の構造も複雑になった。学問がそういう実態を観察し、団体がどのように組

織されているか原理を見いだす。団体や組織の学問の成立である。

　西洋にはそのような学問の展開があり、日本はその外側にあって、組織原理が不明（すなわち、学問の空白）のまま、個人よりも組織を優先する見方をしてきた。人の組織という社会を動かす根本事項について、学問の空白はそれ自体が問題であるうえに、西洋と日本の間の共通の理解を妨げるもので、日本の盲点（以下「盲点X2」という）といえよう。

(4) まとめ

　安全確保の行動は組織で行われ、組織は個人からなる。INSAG-4 は、組織の構成について記しているが、日本人にはわかりにくいところがある。これは文化の違いの問題というより、日本では組織というものがどのように構成されるか、組織構成の原理が、よく知られていないという盲点（盲点X2）があるからである。他方で、INSAG-4 の1枚の図に、組織の表現に改良の余地があり、これはIAEAの課題といえよう。

（論点3）規制行政のあり方

　安全確保には、政府による規制（規制行政）がかかわり、支配的な影響力がある。INSAG-4 には、規制行政というものの重要性がよくわかる説明がある。規制行政の実務を体系的に示し、特に官民関係のあり方を明らかにしている。ところが、日本ではどうかとなると、別世界のような感じさえある。

(1) INSAG-4 の趣旨

　官と民の関係に関することで、INSAG-4 に、次の記述がある。

> 68. 規制官には、原子力安全に関する事項に関して、相当に自由裁量的な権限が与えられる。このような権限は、規制当局の活動の基礎となる法令と詳細な規定に基づいたものであり、いくつかの一般的な方法で明示される。
> 　—規制当局の運営形態では、規制当局と運転組織とで安全に対して共通の認識を持ち、これによって運転組織との関係でも、オープンで協力的であっても、明らかに異なる責任を有する組織間にあるべき、適度な節度と隔たりを確実に保持するようにする。

―論争の多い話題はオープンに取扱われる。オープンなアプローチでは、安全目標を設定するときに用いられ、規制される側からもその意図についてコメントできるようにする。

　ここに「運転組織」とあるのは、原子力発電所であり、被規制者（民）である。この文脈では、規制者（官）と被規制者（民）とが、一方が規制し他方が規制される立場にありながらも、上下の関係ではなくて、対等の関係にあるとみられる。

(2) 日本の実情

　日本でも、国民生活や産業活動に対し、規制行政の実務は行われている。しかし、規制行政の実情は、ほとんど不透明で、わかりづらい。

　民主主義にもとづく日本国憲法のもとでは、規制側の官が、被規制側の民より上にいて、権力によって思うままに民を支配することはありえないはずだ。ところが、実際には官が上で民が下の上下関係において、規制者が一方的に命令し、被規制者はそれに服従するものという警察的規制が根強い。

　ここには、官民が対等の関係にあって、官が民の自主、自律を尊重するやり方と、官民が上下関係にあって、官が民に強制する他律のやり方と、どちらが妥当かの問題がある。民主主義のもとでは前者のはずなのに、日本は、そこがあいまいなまま後者の傾向である。

　規制行政をあるべき正当なものにしなければならないし、国際共通の安全文化を指向するためにも、この状況は日本の盲点（以下「盲点X3」という）と思われる。

(3) まとめ

　安全確保には、政府による規制（規制行政）がかかわり、安全確保の成否を左右する重要性がある。INSAG-4は、規制行政の実務の体系を示し、規制行政の重要性がわかるような説明をしている。民主主義のもとでは、官と民は対等の関係のはずなのに、日本の規制行政の実情は、上下関係が根強い。規制行政の重要性から、日本の盲点（盲点X3）であり、大きな問題点と思われる。

3.4 安全文化の共通の理解に向けて

　西洋が育てた安全文化を、なぜ日本人が理解できないかについて、ここまでの検討から、次のことがいえよう。

3.4.1　IAEA 安全文化の尊重
　IAEA 提唱の INSAG-4 の安全文化は、日本人にとって文化の違いによる難解な点があるなど、IAEA 側に、表現や説明の仕方に工夫の余地があると思われる。この指摘は、IAEA 提唱の安全文化の権威を傷つけるものではない。国際共通の安全文化として尊重し、よりよくするための日本側の意見である。

　IAEA は INSAG-4 によって安全文化の実務を体系化し、国際間に広く普及・啓発するという、大いなる業績により、原子力の安全にとどまらず、産業一般の安全に寄与してきた。安全文化の発展に、終わりはない。科学技術のイノベーションに終わりはないのと同様、安全文化に終着駅はない。日本としては、IAEA が提供するものを受け入れ、受益する一方で、受け入れたものを発展させ、フィードバックするようでなくてはならない。

3.4.2　国際共通の安全文化を築くには
　日本が IAEA 提唱の安全文化を理解し、日本に適するように国際共通の安全文化を築くにはどうすればよいか、一つの方向が見えてきた。
(1)　日本の盲点
　安全文化の理解をめぐって、上記で、日本には三つの盲点があるらしいことがわかってきた。
①重い責任を負う個人（盲点 X1）
　「個人には重い責任がある」ことが、安全文化を貫く根本思想であり、安全確保は、つまるところ、従事する一人ひとりが自ら責任を負う姿勢にかかる。日本では、いわゆる団体主義の傾向がある。所属する団体はもちろん大切だが、個人の可能性を軽視ないし無視することになっては、

安全確保が破綻するおそれがある。

②組織原理の役割（盲点X2）

日本では、官の組織は行政組織法や国家公務員法、民の組織は会社法、というように法律による区別はあるが、組織一般の考えがない。人間は自分一人ではできないことを、他の人と組んで実現しようとする。そのようにして団体は社会に自生し、その実態を観察して、団体の組織原理が知られてきた。日本は、そこに問題があるとみられる。組織原理を知ることは、合理的な組織をつくり、それを合理的に運営し、安全を確保するには、大切なことである。

③規制行政のあり方（盲点X3）

日本でも、国民生活や産業に、政府による規制（規制行政）の実務が行われ、安全確保の成否にかかわるが、規制行政の実情は、ほとんど不透明である。民主主義にもとづく日本国憲法のもとで、規制行政をあるべき正当なものにしなければならない。そのことは、日本の科学技術の安全確保のために、そして国際共通の安全文化を築くためにも、大切なことである。

日本が国際共通の安全文化を築くには、以上三つの盲点をどうするか、ということが中心的な課題となろう。この段階では、INSAG-4を読んで、盲点の、いわば兆候を見つけたわけで、盲点が具体的にどのような内容のものか、どう対応するかが、次章以下のテーマである。

(2) 科学技術への法の対応

今われわれが、このような問題に取り組んでいるのは、科学技術の安全確保の観点からである。科学技術の安全確保は、科学技術だけでは実現できない。上記三つの盲点は、「重い責任を負う個人」にせよ、「組織原理の役割」にせよ、「規制行政のあり方」にせよ、科学技術のみでは解決できない。

その多くは、法（律）がかかわる。つまり、三つの盲点は、法の盲点である可能性がある。法は、倫理とともに、社会の秩序を維持する規範であり、その学問、つまり法学には、先導し啓蒙し啓発する役割がある。

科学技術の危害が深刻なものと認識され、本格的な対応が始まったの

は西洋で、1970年代のローベンス報告のころである（第4章図4.1参照）。西洋の原理を取り入れた日本の民法の施行は1898（明治31）年（前出39頁参照）であり、それより約70年後である。つまり、世代で分けると、科学技術との関係の発生は、明治の法制創設を担った世代より後の、次世代以降のことである。

　明治の世代は、西洋法を受け入れて、西洋法と整合した法をつくることにより、西洋と日本の関係を解決してきた。そこへ次世代以降に、新たに科学技術との関係が生じた。今われわれは、福島原子力事故を経験し、そういう局面にいて、西洋と日本の関係の再確認を迫られている。IAEAないし西洋と日本との間で、安全文化の共通の理解を目指すことには、そういう意義があるようだ。

3.5　安全文化のもう一つの理解

　ここまで、西洋と日本の間で「安全文化の共通の理解を目指す」という、難しげな言い方をしてきたが、要は「安全文化」というとき、西洋人も、日本人も、同じイメージをもつようになりたいということである。現状は、西洋人が英語でsafety cultureといい、日本人が「安全文化」というとき、イメージが全然違っていて、話が通じない。

　その原因の一つに「文化」という言葉があるようだ。英語のsafety cultureの訳語として「安全文化」を用いるのだが、多くの日本人はこの"文化"が、在来の日本語の「文化」と同じではないという違和感がある。その違和感が安全文化の理解を阻害するらしいとわかっても、容易には払拭できない。

3.5.1　在来の日本語の「文化」との違い

　原子力の関係で、2008年にいわれていることがある。「語感や訳語が人々の感性に違和感を覚えさせるときにはその本質の理解や問題対処への着手に心理的障壁ができるかのようです。安全文化がそのようでしたが、ナレッジマネジメントもその例かもしれません。しかし、今のまま

放置するには重要性が大きいと懸念します」(松浦祥次郎)[1]。
　「文化」の語は、普通の日本人にとっては、文化財、文化勲章、日本文化などの"文化"である。
　「文化財」は、文化財保護法という法律が、有形文化財と無形文化財について、「歴史上又は芸術上価値の高いもの」と定義する（同法第2条1号・2号）。「文化勲章」は、「文化の向上発達に関し特に功績顕著な者」（文化功労者年金法第1条）のなかから選ばれて授与される。「日本文化」といえば、普通の日本人には、歌舞伎、能・狂言などの伝統芸能をはじめ、多くの伝承的なものが連想されよう。これらは、普通の人の日常生活とは、多少なりと次元の違うものといえよう。
　英語の culture は、英和辞書を引けば、「教養」がある。社会人として日常生活に必要とされる広い知識、そして、それによって養われた品位、といった意味である。安全文化のそれは、むしろこれに近い。

3.5.2　シャインの組織文化の考え方の応用

　シャイン（1928-2023）は米国の心理学者で、企業や行政などの、組織の文化（organizational culture）には、三つのレベルがあるとする[2]（表3.1(a) 参照）。
　①三つのレベル
　表層（第1層）は、構造、プロセス、行動など「人工の産物（artifact）」であって目に見える。それが何のためのものなのか、など意味がわからない場合、第2レベル「信奉されている信条や価値観」を探す。それでもわからなければ、さらに深い第3層を探る。
　シャインの三つのレベルを、安全文化の場合に当てはめる（表3.1(b) 参照）。「安全文化」という言葉は、第1層にあるが、"安全文化"という文字は読めるが、意味がわからない。
　そこで、IAEA の INSAG-4「安全文化」（第2層）を探ると、これが安全文化の実務の体系であることはわかるが、前記の「神」を持ち出す説明が、日本人にはわかりにくい。第3層へ進み、「神」には、西洋人の心

---

[1] 松浦祥次郎、時論「原子力安全のためナレッジマネジメントへの積極的取組みを」日本原子力学会誌 ,Vol.50,No.2 (2008)
[2] Schein, Edgar H.: Organizational Culture and Leadership (4th ed.), p.24,　Jossey-Bass, (2010)
シャイン著、梅津祐良・横山哲夫訳『組織文化とリーダーシップ』白桃書房、28頁（2012）

表3.1 シャイン組織文化——その考え方と応用

(a) 文化の三つのレベル（シャイン）	(b) 安全文化の三つのレベル
1. 人工の産物（artifact） ・目に見え、触ることができる構造やプロセス ・観察された行動 　——解釈するのが難しい	1. 人工の産物（artifact） ・文化財・文化勲章・伝統芸能 ・「安全文化」という言葉
2. 信奉される心情や価値観 (Espoused Beliefs and Values) ・理想像、目標、価値、あこがれ ・イデオロギー ・合理化 　——行動やその他の人工の産物と一致することも、しないこともある。	2. 信奉される心情や価値観 ・NRC「積極的安全文化の特性」 　（表4.2参照） ・本書の安全文化モデル（図4.5参照） ・IAEAのINSAG-4安全文化
3. 深いところにある基本的な了解 (basic underlying assumption) ・無意識のうちに、当然のこととされる信条や価値観 　——行動、認識、考え、感情を決める。	3. 深いところにある基本的な了解 ・西洋社会に育っている安全確保の実務に内在するもの。

の「深いところにある基本的な了解」があるとみると、それが完全性（インテグリティ）を示唆している、との理解に行き着く（前出58頁参照）。「西洋社会に育っている安全確保の実務に内在するもの」（第3層）である。その実務をとらえ、体系的に示したのが、INSAG-4（第2層）である。

②共通の理解のために

　INSAG-4の94段落からなる文書を読んで、何が書かれているか、西洋人は容易に理解できるのだろう。しかし、上で見たとおり、日本人には難しい。本書では、西洋と日本の共通の理解を目指して、このあと第4章で、INSAG-4の仕組みを解明しモデル化する。

　その安全文化モデル（図4.3参照）を、表3.1では第2層に位置づけてある。このモデルを知ることは、INSAG-4の理解を助け、共通の理解に役立つはずである。

　米国のNRC（原子力規制委員会）は、INSAG-4の延長上で、安全文化

の行動の簡潔なガイドラインとして、「積極的安全文化の特性」(表4.2参照)を発表している。表3.1には、これも第2層に位置づけてある。

　西洋と日本の共通の理解のもとに、安全文化の実務に向かうには、第2層に示した、INSAG-4、安全文化モデル（図4.3参照）、積極的安全文化の特性（表4.2参照）の3点が役に立つと思われる。

第4章
重大事故から見えてくる安全文化

第4章　重大事故から見えてくる安全文化

　ここまでに、安全文化を理解するには、IAEA（国際原子力機構）の文書 INSAG-4 の読解が必要ということを述べた。前章で、INSAG-4 の段落 1、同 14、同 68 について解説し、なぜ安全文化は日本人に難解かを示した。同様に全 94 段落のすべてを一つずつ解説すれば、全体がわかるかというとそういうものではないようだ。もう一つ必要な、本質的なことがある。

　西洋の人たちが、読んで意味がわかるのは、自分たちの社会で起きたことを見聞して、無意識のうちに心の内に刻まれ、身についた感覚があるからである。彼らが INSAG-4 など、「安全文化」を語るには、意識しなくても身についた感覚がある。日本人の場合、西洋で起きたことについて、その感覚がないから、そこを補う必要がある。

　つまり、INSAG-4 を日本人にわかるようにするためには、西洋の人たちが取り組んだ一連の事故、そこに INSAG-4 が登場するようになった歴史をたどるのが、役に立つと思われる。

　まず、INSAG-4 の内容は INSAG（国際原子力安全アドバイザーグループ）メンバーがすべてを創作したのではなく、当時、西洋の社会に存在した安全文化の実務を掘り起こし、体系的に示したものである（4.1）。

　西洋社会に、科学技術との関係で安全確保の流れがあるとみて、起きた事象を整理して図に示し、安全文化の発展をとらえてみる（4.2）。

　三つの事故の原因究明に始まる一時期の展開を、5 関門で区切り、時系列でたどると、西洋の社会に育った安全文化が見えてくる（4.3）。

　まず、チャレンジャー打上げの意思決定につき、大統領委員会が挙げた原因に対し、ロムゼックらが社会学の理論により批判した（関門 1 参照）。

　チェルノブイリ事故後の INSAG-4 を、本書の筆者らは分析し、ロムゼックらの社会学の理論を応用して、安全文化モデルを導く（関門 2 参照）。

　その後も西洋ではチャレンジャー事故の原因について関心は高く、技

術者倫理、社会学その他の主な研究や主張をたどる（関門 3 参照）。

再びスペースシャトルで起きたコロンビア事故や、製油業の事故の原因究明に、安全文化の考え方が取り入れられていて、安全文化が産業を横断して普及したさまがわかる（関門 4 参照）。

福島原子力事故の直前、米国の NRC（米国原子力規制委員会）による安全文化方針表明は、INSAG-4 に発した安全文化が、約 20 年間にここまで発展した、到達レベルを示すものといえる（関門 5 参照）。

INSAG-4 ないし安全文化の実務は、理論的な解明がなされて当然だが、西洋においても、意外に進まなかったようだ (4.4)。

4.1 INSAG-4 の性格

1986 年、チェルノブイリ事故が起き、その年のうちに IAEA は、INSAG による事故報告（INSAG-1）のなかで、安全最優先の考え方を、原子力の「安全文化（safety culture）」と名づけて提唱した。

> 安全文化という「言葉は、原子力プラントの安全に関連する文献の中でますます使用されるようになってきた。しかしながら、この言葉の意味するところは説明されないままであり」、安全文化を「どう評価するかというガイドもなかった」（INSAG-4、事務局長序文参照）。
> INSAG は、「満足すべき原子力安全に関連する一般的な要因について、深く探求する必要性に気づいた」（同、要約参照）。

その結果、1991 年の報告 INSAG-4 において、安全文化を定義し、優良実務（good practices）の体系を提示した。

INSAG-4 は、INSAG による報告だが、その内容は、INSAG メンバーがすべてを創作したのではなく、当時、西洋で行われていた実務を、INSAG のメンバーたちが取り出し、体系的に整理して文章化した。いいかえれば、INSAG-4 以前に、原子力の安全確保に西洋社会で築かれたものがあった。

IAEA は、その歴史的な経験を、次のように記している[1]。

　どのように安全文化を改善するかを考えるとき、心にとどめるべきことは、組織体はすでに、何らかの形の安全文化を持っていて、それは、組織文化、組織の歴史と経験及びその他の文化的な力（国の文化など）の影響を受けている。現存の安全文化を、組織体の将来の成功のために変える、それが挑戦することであり、しかし、安全文化を変えることそれ自体に終わりはない。それは、その組織体の目標を達成することに寄与する一手段である。

　このことは、INSAG-4 作成のときに、西洋の社会に「何らかの形の安全文化」が存在していたことの証言でもある。それを掘り起こして、体系的に記録したのが INSAG-4 である。

4.2　安全確保の流れ

　従来の一般的な傾向として、原子力の事故を論じる人は、原子力の場合のみを対象にしてきた。米国ペンシルバニア州スリーマイルアイランド原子力事故（1979 年）、旧ソ連チェルノブイリ原子力事故（1986 年）、福島第一原子力発電所事故（2011 年）というふうに並べ、チェルノブイリと福島の、事故の規模や影響を比較したりする。
　観点を変え、原子力事故は人間に危害を及ぼす危険なものとみると、危険なのは原子力だけではない。人間は本性として、危険なものを識別し、安全を確保しようとする。西洋社会に、科学技術との関係で安全確保の流れがあるとみて、起きた事象を整理してみる（図 4.1 参照）。

4.2.1　可視化の効用
　この図は、日本の社会で生まれ育った著者らが、西洋について持ち合わせている知識を利用して描いたものだ。
　西洋社会で育った人たちの場合、このようなイメージが、無意識のうちに、おぼろげながら、心のうちに刻まれていないだろうか。自分たち

---

[1] IAEA, The Management System for Nuclear Installations, IAEA Safety Standards, Safety Guide No. GS-G-3.5, p.10 (2009)

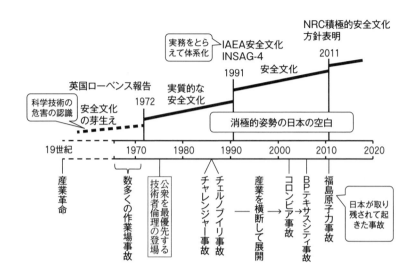

図 4.1　西洋社会における科学技術の安全確保の流れ

の社会で起きた重大な事故など、一連の印象的な事象がつながっているイメージである。例えば、チャレンジャー事故が話題になると、このようなイメージのなかでのそれが思い浮かぶ。

　他方、日本の社会で育った人たちの場合、西洋で起きたことは、産業革命の知識、チャレンジャー事故の知識、チェルノブイリ事故の知識など個別のばらばらのままである。この図は、それらがつながりのある一連の事象であることを示唆する。それが大切である。

　安全文化を理解するのに、西洋人と日本人では、この違いがある。普通の日本人に安全文化を理解してもらうには、図のようなイメージが必要だ。このようなイメージを"下敷き"にして、本章以下を読めば、理解が早いはずだ。

　見逃せないのは、このように図にして可視化することが、西洋と日本の間に共通の理解を形づくるのに役立つであろうことである。文化はさまざまであり、INSAG-4 が異なる文化の国・地方で、同じように理解されるとは限らない。本書は、INSAG-4 が日本人に難解であることを認める。

それが、本書の原点でもある。それゆえにこのような工夫をするのだが、IAEA の他の加盟国でも、共通の理解が大切であることに変わりはないから、この図が役に立つことであろう。

4.2.2 事故から育った安全文化

図 4.1 の中ほど、チェルノブイリ事故が起き（1986 年）、1991 年に報告された INSAG-4 がある。

(1) 事故の展開

図 4.1 の下段、産業革命は英国に発して、19 世紀、科学技術を産業に利用する工業化によって進行し、やがて、人間に及ぶ科学技術の危害が認識されるようになった。

20 世紀に入り、英国において、工場、作業場などでの死亡事故は大幅に減ったが、1970 年代までに、政府内外で 19 世紀に制定された作業場の安全規制のアプローチは停滞している、との懸念が高まった。毎年約 1,000 人が死亡、約 50 万人が負傷しているが、過少報告の問題があり、実際はこれよりはるかに多かったと思われる。政府は、年間約 2,300 万日、あるいは 2 億ポンドの損失と推定し、このことが原因で主要な競争相手の西ドイツと米国に後れをとり、英国の経済が苦戦しているとみた。そこで雇用生産大臣は、英国石炭庁の議長を務めたローベンス卿を委員長とする委員会に抜本策を検討させた。それは、1972 年にローベンス報告（図 4.1 上段参照）として提出された。彼は、それまでに、英国産業の包括的な見直しを提案し「この国のマンパワーの広大な可能性（vast potential）、生来の英知（native genius）、そして持ち前の進取性（natural initiative）」を活用することで、国の競争力を高めることを提案していた[2]。

下って、1986 年の 1 月にスペースシャトルのチャレンジャー事故、4 月にチェルノブイリ事故、さらに 17 年後の 2003 年、再びスペースシャトルのコロンビア事故を加えた三つの事故は、安全確保の実務に一時代を画することになった。その間、IAEA は、急速に育ちつつあった安全

---

[2] Sirrs, Christopher ; "Accidents and Apathy: The Construction of the 'Robens Philosophy' of Occupational Safety and Health Regulation in Britain, 1961-1974", Social History of Medicine, Vol.29, No.1, pp.66-88 (2016)

確保の実務をとらえて体系的にまとめ、安全文化の定義とともに発表した。1991年のINSAG-4がそれだった。

こうして知られた安全文化は、2003年のコロンビア事故の事故調査報告、2005年に起きたBP（旧British Petroleum）テキサスシティ事故の事故調査報告に、すでに知られたこととして登場する。原子力で唱えられた安全文化が、原子力という技術分野を出て、スペースシャトルへ、製油業へと西洋社会の情報の伝達は速く、産業を横断して展開した。

(2) 安全文化の展開

図4.1の上段、IAEAがINSAG-4を提示したのは1991年であり、これによって安全文化の実務が知られるようになったのだが、それまでに、安全文化の名はなくても、西洋の社会にそれに相当するものが育っていた。INSAG-4の後も、INSAG-4の内容のまま固定ではなく、産業とともに成長を続ける安全文化がある。

安全文化は、チェルノブイリ事故を機に提唱されたのだが、安全文化の展開において、特に注目されるのは同事故の3か月前に起きたスペースシャトル、チャレンジャー事故の事故原因を解明する懸命の努力である。次章でたどるが、その一端は、大統領が設置した事故調査委員会（ロジャース委員会）による、緻密な事故調査報告である。もう一端は、その報告を利用して分析し、批判する立場の社会学や倫理学のなかでも技術者倫理（engineering ethics）の学問を担う学者たちの努力である。

事故に学び、こうして安全文化の解明は進んだ。大統領設置のロジャース委員会の報告で終わらずに、学問の目線による、さらに国民・公衆の目線による追究が大切であることを、思い知らされるのである。

さらに遡れば、このような安全文化の展開の始まりは、1972年のローベンス報告とみられる。その時期、まだ安全文化の語はなかったので、図では「実質的な安全文化」としてある。その観点からさらに遡って、「安全文化の芽生え」は、産業革命の終期に求められよう（図4.1上段参照）。

4.2.3　消極的な姿勢の日本の空白

西洋で事故が起き、事故原因の分析とともに安全文化が育つ間、次章

で見るように、日本では、チャレンジャー事故にせよ、チェルノブイリ事故にせよ関心が偏り、西洋で起きた事故の原因究明に対する消極的姿勢が、大きな空白を生んだ。

日本には、安全文化について象徴的な用語がある。つまり、安全文化を"醸成"するというふうに、"醸成"の語がしばしば使われる。英語と日本語の違いを考慮しても、このような場合に、欧米の英語には見当たらない表現である。醸成とは、原料を発酵させて酒などを造るように、ある組織の人々の間に、徐々に特定の雰囲気や考え方を形づくることをいうのだろう。安全文化にそういう面がないとはいえないが、このような語で間に合わせるようなことはしないで、西洋における安全文化の歴史的な成育に学ばなくてはならない。

「失われた30年」

2022年、経済産業省の産業構造審議会の報告では、かつて世界1位であったIMD世界競争力ランキングは今では31位（2021年）まで下落するなど国際競争力も低下し、「失われた30年」という状況が継続している。政府としても1990年代以降、構造改革や、東日本大震災後の「六重苦」対応など、政策対応を行ってきたが、状況を変えるに至らなかった[3]。

この1990年以降の「失われた30年」というのが、図4.1において、ちょうど、安全文化への「消極的姿勢の日本の空白」の時期と一致している。

このことを、どう見るか。安全文化への消極的姿勢と、「失われた30年」とが、この時点で突然に、偶然に発生したとは考えにくい。おそらく、この二つは、根の深い同じ原因によるものだろう。日本は明治期に、西洋の法制や文化を受け入れて以来、百余年の間に、学問の空白など、根の深い原因が潜在し、肥大してきたのではなかろうか。この図はそういうことを考えさせるのだが、ともかく、そのことを念頭に先へ進むとしよう。

---

[3] 産業構造審議会、経済産業省『経済産業政策新機軸部会 中間整理』令和4年6月13日（2022）

4.3　西洋の事故の原因究明—ケーススタディ

　安全文化は、わかってみれば、安全確保に必要な枠組みである。西洋社会での、三つの事故の原因究明に始まる一時期の展開を、時系列でたどるとしよう。そうすると、西洋の人たちの間に育った安全文化が見えて、安全確保に必要なことの連鎖が一つずつ明らかになる。"文化"は本来、キメの細かい微妙なところがあり、手抜きしないで順を追って一つずつ確かめる、ケーススタディによる学習である。

4.3.1　三つの事故
　1986年からの一時期に起きた三つの事故（図4.1参照）は、西洋社会を震撼させ（ふるえあがらせ）、その衝撃で、精魂を傾けて安全確保に向かった。日本でも、一応、知られた三つの事故である。
　①チャレンジャー事故
　NASA（米国航空宇宙局）の宇宙開発事業は、人類初の月面着陸の成果をあげ、続くスペースシャトル事業は、コロンビア、チャレンジャー、ディスカバリー、アトランティス、エンデバーの5機が、1981年4月初打上げ以降、エンデバーの2011年7月の最終着陸まで、計135回のミッションを成し遂げた。
　その間に、チャレンジャー は1983年以来、9回の飛行に成功し、安全性は十分に確認されたとされ、1986年1月28日のこの回、一般市民から初めて選ばれた高校教師、クリスタ・マコーリフが搭乗し、全米の子どもたちが宇宙からの彼女の授業に興奮したはずだった。しかし、打上げ73秒後の爆発は、宇宙飛行士と彼女の命を奪い、NASAの声価を劇的に落とした。
　②チェルノブイリ事故
　チャレンジャー事故から3か月後の1986年4月26日、旧ソ連ウクライナのチェルノブイリ原子力発電所で、原子炉と原子炉建屋の破壊により、大量の放射性物質が放出された。原子炉運転員と消防隊員が大量の放射線を浴びて31名が死亡し、多くの子どもたちが甲状腺がんを発症す

るなど健康被害が広がった。
③コロンビア事故
それから17年後の2003年、ライト兄弟が最初に空を飛んだ日から百年の祝賀の一つとして、スペースシャトル、コロンビアのミッションが計画された。同年1月16日に打上げられ、2月1日に地球へ帰還の際、乗員7名全員の生命を失う事故となった。

4.3.2　日本の空白
日本にとって三つの事故は、事故の発生にせよ、原因究明にせよ、海外の出来事の情報にとどまった。
①チャレンジャー事故
事故から9年後の1995年、ハリスらによる技術者倫理のテキスト[4]は、第1章冒頭に、倫理的な技術者ボイジョリーに焦点を合わせた事例を掲げた。その邦訳[5]で初めて技術者倫理を学習した日本人にとって、その印象は強い。

日本でもう一つ、この事故の理解に寄与したのは、NHKのドキュメンタリーだった。ボイジョリーを主役に構成し、「個人のミスではなく、組織の体質や意思決定によって、本来防げるはずの事故が引き起こされてしまった。チャレンジャー事故は、巨大システムに携わる者すべてに、重い教訓を残した」とした[6]。

日本では、倫理的な技術者ボイジョリーへの関心にとどまり、日本人が学んだハリスらのテキストに、この事故の原因となった、個人や組織の要因について優れた分析があるが、一般に注目されなかった。
②チェルノブイリ事故
これが過酷で悲惨な事故であることは、日本でも認識されているが、この事故からIAEAが導いた安全文化は、"安全文化"という言葉の受け入れにとどまり、ほとんど理解されなかった。

---

[4] Harris, Charles E. , Pritchard, Michael S., Rabins, Michael J.:"Engineering Ethics: Concepts and Cases, 1st Ed." Wadsworth Pub. Co. (1995)
[5] ハリス、プリッチャード＆ラビンズ著、日本技術士会訳編『科学技術者の倫理（初版）』丸善、1頁 (1998)、原書出版は1995年
[6] NHKスペシャル「世紀を越えて／巨大航空機墜落の謎」平成12年3月12日

③コロンビア事故

　この事故の発生は、日本でも大きく報道されたが、以後、特段の関心が示されることはなかった。

　日本では、これらの事故への消極的な姿勢が、西洋における安全文化の発展に目を閉ざし、福島原子力事故までの約25年間、安全確保の大切な部分を空白にしてきたのだった。

4.3.3　五つの関門

　三つの事故を含む一連の事故の原因を知り、そこからの安全文化の展開を理解するには、五つの関門があるとみて、以下、時系列の順に進む。

(関門1) チャレンジャー打上げの意思決定

　チャレンジャーを、スケジュールどおり1986年1月28日に打上げるとの意思決定に問題があって、事故は起きた。この事故の関係では、まだ「安全文化」の語は登場しない。安全文化が知られるようになる、重要な前段階である。

関門1.1　ロジャース報告がとらえた原因

　事故の3日後、レーガン大統領が設置した大統領委員会(ロジャース委員会、委員長ウィリアムP. ロジャース元国務長官)が、13日間に70人もの証言を求める公聴会を開催し、テレビで放映されるなどして、米国民は事故の全容を知った。同委員会の報告[7](以下「ロジャース報告」という)の結論は、次のとおりである(仮に、要因1と要因2と名づけて示す)。

　要因1

　事故は、右側の固体ロケットモーターの高温ガスが接合部から漏れるのを防ぐシールの破損によって起きた。集められた証拠は、他の要素はこのミッションの失敗と無関係だったことを示している。

---

[7] Report to the President by the Presidential Commission, on the Space Shuttle Challenger Accident (June 6, 1986)

要因2
打上げの意思決定をしたNASA幹部は、接合部をシールするOリングに関して、53°F未満の温度での打上げに反対する請負業者（サイオコール社）の当初の書面による勧告、及び同社経営陣が打上げ支持へとその立場を逆転させた後のエンジニアたちの継続的な反対を知らなかった。すべての事実を知っていれば、この日の打上げを決定した可能性はほとんどなかった。

関門1.2　行政学からの批判と新たな見方
ロジャース報告の約1年後、行政学のロムゼックらは、ロジャース報告は視野が狭いと批判し、「説明責任」に着眼して、新たな見方を示した[8]。
(1)　パーソンズの組織管理モデル
「組織理論の学生にはよく知られている」社会学のパーソンズとトンプソンによれば、組織の責任と管理には、技術、マネジメント及び制度の三つのレベルがある[9]。本稿ではこれを図に表し（図4.2参照）、「パーソンズ組織管理モデル」と呼ぶ。

このモデルに照らせば、ロジャース報告は、技術レベル（要因1参照）とマネジメントレベル（要因2参照）のみで、制度レベルを見落としている、というロムゼックらの批判である。

ここで特筆したいのは、ロムゼックらが社会学という学問の理論を、事故の分析に用いたことである。チャレンジャー事故を引き起こした実務があり、その調査から要因1と要因2が見いだされたが、それだけではないとみた。そこで、社会学で知られた組織管理の法則性、すなわちパーソンズの組織管理モデルを当てはめることによって、「制度」要因がかか

図4.2　パーソンズ組織管理モデル
（パーソンズの原理を筆者らが図にした）

---

[8] Romzek, Barbara S. and Dubnick, Melvin J.: "Accountability in the Public Sector: Lessons from the Challenger Tragedy", Public Administration Review, Vol. 47, No. 3, pp. 227-238 (1987)
[9] Thompsons, James D., Organizations in Action: Social Science Bases of Administrative Theory, McGraw-Hill, pp.10-11 (1967). トンプソン（1920-1973）は、この著書で、タルコット・パーソンズ（Talcott Parsons, 1902-1979）の見方を紹介し、ロムゼックらはそれを引用している。

わっているはずなのに、それが見落とされていることがわかった。

このモデルは、技術、マネジメント、制度のいずれにも失敗するリスクがあり、技術とマネジメントの備えを十分にしても、制度への配慮をおろそかにしたら、事故は起きることを示唆する。

(2) 公的機関の説明責任

公的機関（public agency）とは、公的な場で活動する機関をいい、NASA だけでなく、サイオコール社もそうである。公的機関は、自らを取り巻く制度的な力、つまり、自らが属する「より広い社会的なシステム」による制約がある。

ロムゼックらの報告を要約すれば、NASA の場合、制度的な制約に三つのタイプがある。

①政治制度として、NASA より上位にあるホワイトハウスや議会との関係
②社会制度として、公衆の意見（世論）を背景とするマスメディアとの関係
③ NASA は打上げ契約の発注者、サイオコール社は請負者の関係にあり、契約は、（民事上の）制度

ホワイトハウスや議会、あるいは、マスメディアには、NASA への期待があり、NASA には、それに対応する説明責任（accountability）がある。当時、説明責任は、基本的な概念ではあったが、なお未発達であり、一般に、期待に反する行動をしていない旨を答弁できる（answerability）、という意味に用いられていた（事後の説明責任）。

それに対しロムゼックらは、期待を適切に処理する責任という意味の、説明責任があるとみた（事前の説明責任）。

(3) 専門技術への尊敬から官僚制へ

月面着陸のアポロ計画の 1960 年代初頭、NASA を特徴づけたのは、専門職の説明責任システムであり、内部に専門技術への尊敬があった。ところが、その後、政治的・官僚制の説明責任の追求が、NASA の長所であった専門職としての説明責任の基準とメカニズムを狂わせた。

スケジュールどおり打ち上げるよう、ホワイトハウス、議会などから

の期待が圧力となり、加えて、マスメディアがスペースシャトルの遅延を大々的に報道したことが、圧力となっていった。

　NASAの監督的地位にある人々や下位レベルのマネジャーたちが、スペースシャトルは「通常の」輸送システムとして運用可能な輸送手段であることを証明せよとの圧力と感じた時、NASAの組織の文化は変化した。この事故は、期待に対応し説明責任を果たそうとするNASAの努力の結果だった。

(4) パンドラの箱

　調査対象になっている政治システムの関係者からなる委員会は、「制度」要因という"パンドラの箱（Pandora's Box）"は開かないものだ。自らの組織やその支援者にとって、あまりに基本的で、危険な課題を掘り起こすことになるからだ。他方、評論家たちが、「制度」要因を見落とすのは、そのようなことを考える概念の枠組みを欠くからだ。以上、ロムゼックらの所見である。

　解説すれば、大統領が設置したロジャース委員会は、パンドラの箱を開くことはしなかった。事故調査者や事故を論じる人の利害や思惑によって、事故原因がゆがめられることがある例である。

(関門2) チェルノブイリ事故——安全文化

　1986年、チャレンジャー事故の3か月後、チェルノブイリ事故が起き、IAEAは、1991年の報告INSAG-4[10]において、安全文化を定義し「満足すべき原子力安全に関連する一般的な要因」として、優良実務（good practices）の体系を提示した。

関門2.1　ソ連のレガソフの悲劇

　チェルノブイリ事故が起き、1991年にINSAG-4が出るまでの間に、J. リーズンが「一つの悲しい出来事」と記す悲劇があった[11]。

---

[10]IAEA, Safety Culture, Safety Series No. 75-INSAG-4, IAEA, Vienna (1991)
[11] リーズン, ジェームズ著, 塩見弘監訳（高野研一・佐相邦英訳）『組織事故』日科技連, 19頁（1999, 原書は1997）。参考文献として、Legasov tapes (a transcript prepared by the U S Department of Energy in 1988) を示し、オリジナルは レガソフの死後、『プラウグ』誌に掲載されたとある。

ソ連アカデミー会員のヴァレリー・レガソフは、この事故の主席調査官であった。同年9月にウィーンで開かれたこの事故に関するIAEA国際会議にソ連代表として出席したレガソフは、事故の原因は運転員のエラーと規則違反であると言い切った。しかし、事故から2年後の1988年4月、彼はテープレコーダーに心の内を録音して自殺した。

　　チェルノブイリの事故について、私は明確な結論を下した。それは、何年もの間続いてきた我が国の経済政策の貧困がこの事故を引き起こした、ということである。

　この出来事について、NHKのドキュメンタリードラマは、次のように解説している[12]。

　　（事故から）2か月後、IAEAで報告を行うこととなったレガソフは、事故の影響の大きさを考慮して、ありのままのすべてを公にすべきだと主張するが、政府側はレガソフを諭し、事故は従業員の操作ミスが重なったために起きたとだけ公表させた。

　事故原因についてIAEAとソ連の間に対立があったが、レガソフの死の証言が終止符を打った。

関門 2.2　「安全文化モデル」を導く

　INSAG-4に安全文化の実務の体系があり、それを分析すれば安全文化の仕組み、あるいは原理が見つかるはずだ。
　INSAG-4の本文全94段落を、すでに著者らは分析し[13]、段落1（前出58頁参照）、段落14（同60頁参照）、段落68（同63頁参照）の例を示している。パーソンズ組織管理モデル（図4.2参照）に当てはめると、同モデルを拡張した形になる（図4.3参照）。つまり、パーソンズ組織管理モデル

---

[12] NHKドキュメンタリードラマ「チェルノブイリの真相～ある科学者の告白～」（平成23年7月22日）
[13] 杉本泰治・福田隆文・森山哲「科学技術と倫理の今日的課題、第4講：科学技術にかかわる安全確保の構図」安全工学、59巻1、号39-47頁（2020）

の「マネジメント」を、「プロセスマネジメント」と「組織マネジメント」とに分け、「個人」を加えた形である。安全文化の活動（または行動）の要素を示すものであり、この図を「安全文化モデル」と呼ぶことにする。

前記ロムゼックらは、チャレンジャー事故の分析に、社会学のパーソンズの理論を応用した。本書では、さらにそれをチェルノブイリ事故に応用し拡張した。二つの事故は、一方はスペースシャトル、他方は原子力発電で、事業の「技術」分野は違っても、組織管理には共通性があるとみるものである。

ここでは、こうして「安全文化モデル」を導いたところまでとし、このモデルの意味や用途などの詳細は、次章（第5章）で扱うことにする。

関門2.3　非「科学技術」の学問の役割

INSAG-4の安全文化の実務に、社会学の理論を当てはめることにより、安全文化の実務を動かしている原理として5要素が明らかになり、その原理を、安全文化モデル（図4.3参照）のとおり図に表すことで、一目でわかるようになった。

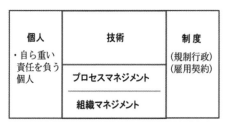

図4.3　安全文化モデル（パーソンズ組織管理モデルの拡張）

この5要素は、従来、実務で行われてきたことだが、各要素がばらばらに扱われてきた。このモデルにより、全体を統合する見方が可能になる。そこから、安全文化の視野が広がる（次章へ続く）。

行政学のロムゼックらは、社会学のパーソンズの理論をスペースシャトル事故に応用し、今われわれは、それをさらにチェルノブイリの原子力発電所事故に応用した。社会学という、科学技術ではない（非科学技術）分野の理論が、科学技術がかかえる問題を解決するために、有用なのである。

ちなみに、パーソンズの組織管理モデル（図4.2参照）は、図のとおりごく単純なものと見くびってはいけない。基礎的で重要な原理ほど単純であって、広い応用がありうる。
　パーソンズとトンプソンは、著名な研究者で、日本の社会学でも知られ、前記トンプソンの論文も含めてかなりの邦訳があるようだ。翻訳にとどまらないで、日本の事象に当てはめて、日本の問題の解決に役立った例があるのだろうか。

（関門3）チャレンジャー事故のさらなる解明

　前記ロムゼックらの後も、西洋ではチャレンジャー事故への関心は続く。以下のとおり、事故から9年後、1995年出版のハリスらの技術者倫理のテキスト、1996年の社会学ヴォーガン「逸脱の正常化」の研究、打上げ現場にいたサイオコール社連絡担当マクドナルドによる2015年の報告がある。

関門3.1　ハリスら——経営者と技術者の関係
　ハリスらのテキスト[14]は、倫理学教授のハリスとプリチャード、工学教授でPE（プロフェッショナルエンジニア）のラビンズの共著である。
（1）　チェレンジャー打上げ前夜
　ハリスらのテキストは第1章冒頭で、技術者ボイジョリーに焦点を合わせ、チャレンジャー打上げ前夜の状況を、次のとおり描写している。

　1986年1月27日の夜、モートン・サイオコール社の技術者、ロジャー・ボイジョリーは、非常事態に直面した。NASAのスペースセンターは、翌朝の打上げに向けて秒読みを始めていた。しかしながら、スペースセンターとの電話会議で、彼の上司の技術担当副社長ロバート・ルンドは、打上げに反対する技術者たちの勧告を伝えたのである。この勧告は、Oリン

---

[14] ハリスら、前出

グの低温でのシール性能についての技術者たちの懸念にもとづいていた。

　ロジャー・ボイジョリーは、Oリングに伴う問題を知りすぎるほど知っていた。Oリングはブースター・ロケットの接合部のシール機構の部品である。もしその弾性があまり失われると、シールがうまくいかなくなる。結果は、高熱ガスの漏洩であり、貯蔵タンク内の燃料への点火であり、そして、破滅的な爆発である。

　技術的な証拠は不完全だが、不吉な前兆を示している。すなわち、温度と弾性の間に相関関係がある。比較的高い温度でもシール周辺でいくらかの漏れはあるが、過去最悪の漏れは53°F（11.7℃）で起きていた。打上げ時の予想大気温度の26°F（マイナス3.3℃）では、Oリングの温度は29°F（マイナス1.7℃）と推定された。これは、以前のどの飛行の打上げ時の温度よりもずっと低い。

　いま、スペースセンターとの電話会議は、一時的に中止されたままである。NASAは、サイオコール社の打上げ中止勧告に疑問を呈し、サイオコール社が、技術者と経営者による再検討のために、電話会議の中止を要請したのである。スペースセンターは、サイオコール社の承認なしには飛行を決定したくないし、サイオコール社の経営者は、技術者たちの同意のない打上げの勧告は出したくない。

　サイオコール社の上級副社長ジェラルド・メーソンは、NASAが飛行を計画どおり成功させたがっているのを知っていた。また、サイオコール社がNASAとの新しい契約を必要とし、打上げに反対する勧告がその契約獲得の見込みを大きくするはずのないことも知っていた。結局、メーソンは、その技術データが決定的なものではないことに気づいた。技術者たちは、飛行が安全でなくなる正確な温度についての確かな数値を提出できないでいた。彼らの拠りどころは、温度と弾性の間に明らかに相関関係があること、Oリングの安全性といった重大な争点には保守的になる傾向である。

　スペースセンターとの電話会議は間もなく再開されるはずで、そこで決定されなければならなかった。ジェラルド・メーソンがロバート・ルンドに言うには、「君は、技術者の帽子を脱いで、経営者の帽子をかぶり

たまえ」。先刻の打上げ中止の勧告は、逆転されたのである。

　ロジャー・ボイジョリーは、この技術者の勧告の逆転に、激しく動転した。人間として、疑いもなく、宇宙飛行士たちの安全を気遣った。死と破壊を引き起こすようなことの一員でありたくなかった。

　しかしながら、これにはそれ以上のことがかかわっていた。ロジャー・ボイジョリーは、気遣う市民というだけではすまない。彼は、技術者であった。Oリングが信頼するに足りないことは、専門職としての技術業の判断であった。彼は、公衆の健康と安全を守る専門職の責務があり、そして明らかに、その責務は宇宙飛行士たちにも及ぶと信じていた。いまや、その専門職の判断は踏みにじられつつあった。

　ジェラルド・メーソンのロバート・ルンドに対する指図に反するが、ロジャー・ボイジョリーは、自分の技術者としての帽子を脱ぐのが適切だとは思わなかった。技術者としての帽子は誇りの源であり、そしてそれは一定の義務を伴っていた。彼は思うに、1人の技術者として自分の最良の技術的判断をし、宇宙飛行士を含む公衆の安全を守る責務がある。それゆえに、サイオコール社の経営陣に、低温での問題点を指摘して、打上げ中止勧告を逆転する決定に、最後の異議申立てを試みた。最初の打上げ中止勧告に戻るよう、気も狂わんばかりに経営陣の説得に努めたが、無視された。サイオコール社の経営者は、最初の打上げ中止勧告の決定をくつがえしたのであった。

　翌日、チャレンジャーは、発射後73秒で爆発し、6人の宇宙飛行士と高校教師クリスタ・マコーリフの命を奪った。痛ましい人命の損失に加えて、この惨事は巨額のドルの装置を破壊し、そしてまた、NASAの声価を劇的に落とした。ボイジョリーは惨事を防ぐことには失敗したが、自分の専門職の責任は、自分が理解していたように実行していた。

　以上、ハリスらの著作からの引用である。ここに、安全文化へとつながる主要な論点があり、以下は著者らの考察である。

(2)　技術者と経営者の対立——個人のあり方

　上の描写に、技術者ロジャー・ボイジョリー、技術担当副社長ロバート・

ルンド、上級副社長ジェラルド・メーソンの3人の間に、技術者と経営者の対立が見える。

①技術者ボイジョリー

Oリングの専門家としての判断では、低温でOリングの弾性が失われるとシールがうまくいかなくなり、高熱ガスが漏れて燃料タンク内の燃料へ点火し破滅的な爆発となる。翌朝の予想気温は、過去に最悪の漏れが起きた時より、ずっと低い。

しかし、経営陣は打上げ中止をくつがえした。ボイジョリーは、技術者として自分の最良の技術的判断をし、宇宙飛行士を含む公衆の安全を守る責務から、最初の打上げ中止勧告に戻るよう、気も狂わんばかりに経営陣の説得に努めたが、無視された。

②技術担当副社長ルンド

ボイジョリーら技術者の意見を入れて、NASAに対し打上げ中止を勧告した。しかし、上級副社長メーソンに「技術者の帽子を脱いで、経営者の帽子をかぶりたまえ」といわれ、打上げ賛成に転じた。

③上級副社長メーソン

サイオコール社はNASAとの新しい契約を必要とし、打上げに反対する勧告がその契約獲得の見込みを大きくするはずはない。結局、メーソンは、技術データが決定的なものではないこと、及び打上げ反対は技術者の全員一致ではないことに気づき、経営者の判断として、打上げの決断をした。

個人のあり方

組織は個人からなることを示すモデル[15]を用いて説明しよう。上記3人は、階層組織（図4.4上部参照）の上下関係にある。上記引用の描写は、経営を担う経営者の上級副社長メーソン、専門技術を担う技術者ボイジョリー、両者の間に立つ技術担当副社長ルンド、の3者間に繰り広げられた、経営者と技術者の対立を浮かび上がらせている。この対立は、経営者は会社の利益を目標とし、技術者は公衆の安全を守ること目標としていて、

---

[15] 杉本泰治・福田隆文・佐藤国仁・森山哲, 科学技術と倫理の今日的課題, 第3講：科学技術にかかわる個人と組織の倫理, 安全工学, 58-5, 357-364頁（2019）

両者の目標の相反によるものである。意思決定の権限は経営者メーソンにあり、結局、メーソンが経営者としての判断をして、その結果、事故は起きた。

注目願いたいのは、3人各自がそれぞれの立場で自ら信じるところを主張していて、自ら責任を負う姿勢の"個人"であることである。西洋における、いわゆる個の確立

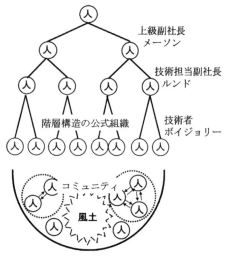

図4.4　階層組織

とはこういうことなのだろう。日本ではどうかというと、組織のなかの個人がこれほどはっきり個人の主張をすることはあるだろうか。ほとんど期待できないのではないだろうか。西洋と日本の違いといえよう。しかし、それで納得して終わっては、このタイプの原因で起きる事故を防げないことになる。

経営者と技術者の目標の相反による対立は、どのような企業にも日常ありうることであり、チャレンジャー事故のこの場面は、それを典型的に示している。チャレンジャー事故が提起したこの問題は、2011年、米国NRCの安全文化方針表明（付録2参照）が解決策を与えている。科学技術の安全確保のカギをにぎる安全文化の、主要な論点の一つである。

(3)　組織と個人の関係

INSAG-4にはただ1枚の図があり、その図に改良の余地があることを前記した（図3.1、前出61頁参照）。対案がこの図4.4である。このほうが、組織における個人の位置づけを示すのに適しているとみる。以下、この図によって、組織と個人の関係を説明する。安全文化モデル（図4.3参照）の、「個人」と「組織マネジメント」の問題である。

①階層組織とコミュニティ

階層組織に「人」が配置されると、階層構造の公式の組織（図4.4上部参照）ができる、と同時に、それらの人たちのコミュニティ（同図下部参照）ができる。

②個人の動機

個人が職務につくとき、個人の動機がある。次の要素を含むとみるもので、個人に備わる個人の資質であり、それゆえに個人が重要である（後出246頁参照）。

1) 未知への警戒
2) 活性化されたモラルの意識（倫理）
3) 法令にもとづく職務上の責務（法）
4) 専門的な知識・経験・能力

ここに「活性化されたモラルの意識（倫理）」があるが、これが安全文化における「倫理」の位置づけである。4番目の「専門的な知識・経験・能力」は、技術者の場合、専門とする科学技術である。

これら個人のものが、リーダーシップにより統合されて組織の力となる。階層組織は、リーダーがいなくては、目的の職務や業務を遂行することはできない。

③組織のコミュニケーション

組織のコミュニケーションは、階層組織（図4.4上部参照）の上下方向だけではない。コミュニティ（図4.4下部参照）では、多方向の自由なコミュニケーションがありうる。それが、たとえば、部署の異なる技術者間の連帯を生む。打上げ反対の技術者は、ボイジョリーだけではなく、ボイジョリーと階層組織上のつながりのない他の技術者たちがいたはずだ。

この図において、個人の「活性化されたモラルの意識」や「法令にもとづく職務上の責務」、あるいは常識などが、コミュニティのコミュニケーションを通じて、いわゆる「風土」を生む。

(4) 事故に対応する姿勢──日本の傾向

この事例では、上級副社長メーソンは、技術者との関係において、経営者としてするべき判断をして、打上げの意思決定をした。つまり、メーソンの行為は正当だった、との評価である。

日本では、事故が起きると一般的な傾向として、事故には犯人がいることを前提に犯人を探し、犯人とされた者を罰する、という方向へ展開する。犯人を突きとめて起訴し、過失を立証し、業務上過失罪で有罪の判決が出れば、それで満足、それで終わり、となる。そういう犯人追及がすべてという見方では、意思決定をしたメーソンが事故原因となった"犯人"とみられがちだが、それでは、事故の経験が将来に向けての学習にならない（第6章、図6.3参照）。

関門3.2　ハリスら——NASAとサイオコール社の関係
　ロジャース委員会の公聴会で、「あなたが自分の帽子を変えたとき、あなたは心変わりをしたように思えるのですが、その事実をどのように説明しますか」との質問に対して、ルンドは、次のように答えた[16]。

　私は思うに、あの会議の後で、それから数日後になるまで、われわれの立場がそれ以前の状態からすっかり変わってしまっていたことに、私は気がつきませんでした。
　あの晩、私は思うに、私はかつて司令部の人からそのような種類のことを言われたことはありませんでした。つまり、われわれが準備を完了していないことを彼らに証明するということ…、そこでわれわれは、それが作動しないであろうことを彼らに証明する何らかの方法はないかと考えあぐねて、とうとうそれはできませんでした。そのエンジンが作動しないであろうことを絶対的に立証することはできなかったのです。

　NASAは、サイオコール社との契約関係において、発注者の優越的な地位を利用して無理を通した。これは、安全文化モデル（図4.3参照）において、契約という「制度」上の問題である。権力・権限を持つ者が思いのままに行使しがちな傾向は、発注者と請負者の契約関係においても、あるいは、規制行政における規制者と被規制者の関係においても、常に

---

[16] ハリスら、前出325頁

ありうることであり、それがときに事故原因に結びついてしまう。

関門 3.3　ハリスら—個人の心に影響する要素

人（個人）の心や意識は、一定不変ではない。それどころか、さまざまな要因によって、容易に揺らぐものである。一般に「平常心」が大切といわれるのが、それである。安全文化モデル（図 4.3 参照）の「個人」の要因といえよう。

(1)　雰囲気

ルンドは打上げ前夜、その場の雰囲気に流されて、NASA の論理の重大な変化に気づかなかった。サイオコール社が、打上げは危険であることの一応の証明をした。それを疑問とする NASA 側が、打上げに危険はなく、安全であるとの証明をするのが立証責任のルールである。場の雰囲気が、組織の風土と同様、人の意識に及ぼす影響は大きい。その影響から免れるには、注目してもらいたいことを、開けっぴろげに話したり、環境を変えたりすること、そうするだけで、平常の意識に戻るものだ[17]。

(2)　顕微鏡的な見方

マイケル・デービスは、チャレンジャー打上げをめぐるルンドの心変わりが、自分を欺いている、意志が弱い、意地が悪い、無知、モラル的に未成熟などとは思えないことから、「顕微鏡的な見方」(microscopic vision) の仮説を立てた[18]。

技術者に限らず専門職には、「顕微鏡的な見方」といわれる問題が潜んでいる。専門職の教育・訓練は、専門事項に重点を置き、専門職として信頼できる能力を育てる一方で、ちょっと顔を上げて見なければならないときも顕微鏡を覗きこんでいるようにする傾向がある。精確で詳細な観察は専門職には大切なことだが、いつもそれでは全体が見えない。顕微鏡からちょっと目を上げるだけで、日常のレベルで見えるものがはっきりと見える。業務中ときにひと休みし、顕微鏡から目を上げる必要があることを思い出すことだ。

---

[17] ハリスら、前出 325 頁
[18] 同、81 頁

(3) 集団思考

米国のアービング・ジェニスが1982年に、集団思考（groupthink）の問題点として報告した「集団思考の八つの兆候」を掲げ（表4.1参照）、解説している[19]。

表4.1　集団思考の八つの兆候

① 失敗しても「集団は不死身という幻影」。
② 強度の「われわれ感情」　集団の定型を受け入れるよう奨励し、外部者を敵とみなす。
③「合理化」　これにより責任を他の人に転嫁しようとする。
④「モラルの幻影」　集団固有のモラルを当然のこととし、その意味を注意深く検討する気を起こさせないようにする。
⑤ メンバーが、"波風を立てない"よう、「自己検閲」をするようになる。
⑥「満場一致の幻影」　メンバーの沈黙を同意と解する。
⑦ 不一致の兆候を示す人に、集団のリーダーが「直接的圧力」を加え、集団の統一を維持しようとする。
⑧「心の警備」　異議を唱える見解が入ってくる（例えば、部外者が自分の見解を集団に提示しようとする）のを防いで、集団を保護する。

技術者は通常、集団で仕事をし、考えを練るものである。集団で討論し、合意を導くのは、有益な意思決定の方法である。しかし、そのプラスの反面、マイナスがある。コミュニティの連帯は大切だが、落とし穴がある。

集団思考の傾向に気づいて、建設的な対策をとることは、組織のリーダーに必要な条件とされている。ジョン F. ケネディ大統領は、誤った助言によるキューバのピッグス湾侵攻の後、自分の顧問団の各メンバーに批評家の役割を割り当てるようになったと、これもジェニスが指摘している。ケネディはまた、会議のいくつかには外部者を招待するほか、自分自身しばしば会議を欠席し、自分の熟慮に不当な影響が及ばないようにした。

チャレンジャー事故の場合、最も強く打上げに反対したボイジョリー

---

[19] 同、86頁

とトンプソンが、打上げを決めた経営者の会議に呼ばれなかったのは、八つの兆候の「心の警備」に相当する。

関門 3.4　マクドナルド「打上げ現場の思い込み」

打上げ現場には、サイオコール社連絡担当で、固体ロケットモーター（SRM）プロジェクトのディレクター、アラン・マクドナルドがいた。その 2015 年の報告がある [20]。

マクドナルドは、NASA から打上げに書面での同意を求められて拒否し、サイオコール社から彼の上司、ジョー・キルミンスターが署名した覚書がファクシミリで送信され、打上げとなった。

マクドナルドは現場の NASA 職員に、打上げ中止が必要な理由を訴えた。その職員は、その権限において、打上げ担当ディレクターに伝えたいと言ったという。マクドナルドは、情報が伝わったと思い込んでいた。そうでないと知ったら、より決定的な行動をとっただろう。「打上げ担当ディレクターに、シールについて知っているかと聞けばよかった」、と彼は後悔する。彼が学んだ教訓は、「何ごとも決して思い込みをしないこと」だった。

ロジャース委員会で事実を証言したマクドナルドが、サイオコール社で無役に降格され、辞職しようとしたのを「2 人で O リング接合部の問題を解決しよう」と引き留めたのは先輩のジョセフ・ペルハムだった。降格を知ってロジャース委員長は、マクドナルドを支持し、その立場を証明した。マクドナルドは復職し、サイオコールでのブースターロケットの再設計を指導する職に就いた。マクドナルドと彼のチームは、大幅に改良された新たなブースターロケットの設計により、その後の 110 回のシャトルの使命を果たした。

関門 3.5　ヴォーガン「逸脱の正常化」

ヴォーガンは、この 1996 年の著作の当時、ボストンカレッジで社会学

---

[20] CEP Profile: "Remembering Challenger and Looking Forward", Chem. Eng. Prog., Vol.111 No.2 (2015)

の准教授で、それまでに受け入れられていた原因とは違って、逸脱の正常化（normalization of deviation）を取り上げた[21]（以下、同書 preface）。

　ブースターに関する意思決定の履歴を調べたところ、お粗末な判断へと、なし崩し的に下降している。その代表的なパターンは、1986年に先立ち、マネジャー及びエンジニアが、潜在的な危険の信号（ブースター接合部が予測どおりに動作していないという情報）を、正常とみなすことを繰り返していたことである。NASAにおけるブースターの技術的逸脱の正常化は、社会的な力と環境の偶然性によって形づくられたもので、組織の構造や文化に影響を与えて変化させ、意思決定者の世界観から技術情報の解釈にまで、日常的に影響を及ぼすものである。
　この本に表されている説明は、「誤り」の社会学である。誤り、事故、あるいは惨事が、どのように社会的に組織化され、社会構造によって体系的に生み出されているかを示している。何が起きたか、個人の異常な行動としては説明できない。意図的なマネジメント上の不正行為でもなければ規則違反でもなく、陰謀でもない。この事故の原因は、組織生活の平凡さの中に埋め込まれた一つの誤りであり、それを助長したのは、希少で競争がない環境、前例のない不確実なテクノロジー、なし崩し主義、情報のパターン、手順化、組織内及び組織間の構造、そして複雑な文化である。

ヴォーガンは、思い込みによる技術的逸脱の正常化が、この最後のパラグラフにあるように、「希少で競争がない環境、前例のない不確実なテクノロジー、なし崩し主義」などによって助長されたとみている。このあと2003年に起きたコロンビア事故の、事故調査報告にある「逸脱の正常化」という見方は、このヴォーガンの所見を採用したとみられる（後出100頁参照）。

関門3.6　チャレンジャー事故原因の全体像

　この事故の原因について、最初にロジャース報告、それを批判してロムゼックらの報告、その次にヴォーガンの報告というふうに、順を追って解明が進んだ。これらの報告は、どれかが真実ではなく、どれもが真

---

[21]Vaughan, Diane: "The Challenger Launch Decision: Risky Technology, culture, and Deviance at NASA", Univ. of Chicago Press (1996)

実とみるべきだろう。総合すると、「忖度(そんたく)」という日本語を用いて、次のようにいえよう。

　リスクアセスメントにおいて、ブースター接合部の欠陥が逸脱の正常化によってそのリスクが温存され（間接原因1）、官僚制体質のNASAが、政治上の上位機関の期待や社会上のマスメディアの動向を忖度して、打上げる方針を決めたところへ（間接原因2）、サイオコール社エンジニアたちの反対が最後の抑止力となるところ、契約上のNASAの意向を忖度した経営者の判断によって打上げの意思決定がなされ（間接原因3）、その結果、打上げられてブースター接合部のリスクが発現し（直近原因）、事故となった。

　官僚制（bureaucracy）という日本語には「官」の語があるので、政治・行政など官に限られる印象があるが、民でも、大企業ほか少し規模が大きくなると、どこにもありうることであり、それゆえに怖い。ヴォーガンが説くように「組織生活の平凡さの中に埋め込まれ」、チャレンジャー事故のような大惨事だけでなく、大小さまざまな好ましくない結果につながる。

(関門 4) コロンビア事故及び以降

　時系列の順に、2003年のコロンビア事故、そして、2005年のBP（旧British Petroleum）テキサスシティ製油所事故に注目する。

関門 4.1　コロンビア事故

　NASAのスペースシャトルが、17年を隔てて2回の事故を起こした。西洋の社会におけるその衝撃の大きさを、思い浮かべるとよい。

(1)　事故原因

　NASAオキープ長官が、2003年2月1日の事故の翌日、コロンビア事故調査委員会（CAIB）を組織し、同年8月26日に提出した事故調査報告（CAIB報告）[22]による。

---

[22]Report of Columbia Accident Investigation Board (Aug. 26, 2003)

技術上の原因

外部燃料タンクを機体に取り付ける左側取付脚の湾曲部からはがれた断熱材の一片が、打ち上げ 81.9 秒後に、翼を直撃して断熱材に亀裂が生じた。再突入の間に、その亀裂から高熱空気が断熱層を通り抜け、左翼のアルミニウム構造を溶融し、その結果、機体の破壊をもたらすに至った。

組織上、文化上の原因

有人宇宙飛行におけるリスクは高く、安全の余裕は剃刀の刃ほどに薄いことを考えると、自信過剰になる余地はない。しかし、この事故に至るまでの出来事におけるシャトルプログラムのマネジャー及びエンジニアの態度と意思決定は、明らかに自信過剰であり、しばしばその性質は官僚的だった。彼らが尊重したのは、安全の基本ではなく、階層化された面倒な規制だった。

なぜ NASA は、チャレンジャー打上げの何年も前に、O リングの低温での弾性問題が知られていたのに、飛ばし続けたのか。なぜ、コロンビア打上げ前に何年間も断熱材の破片問題が知られていたのに、飛ばし続けたか。両方とも、リスクアセスメントを行ったエンジニア及びマネジャーは、見つかった技術的な逸脱（deviation）を正常な状態とみなし続け、そのことが NASA 全体のリスクの感覚を失わせた。

解説すると、「技術的な逸脱」は、前記ヴォーガンの見方と一致する。安全文化モデル（図 4.3 参照）と照合すると、リスクアセスメントは「プロセスマネジメント」の要因である。組織についてさらに、次のとおり記している。

組織の障壁が、確実な安全情報の有効な伝達を妨げ、専門職の意見の相違が出ないようにしていた。計画の要素の横断的な統合管理の欠如、そして非公式の一連の指揮と意思決定プロセスが発生し、組織体のルールの外側で働いていた。シャトル計画の安全文化は、以前の強健なシステム安全計画の痕跡さえ残していない。

これは、「組織マネジメント」（図4.3参照）の要因といえよう。

(2) 安全文化の扱い

CAIB報告は、「安全文化」の語を説明しないで用いている。NASAと他の機関との比較のために、「事故のない行動を目指して努力し、おおむねそれを達成している独立の安全プログラムの具体例」として、「米国海軍潜水艦浸水予防・回復プログラム (SUBSAFE)、米国原子力推進（海軍原子炉）プログラム及び米国空軍の宇宙打上げをサポートするエアロスペース社の打上げ証明プロセス」の三つを取り上げ、次のとおり記している（CAIB報告、Vol.1, p.182. 傍点は著者らによる）。

> （これらの例の）安全文化と組織構造は、ハードウェアとマネジメントシステムを設計することによって、重大な事故につながる些細な失敗を予防し、過度に高いリスクに対処することに非常に熟練している。これらの組織とNASAの規模、複雑さ、ミッションは異なるが、安全性を高めるために組織を再設計する際に考慮すべき貴重な教訓となる。

このことは、米国の海軍・空軍関係の安全確保を必須とする組織において、当時、安全文化が定着して運用されていたことを示している。

関門4.2 BPテキサスシティ製油所事故

2005年3月23日のBPテキサスシティ製油所事故は、オクタン価を高める異性化ユニットの始動中に、過充填により圧力逃がし装置が開き、可燃性液体が噴出し、爆発と火災による死者15人、負傷者170人以上を出し、近年の米国の歴史のなかで最も深刻な産業災害の一つとなった。

(1) 事故調査の方針

産業化学事故調査の連邦機関CSB (Chemical Safety and Hazard Investigation Board) は、この事故による災害の重大性を認識し、予備調査をして8月17日、BPに対し問題点を示して調査するよう緊急勧告した。2007年1月にその報告（ベーカー報告)[23]を受けて、同年3月、最終調査

報告[24]を提出した。以下、その要旨である。

CSB は、前記コロンビア事故調査委員会 (CAIB) の方法を踏襲し、技術的原因と組織的原因の両方を調査した。CAIB 報告にあるように、多くの事故調査では、事故原因を技術的な欠陥と個人の失敗とに限定し、それで、根底にある問題が解決されたかのように思い込んで、重要な文化的、人的及び組織的な原因を見逃すことになる。

BP は、これまでも米国で小さな事故を繰り返しており、その上この事故が重大であることから、CSB は、テキサスシティの BP だけでなく、英国ロンドンの BP グループの経営陣が果たした役割に注目した。

(2) BP の安全文化

BP は、CSB の緊急勧告を受け、独立審査委員会（議長：ジェームス・ベーカー元国務長官）を組織し、BP の安全文化、プロセス安全マネジメントシステム、及び安全監督を調査した。

その結果、BP は近年、作業者安全（日本では「労働安全」という）を重視し、大幅に向上しているが、プロセス安全を重視しておらず、経営層と作業者に、プロセス安全の成果として何が期待されているかを確実に理解させる効果的なリーダーシップを備えていなかったことがわかった。BP の技術とプロセス安全のスタッフの多くは、高度なプロセス安全の取り組みをサポートする能力と専門知識はあるが、米国の 5 か所の製油所に広がっていなかった。

事故の根本原因 (root causes) は、BP グループ取締役会が、会社の安全文化及び大事故予防プログラムの有効な監督をしなかったこと、寄与原因 (contributing causes) は、テキサスシティのマネジャーが、機器やプロセス設備のメンテナンスに機械的完全性 (mechanical integrity、後出) を欠いたことにある。

(3) OSHA の有効性

CSB は、作業者安全の監督責任を負う連邦政府の OSHA[25] の有効性をも審査した。

---

[23]The Report of the BP U.S. Refineries Independent Safety Review Panel (Jan. 2007)
[24]CSB Investigation Report, Refinery Explosion and Fire (Mar. 2007)
[25]Occupational Safety and Health Administration、日本では、日本の用語を当てて「労働安全衛生局」としているが、直訳すれば「職業安全健康局」

OSHA は、事故前の年に、この製油所での死亡に対応する検査をして警戒兆候があったのに、破局的な事象の可能性を特定せず、プロセス安全規制を強行する計画的検査を優先することもしなかった。
　解説すれば、これは規制行政の「制度」（図 4.3 参照）の要因であり、行政機関が責任を果たしていれば、事故は防げたかもしれないという問題である。

(4)　安全文化と完全性（インテグリティ）

　ベーカー報告は「積極的安全文化（positive safety culture）」の語を説明抜きで用い、コロンビア事故の CAIB 報告に「組織文化」の語があり、原子力領域に「安全文化」の語があることを記している。スペースシャトルや原子力で知られた安全文化と同じとの認識であり、産業界を横断して安全文化が普及していたといえる。

　この事故では、前記のとおり、寄与原因として機械的完全性（mechanical integrity）を欠いたことにあるとされ、機械的完全性が、次のとおり説明されている。

> 　機械的完全性プログラム（mechanical integrity program）の目標は、製油所のすべての計装、設備及びシステムが、意図したとおりに機能することを確実にして、危険物の放出を防ぎ、設備の信頼性を確実にすることにある。効果的な機械的完全性プログラムには、計画的な検査、テスト及び予防的・予測的保全（preventive and predictive maintenance）が組み込まれていて、この保全は、故障保全（breakdown maintenance 壊れたら修理）とは対照的なものである。

　ここに、「意図したとおりに機能するのを確実にする」のが、完全性なのだろう。そのために、「計画的な検査、テスト」とともに、故障保守ではなく、予防的・予測的保守が組み込まれるのである。

　完全性（インテグリティ）を、本書では、「人間がすることに絶対や完全はありえない。それでも、人間は、絶対安全を目標に、限りなく近づく努力をすることはできる。そのように、人間が絶対ないし完全を目指す資質」とみている（前出 58 頁参照。なおコラム 5.2「インテグリティとレジリエンス」参照）。ここでの用法も、そういう意味といえよう。

なお、BP が 2001 年に、「プロセス安全／完全性マネジメント（PS/IM）標準」を発行していたことが記されている。完全性（インテグリティ）が、その時点には、産業のマネジメントの実務に取り入れられていたことを物語る。ちなみに、日本でよく使われるようになったレジリエンスという語が、最初、スウェーデンの小さな町で提唱されたのが 2004 年とされている [26]。西洋ではほぼ同じ時期に、個人の資質として、これらの要素が注目されるようになったのではないだろうか。

(関門 5) NRC 積極的安全文化の方針表明

福島原子力事故の直前の時期、米国の NRC（原子力規制委員会）が「積極的安全文化」の方針表明（policy statement）を、2009 年の草案 [27]、2010 年の修正草案、2011 年の最終版 [28] の順に公告した。その内容は、1991 年の INSAG-4 に発した安全文化が、約 20 年間にここまで発展した到達レベルを示すものといえるようだ。西洋社会における科学技術の安全確保の流れの図（図 4.1 参照）で、その位置づけを見ていただきたい。以下、要旨を説明する。

関門 5.1「方針表明」の性格

NRC は、IAEA 安全文化の定義（後出 124 頁参照）を踏まえ、2001 年の同時多発テロの経験から、まず、定義に「セキュリティ」を入れることを検討した。結局、「セキュリティ」の語を明示はしないが、安全とセキュリティの両方を対象とすることとした。

「積極的安全文化」方針表明は、行政機関 NRC が連邦公報に公告するが、規制・規則ではなく、拘束し強制するものではなくて、NRC の期待の表明であり、NRC スタッフの活動の指針である。

このことの意味は、重要である。

つまり、連邦公報に公告されるのは、通常「規則（rule）」として、日

---

[26] 北村正晴「レジリエンスエンジニアリングが目指す安全 Safety-II とその実現法」IEICE Fundamental Review, Vol.8 No.2 pp. 84-95 (2014)
[27] NRC, Draft Safety Culture Policy Statement: Request for Public Comments, Federal Register: November 6, 2009 (Vol. 74, No. 214)
[28] NRC, Final Safety Culture Policy Statement, Federal Register: June 14, 2011 (Vol. 76, No. 114)

本の法令のように、被規制者（事業者など）はこれに従うよう拘束され、従わなければ制裁されるという、強制されるものである。しかし、この方針表明は、そういう「規則」ではないから、拘束し強制するものではない。被規制者（事業者など）に、これに従う法的義務を負わせるものではないのである。

規制者 NRC が、このように、「NRC の期待の表明であり、NRC スタッフの活動の指針」を公告し、自らの法的義務としてコミットするところに、原子力規制に対する政府の姿勢を読むことができよう。

NRC は、この方針表明を草案段階から連邦公報に公告し、パブリックコメント手続きに始まり、さまざまな機会を通じて周知して論議し、再度のパブリックコメントの手続きを経由し、最終版を連邦公報に公告している。原子力規制は、単に規制者と被規制者のみのものではなく、国民一般に受け入れられるようにする努力であろう。

関門 5.2　組織の意思決定の課題

この方針表明には、チャレンジャー事故で知られた、経営者と技術者の相反問題への解決策がある。

(1)　経営者と技術者の相反の解決

NRC は、まず2009年草案において「あらゆる組織体が、コスト／スケジュール／安全・品質の目標間の相反の解決に、たえず直面する」とし、

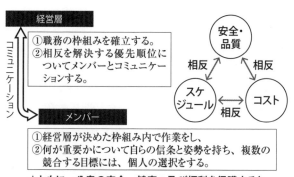

図 4.5　異なる目標間の相反の解決

経営層とメンバーとの間の対立の解決について、方針を示した。これを、図に表すと図4.5のようになる。

　すなわち、経営層とメンバーの間には、メンバーが技術者の場合について説明すれば、技術者が目標とする「安全・品質」を実現しようとすると、経営者が目標とする「コスト」を超えてしまう。「コスト」を経営者の目標以内に抑えれば、「安全・品質」を確保できないという目標の相反がある。同様に、「安全・品質」と「スケジュール」、「スケジュール」と「コスト」にそれぞれ相反がありうる。チャレンジャー打上げをめぐる技術者ボイジョリーらと、上級副社長メーソンとの対立は「安全」と「スケジュール」の相反だった。

　目標の相反は、図4.5のとおり、コミュニケーションによって解決される。すなわち、経営者は、①メンバーの職務を明確にし、②相反を解決する優先順位についてメンバーの意見をよく聞く。メンバーは、①経営者が決めた職務の枠組み内で作業をし、それでいて、②何が重要かについては、自らの信条と姿勢を持ち、競合する（＝相反する）目標には、個人としての選択をし、経営者に対してそのように主張する。この過程を経て最終的に、組織としての意思決定をするのは経営者である。

　NRCは、2011年最終版に「安全を強調して考え、感じ、行動するパターン」として、「積極的安全文化の特性（traits）」の9項目（表4.2参照）を示した。

　相反の解決について、まず「すべての個人は、安全について個人として責任を持つ」とし（第3項）、そのうえで「要員が安全の懸念を、報復、脅し、嫌がらせ、または差別の怖れなしに、自由に提起できると感じる」（第6項）という解決策になっている。

　経営者と技術者の対立という大きな問題について、当事者の自主的な、自律的な努力による解決を図るものである。個人を重視し尊重する西洋社会が育ててきた安全文化の、到達点を示すものといえよう。

表 4.2　積極的安全文化の特性 (NRC)

(1) **安全の価値観と活動のリーダーシップ**——リーダーは安全へのコミットメントを、自らの意思決定と行動で明確に示す。
(2) **問題点の識別と解決**——安全に影響する可能性のある問題点を直ちに識別し、十分に評価し、その重大性にふさわしい取組みをし、是正する。
(3) **個人的な説明責任**——すべての個人は、安全について個人として責任を持つ。
(4) **作業プロセス**——作業活動を計画し管理する活動は、安全が維持されるように実行する。
(5) **継続的学習**——安全を確実なものにする方法について学習する機会を、求めて実行する。
(6) **懸念を提起する環境**——安全を意識する作業環境を維持し、要員が安全の懸念を、報復、脅し、嫌がらせ、または差別の怖れなしに、自由に提起できると感じる。
(7) **効果的な安全のコミュニケーション**——コミュニケーションは、安全に焦点を合わせ続ける。
(8) **尊敬しあう作業環境**——組織のどこにも信頼と尊敬がある。
(9) **問いかける姿勢**——個人は、独りよがりを避け、そして、既存の条件及び活動にたえず挑戦することにより、誤りまたは不適切な活動となるかもしれない不具合を識別する。

4.4　安全文化の実務と理論の関係

　INSAG-4 の IAEA 安全文化は、優良実務の体系であり、原理・理論は論じられていない。実務を分析して原理を引き出し理論を導くのは、理論家の役割である。INSAG-4 ないし安全文化も、理論的な解明がなされて当然だが、西洋においてもそれが意外に進まなかったようだ。
　なぜ、西洋で安全文化の理論的解明が進まなかったか。
　INSAG-4 の実務の体系は、読めばわかる。容易に理解でき、何も疑問はないから、理論家たちの関心を呼ばなかったのではないだろうか。他方、日本で筆者らはそれが難解ゆえに、原理や理論の助けを必要とし、本書

で取り上げたものである。

4.4.1　実務の安全文化

INSAG-4 を作成した INSAG のメンバーであった佐藤によれば、安全文化を言い出したのはメンバーの 1 人、B. Edmondson（英国）であり、議長の H.J.C.Kouts（米国）に指名され、INSAG-4 の草案を書いたという[29]。

INSAG-4 の発表から 3 年後の 1994 年、スイス連邦原子力安全委員会は、安全文化の普及と既存の先入観を取り除くために、セミナー「原子力発電プラントにおける安全文化」を開催した[30]。

INSAG メンバーの Edmondson と P.Y.Tanguy（フランス）が、INSAG-4 の安全文化を解説し、スイス、ドイツ、スウェーデンの各代表がそれぞれの現状を報告している。安全文化は、長い間安全確保を必要とする多くの分野で、優良実務（good practices）として認識されてきたのであろう。それが INSAG の場でまとめられ、西洋ではこうして各国協同で推進されたさまがうかがわれる。

図 4.6　スイスチーズ・モデル

4.4.2　理論家の安全文化

実務における展開の一方で、理論家の目があった。

(1)　J. リーズンの見方

理論家の J. リーズンは、安全文化の考えは、INSAG によって「正式に認知された」[31] と認める。そのうえで、「その正確な意味、あるいはどのように測るかについては、いまだに合意が得られていない」、「社会科学の文献では、非常に多くの定義が与えられている」とする[32]。

---

[29] 2012 年 9 月 11 日、佐藤一男氏と著者の 1 人杉本が、大塚剛宏氏とともに対談した記録による。
[30] Swiss Federal Nuclear Safety Commission, Seminar 1994 "Safety Culture in Nuclear Power Plants" (1994). https://inis.iaea.org/collection/NCLCollectionStore/_Public/26/053/26053022.pdf
[31] リーズン, ジェームズ著、塩見弘監訳（高野研一・佐相邦英訳）『組織事故』日科技連、275 頁（1999、原書は 1997）

つまり、社会科学では「非常に多くの定義」があることから、その意味などに、「いまだに合意が得られていない」となったようだ。

日本でも、2013年の時点で、「安全文化に関しては、まだ明確に概念が定義されているとは言い難いのが現状」とされている[33]。理論家たちの一致した見方といえよう。

リーズンをはじめ、理論家たちは、INSAG-4の内容に立ち入って分析し、追究することはしていない。推測すれば、西洋の理論家たちにとって、INSAG-4の内容は、読んで容易に理解できたということに尽きるのではないだろうか。

リーズンが説いた安全文化は、日本ではむしろスイスチーズのモデル（図4.6）によって親しまれてきた。リーズンによれば[34]、理想的な状態では、防護のすべての階層が健全で、潜在的な危険性がその間を突き抜ける可能性はないであろう。しかしながら、現実的には防護の各層にはほころび、すなわち図のような「穴」がある。潜在的なものと即発的なものがあって、常に揺れ動いていて、それらがつながったときに事故が起きる。このような深層防護のダイナミックな性質について議論している。

(2)「安全文化」定義の拡散

「これまで数年の間に、原子力や航空などのリスクの高い業界の組織は、信頼できて安全な運用を形づくるのに、安全文化が果たす役割をますます認識するようになった」。他方、理論面では、1986年のチェルノブイリ事故以来、安全文化の定義が数多く出現したとし、1991-2001年の間に報告された13件の定義を収録している（表4.3参照）。同じ時期に、安全風土（safety climate）がほぼ互換的に使われるようになり、その定義例12件をも示している[35]。

---

[32] リーズン, ジェームズ＆ホップス, アラン著, 高野研一監訳（佐相邦英・弘津祐子・上野彰訳）『保守事故』日科技連、203頁（2005、原書は2003）
[33] 北野大・向殿政男（代表）『日本の安全文化―安心できる安全を目指して』研成社、16頁（2013）
[34] リーズン、前出『組織事故』、11頁
[35] Wiegmann, D. A., Thaden, T. V. & Gibbons, A.M.: A review of safety culture theory and its potential application to traffic safety, AAA Foundation for Traffic Safety (2007)

表 4.3　安全文化の定義 (Wiegmann ら、2002)

出典／産業	定義
(Carroll 1998) 原子力、米国	安全文化とは、プラントのすべてのグループ及びすべてのレベルによって、作業者の安全及び公衆の（原子力）安全に、高い価値（優先度）が置かれていることをいう。それはまた、人々が安全を維持及び強化するよう行動し、安全に対して個人的な責任を負い、そしてこれらの価値と密接にむすびついた報奨を受けることになる、との期待をいう。
(Ciavarelli and Figlock 1996) 海軍航空、米国	安全文化は、組織の意思決定を支配することになる、共有の価値、信念、想定、及び規範として、同時に、安全に関する個人及びグループの態度として、定義される。
(Cooper 2000) 理論上	安全文化は組織文化の一面であり、組織の継続的な健康と安全の遂行との関係で、メンバーの態度と行動に影響を与えるもの、と考えられている。
(Cox and Cox 1991) 産業ガス、欧州	安全文化は、従業員が安全との関係で共有する態度、信念、認識及び価値を反映する。
(Cox and Flin 1998、他) 理論上、原子力、米国	組織の安全文化は、個人及びグループの価値観、態度、認識、力量及び行動パターンの産物であり、組織の安全と健康のマネジメントへのコミットメント、及びスタイルと習熟度、を決定するものである。
(Eiff 1999) 航空、米国	安全文化は、組織内に存在するものであり、そこにおいて個々の従業員が、その地位に関係なく、エラー防止において積極的な役割を担い、その役割は組織によって支えられている。
(Flin, Mearns, Gordon, and Fleming 1998) 海洋石油・ガス、英国	安全文化は、彫り込まれた態度及び意見をいい、人々のグループが安全に関し共有するものである。それは、(安全の風土よりも) 安定しており、変化に強い。

表 4.3　安全文化の定義 (Wiegmannら、2002)（続）

出典／産業	定義
(Helmreich and Merritt 1998) 航空、米国	安全文化：個人のグループが自らの行動を、安全の重要性における共同の信念によって導き、すべてのメンバーが、グループの安全規範を自発的に支持すること及びその共通の目的のために他のメンバーを支えることの、共通の理解がある。
(McDonald and Ryan 1992、他) 道路交通、航空関連の理論上	安全文化は、一連の信念、規範、態度、役割及び社会的、技術的実務であって、従業員、マネジャー、顧客、及び公衆が、危険または有害と見なされる状態にさらされるのを最小限にすることにかかわるもの、と定義される。
(Mearns, Flin, Gordon, and Fleming 1998) 海洋石油・ガス、英国	安全文化は、一定の人々のグループが、リスク及び安全に関して共有する態度、価値観、規範、及び信念、と定義される。
(Meshkati 1997) 交通産業、米国	安全文化とは、組織及び個人の、性格と姿勢の集合が、原子力プラントの安全問題が、最高の優先度をもって、その重要性にふさわしい注目を受けるようにするもの、と定義される。
(Minerals Council of Australia 1999) 鉱業、オーストラリア	安全文化とは、会社における正式な安全問題であって、マネジメントの認識、監督、マネジメントシステム及びその組織の認識を対象とするものをいう。
(Pidgeon 2001) 運転者行動関連の理論上	安全文化は、一連の想定があり、そして、それに結びついた実務があって、危険と安全に関する信念を構築することを可能にするものである。

　ウイーグマンらの報告は、安全文化がチェルノブイリ事故に発するとしながら、IAEAやINSAG-4への言及がない。実務を離れ、理論家が各自思い思いに定義すれば、十人十色で参加者の数だけの定義が、学術論文の形をとって現れる。安全文化の理論的解明は、西洋でもそれを越えて進んでいるとはいえないようだ。

第5章
安全文化

第5章　安全文化

前章で、西洋社会には科学技術の安全確保の流れ（図4.1参照）があり、その流れのなかで起きた重大事故の原因を追及することから、5要素からなる安全文化モデル（図4.3参照）を導いた。

本章では、安全文化モデルから出発して、安全文化の全体的な枠組みを明らかにする。

安全文化モデルの5要素が、何を意味するか考える。そうすると、安全確保の活動の文化である安全文化を支える「理念」があることがわかってくる。社会に自生し伝承されることの尊重、完全性への指向、他律よりも自律が基本、という三つの理念である（5.1）。

IAEAが明らかにしたこと及び本書でわかってきた安全文化の全体の枠組みを、一目でわかるように図にする。安全文化は、多領域にわたる複合的な課題であり、日本にはそのような課題に対応する準備ができていないのではなかろうか（5.2）。

安全文化は、いくつか道があるなかの、その一つではない。安全確保に向けて、限りなく絶対安全に近づく、ただ一つの道である。その全体的な枠組みを持つのと持たないとでは、どのような違いになるか。進歩の共有、安全確保の補完関係、重複費用の節約、事故原因の究明について検討する（5.3）。

日本にも、日本育ちの安全文化に相当するものが存在するが、安全文化モデルの5要素によって、IAEA安全文化と比較することにより、日本の課題がみえてくるはずである（5.4）。

5.1　安全文化——活動と理念

安全文化モデル（図5.1参照）が、何を意味するか考えるとしよう。

5.1.1　安全文化のこれまでの解明

　安全文化モデル（図 5.1 参照）は、図のとおり、「技術 (technic)」があり、それを運用する「プロセスマネジメント (process management)」、その運用を担う「個人 (individual)」と「組織マネジメント (organizational management)」があって、そこへ「制度 (institution)」がかかわる。

　安全文化モデルが導かれた過程は、こうだった。すなわち、チャレンジャー事故の要素は、在来の事故調査の枠組みでは、「技術」と「マネジメント」の二つだった。ロムゼックらが、社会学のパーソンズの理論を適用することにより、「制度」が加わって、要素は三つになった。それに啓発され、チェルノブイリ事故に発する INSAG-4 の分析を進めていた著者らは、「マネジメント」を「プロセスマネジメント」と「組織マネジメント」とに分け、「個人」を加えて、要素は五つになった。それを図にしたのが、安全文化モデルである。

　要素が二つだったものが、三つになり、さらに五つになった。INSAG-4 は実務の体系だが、社会学の理論を適用して分析することにより、安全文化の原理がわかってきた。安全文化の理論的、原理的な解明である。

　さらに一歩進めると、著者らは、安全確保の実務の経験から、直感的ないし洞察的に、安全文化モデルに示される 5 要素のみが安全文化ではないように思われるのである。そうだとすると、そのほかに何があるだろうか。

図 5.1　安全文化モデル（図 4.3 と同じ）

安全文化には、当然、安全確保の活動がある。活動がなされるには、その活動を促し、支える理念があるのではなかろうか。理念は大切なもので、正しい理念を欠く活動は、健全な安全文化にはならない。以下、活動と理念とに分けて検討する。

5.1.2　安全文化の「活動」

安全確保には、そのための活動（または行動）がある。安全文化は、活動する文化である。その活動が、「技術」、「プロセスマネジメント」、「組織マネジメント」、「個人」、「制度」の5要素で構成されているというのが安全文化モデルの意味だろう。安全文化モデルは、安全文化の活動が5要素からなるとするモデルである。これら5要素それぞれを適切に管理し、全体を統合することにより、安全は確保される。

①技術

安全文化モデルを導く過程で、明らかになったことがある。INSAG-4の安全文化の対象は、原子力発電の技術であり、チャレンジャー事故は、スペースシャトルの技術であって、二つの技術の分野は互いに異なるが、「技術」として共通の扱いができることである。安全文化モデルは、どのような技術にも当てはまる可能性がある。

「技術」は、技術者の専門領域である。安全確保の実務では、「技術」と次の「プロセスマネジメント」を合わせて「技術」として扱われることがある。

②プロセスマネジメント

技術を事業や業務の目的に運用する一連のプロセス（工程、課程など）があり、そのマネジメントである。リスクアセスメントないしリスクマネジメントは、ここに入る。通常、「技術」に「プロセスマネジメント」が伴い、ともに技術者の専門領域である。

INSAG-4は、技術を運用するプロセスのマネジメントに、品質保証手段を利用している（段落41、同51参照）。品質マネジメントシステム（QMS）であり、国際標準規格のISO 9001の利用がありえよう。

③組織マネジメント

技術の運用は組織で行われ、組織は個人で構成されている。INSAG-4 の説明では、組織は方針レベル、マネジャー及びメンバーの 3 段階の階層からなる。本書では、組織は個人からなることを示すモデル（図4.4 参照）によって、階層組織を説明する。いずれにせよ、各階層の個人の働きを統合し、業務や職務を成立させるのが「組織マネジメント」である。

④個人

生物としての人であり、働く個人である。組織に属して働く人には、個人そのものの立場と、組織の一員としての立場という、二重の立場がある。INSAG-4 は、本文冒頭で"神の御業"と呼ばれることがあるような場合を除けば」という表現で、個人そのものの重要性を強調する（前出58頁参照）。

⑤制度

社会において事業や業務が存立するには、社会制度、政治・行政制度、経済制度、契約制度などの制度がかかわる。

チャレンジャー事故の場合、NASA には、ホワイトハウスや議会との関係（政治制度）、国民を背景とするマスメディアとの関係（社会制度）及び請負業者との関係（契約制度）があった（前出84頁参照）。INSAG-4 には、原子力発電に対して、政府が規制する、規制行政の制度の、重要な役割が示されている。

5.1.3 安全文化の「理念」

安全文化の活動の5要素を準備するだけでは、活動にならない。安全確保を目指して活動するよう促すのが、人々の心に宿る理念とみる。

その理念は、どのようなものか。これまでに、確実に共有されている認識がある。それは、マニュアルなどによる手順的な活動だけでは、健全な安全文化にならないことである。INSAG-4 の安全文化の趣旨から、仮説として、次の三つがあるとみる。

・社会に自生し伝承されることの尊重
・完全性への指向

第5章　安全文化

・他律よりも自律が基本

今後さらに分析が進めば、加えられるものがあるかもしれないが、以下、順に説明する。

(1) 社会に自生し伝承されることの尊重

まず、1番目の理念である。すでに本書で、西洋社会における安全確保の流れを図に示した（図4.1参照）。なぜ、このような流れが生じたか。それには、人々をそのように駆り立てる何かがあるのだろう。

人間は、本性として安全を求め、自ずと努力をする。社会におけるその蓄積が、安全文化といわれるものになるのだが、最初にだれが始めたか、わからない。社会におけるいわゆる自生である。近代に至り、人間生活や産業活動に科学技術が利用され、科学技術の進歩とともにもたらされる新たな危害が知られ、それに対応して、安全文化は発展し、これからも、限りなく発展するであろう。

人々は、これから生まれてくる人たちが、危害にさらされることがないよう思いやり、将来の世代に継承されることを願い、それが次世代以降の人々によって尊重され、安全確保の実務に生かされる。安全文化とは、そのような営みではないだろうか。そうであれば、その社会で暮らす人たちは、原理や理論など難しいことを知らなくても、無意識のうちに、自ずと安全文化に沿った方向へ歩むものである。

それでも、原理や理論は重要である。原理や理論によって共通の理解が進み、国境を越え、世代を越えて安全文化が広がることになる。

前記引用のIAEA文書INSAG-4（前出74頁参照）によれば、「組織体はすでに、何らかの形の安全文化を持っている」。それを「変えることそれ自体に、終わりはない」と述べていて、以上の趣旨のことを示唆する。

ちなみに、いま著者らが願っているのは、西洋の社会で育ったものを尊重して受け入れ、日本の社会に根づかせ、継承されるようにして、将来にわたり安全確保の実務に役立てたいということにほかならない。

(2) 完全性への指向

次に、2番目の理念である。人間が行うことに、絶対や完全はありえない。それでも人間は絶対安全を目標に、限りなく近づける努力をする

ことはできる。それが完全性（インテグリティ）であり、レジリエンスも同様に、めげないで粘り強く取り組むものである（前出59頁参照。コラム5.2「インテグリティとレジリエンス」参照）。

　安全確保の活動には、五つの要素がある。五つの要素それぞれに、次のとおりインテグリティやレジリエンスがあって、それらが統合されて安全が確保される。

　①技術

　「技術」のインテグリティがどのようなものか。エンジニアなら、容易に思い浮かべることができよう。エンジニアは、科学技術の知識・経験・能力を駆使して設計する。設計したら、最初の設計を変えないで固守するのではなく、さらに改良して設計する。完全を指向し、粘り強く努力を重ね、可能な最善の設計を目指す。普通のエンジニアならだれもが多少なりと身につけているものである。

　②プロセスマネジメント

　技術を運用する「プロセスマネジメント」である。できるだけ高い品質の製品を、できるだけ安いコストで生産する、といった目標を目指して努力を重ねる。それは、インテグリティやレジリエンスにほかならない。

　③組織マネジメント

　できるだけ最適の人を配置し、できるだけ最少の人数で最大の成果をあげるにはインテグリティやレジリエンスがなくてはならない。

　④個人

　神ではない人間に、完全な人格はありえない。それでもたえず人格を高めるように心がけ、人格の完成を目指すのは、人間の重要な一面であり、普通の人に多少なりとありうる。

　⑤制度

　政治制度をみても、常に改革が叫ばれ、論争が重ねられ、ようやく一部分ずつが実現する状況は、決して完全はありえないが、限りなく完全を指向する例といえよう。

(3)　他律よりも自律が基本

　最後に、3番目の理念である。人が行動するとき、自主的な自律と、

他から強制される他律とがある。安全確保にもこの両方がある。安全確保に向けて、政府が被規制者に対し、法律にもとづいて規制する他律がある。かつて規制行政といえば、そういう他律的な規制とされてきたが、その後、被規制者の自主的な自律が基本となることがわかってきた。

　それは、西洋ではもう50年も前のことである。本書ですでに、西洋社会における科学技術の安全確保の流れ（図4.1参照）のなかで、1972年のローベンス報告の位置づけをみた。自律が大切であることに着眼し、次のように説く（ローベンス報告については第6章へ続く。合わせて読んでいただきたい。傍点は著者らによる）。

　　制定法制度の第1の、そしておそらく最も根本的な欠陥は、単に法律が多すぎるということだ。九つの主な法律グループは、さまざまな長さと複雑さの詳細な規定を含む、約500の下位の法律文書に支えられている。これらは毎年追加される（1960年以降、工場法の下に107の法律文書が発行されている）。私たちに出されたいくつかの提案は、この法律の膨大な量は、安全と健康の大義を前進させるにはほど遠く、逆効果になるところまで来ているかもしれない、と主張した。私たちはこの見解を共有する。
　　この不均衡は是正されなければならない。立法そのものの重みを減らすことから始めるべきだ。この分野には、規制法の分野における役割と、政府の行動の役割とがある。しかし、これらの役割が優先的にかかわるべきは、無数の日常的な状況に対する詳細な処方箋ではなく、影響力のある態度と、産業自体によるより良い安全と健康の組織及び行動のための枠組みの創造である（段落28参照）。

　このとおり、ローベンス報告は「最も根本的な欠陥は、単に法律が多すぎるということだ」、そして、規制法や政府の役割は「無数の日常的な状況に対する」こまごまとした「詳細な処方箋ではなく」、「産業自体による……行動のための枠組みの創造である」という。法律（制定法）による他律よりも、産業自体による自律に目を向けよ、と主張している。

　ローベンス報告はつづけて、次のとおり、当時の英国において、「われわれを悩ませている」、「管理のパターンは、当惑するほど複雑である」とする。

　　産業の安全と健康の行政に関して、われわれを悩ませているのは、あま

りにも多くの境界線があること、そして、それらが設計によるよりも、歴史的な偶然によって出現したように見えることである。管理のパターンは、当惑するほど複雑である。9 グループに分かれた健康と安全の制定法があり、それぞれ工場、商業施設、鉱業・採石業、農業、爆発物、石油、原子力施設、放射性廃棄物処理及びアルカリ放出物を扱っている。イングランドだけでも、行政と執行の責任は、五つの政府部門（雇用、通商産業、農業、環境、内務省）と七つの個別の検査官（工場、鉱山、農業、爆発物、原子力施設、放射性化学物質及びアルカリ）に分かれている。加えて、地方自治体の広範な参加がある（段落32参照）。

そして、ローベンス報告は、「最も重要な」、「当たり前のことをいう必要はないのだが」と、次のように説く。

　最も重要なのは、より良い姿勢とより良い組織である。このような当たり前のことをいう必要はないのだが、その実務上の意味が広く無視されている事実がある。われわれが思うことは、あまりにも多くの雇用者、マネジャー、作業者が、国の介入や処方箋にばかり目を向け、自らの積極的な利益、責任及び努力にほとんど目を向けない、という傾向がまだあることである（段落44参照）。

この最後の、関係者が「国の介入や処方箋にばかり目を向け、自らの積極的な利益、責任及び努力にほとんど目を向けない」との指摘は、自主的な自律が基本であることの強調といえよう。

コラム 5.1「処方箋的」

　INSAG-4 にも、ローベンス報告にも出てくる、重要な語である。prescriptive の語に、英和辞典には、「規定する」、「規範的」などの訳語がある。もともと、prescription は処方箋である。医師は医療の専門職であり、薬剤師は調剤の専門職であって、それぞれ自分の判断によって職務を行う。しかし、医師が発行する処方箋は、薬剤師を拘束する。薬剤師は調剤の専門職だが、自分の判断でその内容を変更するような裁量の余地は全くなく、医師の指示のとおりに調剤しなければならない。

国や地方自治体による規制は、被規制者の自主的、自律が基本であって、それを妨げるような、処方箋的なものであってはならない。

5.2 安全文化——枠組みと定義

本書で、INSAG-4 を読んで疑問に思ったことから始まり、重大事故の原因の分析から安全文化モデルを導き、安全確保の活動について考えるなどしてわかってきたことから、安全文化の全体的な枠組みを確かめ、さらに、安全文化の定義を検討する。

5.2.1 安全文化の枠組み

ここまでに明らかになったことのおよそ全てを、一目でわかるように図にする（図 5.2 参照）。同図（左）は、IAEA 提唱の安全文化である。INSAG-4 が、安全文化の実務の体系（段落 94 参照）を与え、別の報告が、安全文化の属性（5 性格 37 属性。付録 1「INSAG-4 解説」、表 3 参照）を与えている。

同図（右）は、本書の工夫であり、このような原理を突きとめた。「安全文化の活動」（安全文化モデル）、それを支える「安全文化の理念」（三つの理念）、それにもう一つ第 8 章で明らかにする「個人の動機」（後出 225 頁参照）があり、これら全体が INSAG-4 に相当する。「安全文化の属性」は、

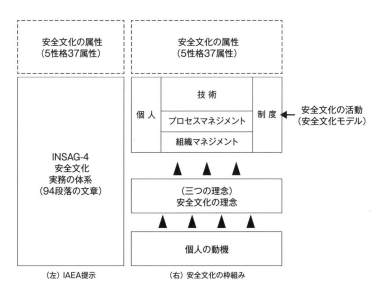

図 5.2　安全文化比較

同図(左)と同じである。

　西洋の人たちは、INSAG-4 を読むだけで安全文化を理解できるだろうが、文化の違う日本人は、この図で原理を知って取り組めば、わかりやすいに違いない。西洋の人たちにも、安全文化をより共通のものにするには、このような原理的な説明が無用ではないであろう。

5.2.2　安全文化の定義

　安全文化について、共通の理解を図るには、合理的な定義があるとよい。それで多くの学者たちが、定義に向かったのだろう。しかし、現実には、社会科学では「非常に多くの定義」がなされ、むしろ定義の拡散が安全文化の解明の妨げになっている(前出 109 頁参照)。

　そこで新たな定義はせずに、IAEA の定義のオリジナリティを尊重する意味もあり、それを補足してできるだけ短い文章で、安全文化の全体の性格を描写することにしよう。

(1)　INSAG-4 の定義

　INSAG-4 は、安全文化を次のとおり定義している。

> 　Safety culture is that assembly of characteristics and attitudes in organizations and individuals which establishes that, as an overriding priority, nuclear plant safety issues receive the attention warranted by their significance.
> 　《訳文》　セーフティ・カルチャとは、すべてに優先して原子力プラントの安全の問題が、その重要性にふさわしい注意を集めることを確保する組織と個人の特性(*性格)と姿勢を集約したものである。

　個人には性格があり、姿勢がある。性格と姿勢が、その人の行動に影響を及ぼすことになる。個人たちのそれらが組織で統合されて、組織の性格になり姿勢になる。その組織と個人の全体が、この文中の「組織と個人の性格と姿勢を集約したもの」とみてよい。

　この定義は、対象を「原子力プラント」に特定した表現になっているが、

「原子力プラント」を「化学プラント」、「建設現場」、「医療施設」、「遊園地」あるいは「科学技術」と読み替えても、そのまま通用する。つまり、原子力プラントや原子力分野を越えて、科学技術一般にわたる普遍性があるのである。

(2) 安全文化の性格描写

安全文化の枠組み（図5.2参照）に到達するまでに解明されたことの要旨を、科学技術一般についてできるだけ短い文章で表現すると、次のようになろう。

> （補足文）
> 安全文化は、安全を求める人間の本性に発し、社会に自生し伝承され、科学技術の進歩とともに限りなく発展するものである。安全を確保する活動は、他律よりも自律を基本とし、インテグリティとレジリエンスを心がけて、技術、プロセスマネジメント、組織マネジメント、個人、制度（規制行政）の5要素を、適切に管理し、かつ全体を統合することにより、安全は確保される。

この補足文を INSAG-4 の定義の前に置き、合わせて読めば、安全文化の全体の性格の描写であり、これによって日本人が思い浮かべ理解する安全文化は、西洋人のそれとあまり違わないのではなかろうか。

5.2.3 安全文化の複雑性

INSAG-4 に示されている安全文化の実務は、西洋で伝承されてきたことをまとめたものである。西洋人なら読めばわかる。しかし、歴史や文化の違う日本人が理解するには、上記の補足文に示されるような内容を補う必要がある。

安全文化は、複雑なのだ。本書で安全文化を追究してわかったことを、できるだけ短く表現したのが、上記6行の補足文である。6行に凝縮されていることが、どれほど複雑か想像願いたい。そのようなことを扱う学問は、どの領域だろうか。工学・技術、社会学、行政法学、行政学、民法学などや、組織論、心理学、文化人類学など挙げてみるが、見当がつ

かない。

　安全文化は、多領域にわたる複合的な課題であり、これまで日本には、そのような課題に対応する準備ができていなかったのではなかろうか。

5.3　ただ一つの道——安全文化

　上に示した安全文化の全体的な枠組み（図5.2参照）を眺めていると、次のような考えが浮かぶ。つまり、安全確保のためにいくつか道があって、その一つが安全文化というのではない。安全文化は、安全確保に向けて、限りなく絶対安全に近づく、ただ一つの道であろう。

　このような安全文化を持つのと持たないとでは、どのような違いになるか。主なものとして以下①進歩の共有、②安全確保の補完関係、③重複費用の節約、④事故原因の究明の4点について考えてみよう。

5.3.1　進歩の共有

　安全文化の5要素は、従来、ほとんどばらばらに扱われてきたが、安全文化モデル（図5.1参照）は、まとめて全体を見る目である。

　安全確保は分野ごとに発展した結果、分野によって発展のレベルに違いがある。

　例えば、労働安全では、労働安全衛生法は職場における労働者の安全と健康を確保することを目的とし（第1条）、労働者はその対象となる「被保護者」である。労働者は同時に、法目的実現の「当事者」として、労働災害を防止するため必要な事項を守り、事業者その他の関係者が実施する労働災害の防止に関する措置に協力するように努める立場にある（第4条）。労働者には、被保護者と法目的実現の当事者の両面がある。

　労働安全のこの関係を、安全文化モデルと照合すると、被保護者であり当事者である労働者は「個人」である。労働安全は、その「個人」に焦点を合わせている。その「個人」が労働する職場には「技術」があり「プロセスマネジメント」、「組織マネジメント」が行われ、そこへ「制度」として労働安全衛生法にもとづく規制行政がかかわる。

こうしてみると、労働安全は安全文化の活動の一般的な枠組みに収まっている。ということは、この分野の改革に先駆したローベンス報告（図 4.1 参照）が説いた原理は、安全確保一般に当てはまる可能性があるということである。ローベンス報告の当時はまだ安全文化の語はなかったが「実質的な安全文化」の始まりとみるのは、この考えのためである。

実際に労働安全のほか、機械安全、プロセス安全などいくつかの安全が個別に発展してきた。それらを安全文化モデルの全体観のもとで互いに比較すると、分野ごとに分かれていては見えなかったものが見えてくる。

例えば、「機械安全」は、機械類の安全、または特定の機械の安全であり、5 要素のうち「技術」に着目した安全だろう。

「プロセス安全」は、設計や製造のプロセスの安全であり、5 要素のうち「プロセスマネジメント」に着目した安全だろう。

「作業安全」や「労働安全」は、作業する人の安全と健康を確保するもので、5 要素のうち「個人」に着目した安全といえよう。

これらの安全は、従来、それぞれの分野で別々に扱われてきた。化学プロセス安全の専門家、労働安全の専門家、子どもの安全の専門家、社会インフラ安全の専門家など、さまざまな分野の専門家が、それぞれを専門とし、互いに交流がなく、共通性があることは、ほとんど注目されなかったようだ。全体観によって、いずれも 5 要素からなるという共通性に注目すれば、どれか一つの分野でなされた進歩を、他の分野の安全に応用できる可能性がある。

5.3.2 安全確保の補完関係

安全文化モデルの 5 要素を横に並べた図にし（図 5.3 参照）、安全確保対策に利用する場合の考え方とその効果を簡単に説明する。

五つの要素は、安全確保の実現に向けて、おおむね補完関係にあるとみられる。ある要素の不十分を他の要素が補うことによって、完全なものに近づける関係である。

例えば、規制行政において、規制側（官）の措置は常に十分なものとは限らず、不十分という場合があり、それでも被規制者（民）の組織マネ

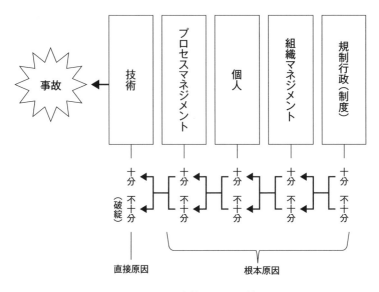

図 5.3　事故の因果関係

ジメントによって補われれば、事故に至らない。組織マネジメントが不十分でも、組織のなかの個人の働きによって補われることもありえよう。

　個人（人間）は、ヒューマンエラーがいわれるように、誤りを犯す。組織は個人からなるから、組織マネジメントにも誤りがありうる。個人と組織マネジメントは、事故の引き金となる要素である。そこで、個人と組織マネジメントの関与を極力減らすよう、技術とプロセスマネジメントを組み立てるのが、自動化といえよう。

5.3.3　重複費用の節約

　個々の分野ごとに行われてきた安全対策には、分野ごとに特有の部分と、分野間で共通の部分とがある。共通部分を共有すれば、重複を避け、人員や費用を節約できる。その節約額は、国全体では無視できない巨額になろう。

　政治では、繰り返し規制改革が取り上げられてきた。国際間では、経済開発協力機構（OECD）において 1955 年、OECD 閣僚理事会の要請が

あり、それに対する総合報告書は、次のように記している[1]（序言。傍点は著者らによる）。

　規制改革計画の成功から、多くの利益が生まれることを、豊富な例で示しているといってよい。競争を推進し、規制コストを削減する規制改革は、**効率性を押し上げ、価格を引き下げ、イノベーションを刺激し、そして経済の変化に対する適応能力を改善し、経済が競争状態にとどまるのに役立とう**。また、規制改革は、それが適正に実施されれば、**政府による環境保全、健康、安全性の確保**といった他の重要な政策目標の推進にも貢献する。

このOECD報告がいうようなことは、個々の企業や行政機関においても、同じ原理での利益がありうる。

5.3.4　事故原因の究明

5要素は、いずれも事故原因になりうる。ということは、事故原因を究明する場合の手がかりとなるといえるのである。

(1)　事故原因の見逃しを防ぐ

2005年に起きたBPテキサスシティ製油所事故の事故調査報告書が、コロンビア事故調査委員会（CAIB）の報告を引用して、記していることがある。

すなわち、「多くの事故調査は、事故原因を、技術的な欠陥と個人の失敗とに限定し、それで、根底にある問題が解決されたかのように思い込んで」いる。その結果、「重要な文化的、人的及び組織的な原因を見逃すことになる」（前出102頁参照）。

そのように「原因を見逃すことになる」のを防ぐにはどうするか。安全確保を目指していながら、意図に反し、事故が起きる。それを防ぐために、安全文化の5要素を、一つずつチェックする方法がある。

①「技術」に事故原因はないか。
②「プロセスマネジメント」に、事故原因はないか。
③「個人」に、事故原因はないか。

---

[1] OECD編、山本哲三・山田弘監訳『世界の規制改革　下』日本経済新聞社、(2001)

④「組織マネジメント」に、事故原因はないか。
⑤「規制行政（制度）」に、事故原因はないか。
　以上チェックのうえで、どれが、あるいは、どれとどれが原因か決めることによって、原因を見逃す可能性は小さくなる。

(2)　事故に学ぶ原因究明

　図5.3において、技術の破綻が、事故の直近原因（proximate cause）または直接原因（direct cause）となっている。従来、業務上過失罪や不法行為法では、事故が起きると、直近原因に直接にかかわった者の責任を追及するという処理が一般的だった（第6章、図6.3参照）。直近原因どまりの原因究明である。

　しかし、直近原因が発生するには、プロセスマネジメント、個人、組織マネジメント、規制行政（制度）のどこかに発する根本原因（root cause）または間接原因（indirect cause）がありうる。一連の根本原因・間接原因を究明することが、事故に学び将来に生かすことになる。チャレンジャー事故の場合、ロムゼックらが、ロジャース報告は「制度」を見落としていると指摘したのは（前出83頁参照）、それだったのだろう。

5.4　日本育ちの"安全文化"

　日本では、IAEAのINSAG-4は長い間、邦訳の公刊もなく、原子力関係者さえ、「30ページ足らずのもの」だが「目を通したことのある人は……意外に少ない」状況だった[2]。他方、日本では、品質管理が発達して"品質文化"といえるものがあり、それを応用した日本育ちの"安全文化"が存在した。

5.4.1　IAEA安全文化への日本の対応

　日本の原子力で安全文化がいわれるようになったのは、IAEAの安全文化提唱に始まる。

---

[2] 佐藤一男「セーフティ・カルチュアについて」、原子力安全委員会『原子力安全白書（平成6年版）』438頁（1995）

第5章　安全文化

(1)　原子力安全白書の扱い

　IAEA提唱の安全文化が、日本で最初に国民に紹介されたのは、平成6 (1994) 年版の『原子力安全白書』[3] だった。その紹介は、第1に、当時の日本の原子力発電の優れた運転実績を述べて「我が国では国及び事業者等原子力安全に携わる者すべてが、より高度なセイフティ・カルチュアを達成するため、それぞれの役割に応じた対応を着実に行っている」（同白書、174頁）としている。つまり、日本にはすでに「高度なセイフティ・カルチュア」があるとみていた。

　第2に、IAEAの安全文化と、OECD/NEA（経済協力開発機構/原子力機関）の原子力安全確保とを並列して紹介している。さらにその後、同白書平成17年版[4]が「J.リーズンによる安全文化の分析」を紹介した。つまり、最初の提唱者のIAEAの安全文化に焦点を合わせるものではなかった。

　この白書は、「原子力安全文化すなわちセイフティ・カルチュアのより一層の醸成を図る必要がある」と記し、「醸成」というその後普及した語が使われた。

(2)　ウラン加工工場 JCO 臨界事故

　1999年9月30日、株式会社JCOの東海村ウラン加工工場における臨界事故は、「安全確保を大前提に原子力の開発利用を進めてきた我が国にあって、3人の作業員が重篤な放射線被ばくを受け、懸命な医療活動にもかかわらず、2人が亡くなられたほか、住民への避難要請、屋内退避要請が一時行われるなど、前例のない大事故となり周辺住民の生活に多大な影響をもたらすとともに、国の内外に大きな衝撃を与えることとなった」[5]。

　この事故の衝撃は大きく、事故調査委員会報告に、次のとおり、安全文化の重要性が取り上げられた（同報告「Ⅵ.　事故の背景についての考察」。傍点は著者による）。

---

[3] 原子力安全委員会『原子力安全白書（平成6年版）』
[4] 原子力安全委員会『原子力安全白書（平成17年版）』
[5] 原子力安全委員会ウラン加工工場臨界事故調査委員会『ウラン加工工場臨界事故調査委員会報告』(1999)：http://www.aec.go.jp/jicst/NC/iinkai/teirei/siryo99/siryo78/siryo11.htm

安全性の確保

　安全確保に万全を期すためには、関係する組織・体制の整備と企業風土としての安全文化の醸成が必要とされる。

　事業者自らが行う自主保安活動の実効性を高めるよう組織・体制を整備するとともに、これを補完するものとしての国の安全規制の実効性を高めるべきである。また、安全確保活動が機能する上で、企業風土としての安全文化が重要な役割を担っている。安全文化の醸成には、経営者が率先して取り組み、従業員全体に自覚を促すとともに、安全性向上に向けた不断の活動が保障される基盤整備が必要となる。それなしにして、仮に国の規制だけを強化してみても、事業者の受動的な姿勢を固定化するだけとなっては、実効は挙がらないであろう。

こうして安全文化を重視する路線は、以後、福島原子力事故まで踏襲されるが、「安全文化の醸成」が必要というにとどまり、その間、INSAG-4の安全文化が注目されることはなかった。

5.4.2　日本の"安全文化"

　前記したように、一般に、組織体はすでに何らかの形の安全文化を持っている。IAEAが安全文化を提唱した時期に、日本では"安全文化"の語こそないが、品質管理が品質向上に寄与した構造は、ここで議論している安全文化の構造に似ている。つまり、品質管理を目的とする"品質文化"といえるものがあって、日本の産業の安全を支えるそれ相当の実務が育っていたのである。

　日本は、第二次大戦後、占領統治した連合軍の指導で品質管理（QC）を学び、そこから育ったTQC（全体的品質管理）が、のちにTQM（全体的品質マネジメント）といわれるようになった[6]。

　日本が育てたTQMは、日本製品の高い品質を生み、1955年ごろから1970年代に至る日本経済の高度成長をもたらした。当時、日本のTQMは国際間においても高く評価されたが、1967年、GATT（関税及び貿易に関する一般協定）において、規格が非関税障壁とされ、日本の工業規格（JIS）

---

[6] 杉本泰治「安全文化 ─ 安全目標の設定とその実現に向けて日本の基本課題」化学工学論文集、40巻3号、162-173頁（2014）

第 5 章　安全文化

図 5.4　安全文化比較

は国際規格と整合なものにするよう迫られた。1994 年、GATT は WTO（世界貿易機構）へ引継がれ、その間、TQM 関連の規格は 1987 年、ISO（国際標準化機構）による ISO 9001（品質マネジメント、QMS）となり、日本もこれを JIS 化した。日本育ちの TQM は、規格の国際競争に後れをとり、過去のものとなっていた。

日本の TQM の手法を援用して安全を管理すれば、安全を確保することができる。どのような体系のものかよくわかっていないが、いわば、日本の"安全文化"であり、推量すれば、以下の構成のものといえよう（図 5.4(a) 参照）。

① 技術
　　高品質・高性能の製品の大量生産を支えた技術である。
② プロセスマネジメント
　　日本で育った TQM を中心とするプロセスマネジメントがあった。
③ 組織マネジメント
　　現場における QC サークル活動から、経営トップに及ぶ全社的な

133

組織マネジメントが育った。

　以上①〜③では、日本育ちは、内容に違いはあってもその成果において、西洋のそれに勝るとも劣らないものだっただろう。しかし、次に述べる課題があることに注意しなければならない。

④個人

　日本人は総じて、組織内の正直で勤勉な"善い人"であり、完全性を指向して働く。そういう日本人が、QCサークルなどの組織活動を通じて貢献したであろう。しかし、IAEA安全文化の「自ら重い責任を負う」個人と比べると、その違いはときに大きな差異を生むことになる。

　品質は、統計的品質管理で経験するように、マニュアルを作り組織に乗せて手順どおりに作業すれば、一定水準の品質が確保され、おおむね、それで足りる。他方、安全は日々、どの瞬間にも何が起きるかわからない。常に未知を警戒し、対応するのが基本である。

　そのためには、上司に命令されたらそのとおりにやる、命令がなければ、何もしない（他律）よりも、行動する人自身の自主的、自律のほうが、より徹底し、より効率がよいはずだ。そうなるには、個人が自ら重い責任を負う、個の確立が必要とされる（なお第7章へ続く）。

⑤制度（規制行政）

　TQMが育った当時、規制者（官）と被規制者（民）の関係は、政府が産業を保護し振興を図った時代である。関係情報においても、専門技術においても、官が上であり、民を指導する立場だったから、その上下関係に、批判が出ることもなかった。結局、安全確保のための規制行政のあり方への、正当な関心を欠くことになった。

　規制行政は、国民生活や産業の安全確保の方向や道すじを決める重要なものであるから、影響は計り知れないほど大きい、日本の安全文化の最大の課題といえよう（なお第6章へ続く）。

コラム 5.2
インテグリティとレジリエンス

本書で見えてきたことは、この2語は、安全文化の重要なキーワードであるということである。しかし、従来、その重要性をこの2語を並べて論じた例は見当たらない。そこで後掲の資料を参考にして、安全文化におけるこの2語の意味を、次のようにみることとする。

インテグリティ（integrity）

「徳（virtue）」は、人格の完成にかかわり、その一つといわれる。おおむね二つの意味がある。

①完全性

人間がすることに完全はありえないが、完全を目標にして、限りなく近づける努力をすることはできる。その資質、あるいは、その努力をしている状態をいう。

②正直性・誠実性

モラルが損なわれていない、あるいは、モラル原理が貫かれている状態をいう。

レジリエンス（resilience）

この語のもともとの意味から、"復元性"がいわれることがあるが、元の状態に復することにとどまらない。インテグリティと関係があり、普通の日本語でいえば、次のようにいえよう。

レジリエンスとは、ある困難なことを目標にして、限りなく近づけるよう、どのような障害があろうと、めげないで粘り強く取り組む努力をする。その資質、あるいは、その努力をしている状態をいう。

根拠──インテグリティ

オックスフォード英語辞典（OED）は、次のように記していて、この語の意味を余すところなく伝えていると思われる。

インテグリティ

1. a. 取り除こうとする部分や要素のない、または欠けたところのない状態；分割されていない、あるいは壊れていない状態；実質的な全体、完全性、全体性

   b. 分割されていないもの；完全にそろった全体

2. 傷つけられたり、侵害されたりしていない状態；損なわれていない、堕落のない状態；当初の完全な状態；健全性

3. モラルの意味では、a. 損なわれていないモラル状態；モラルの堕落からの解放；無垢、潔白性

   b. モラル原理の健全性；堕落のない徳の性格であって、特に真実及び公平な取扱いとの関係における；高潔性、正直性、誠実性

従来の翻訳では、訳語が一定し

ていない。例として、ロナルド・ドウォーキン『法の帝国』[1]は、インテグリティが重要なキーワードとみられるが、訳語を、訳書は「純一性」とし、論評では、カナ書きの「インテグリティ」のほか、「統合」や「統合性」とされている。

根拠——レジリエンス

安全文化におけるレジリエンスを追究している2例がある。

① EU鉄道機関

「欧州鉄道安全文化モデル序論」と題する報告[2]は、「レジリエンス」を、次のとおり記している。

組織は、通常の有害な運用の場合の活動を予測し、計画して、緊急事態に備える。予測戦略には限界があることを認識する。そこで、スタッフは、予期されない状況を特定し、有効な方法で安全に対応するように、必要な資源、訓練及び意思決定権限を与えられる。組織は、その計画を審査し、警戒し、独りよがりを避けるように取り組む。

これは、「通常の有害な運用の場合」に備え、「予期されない状況」に有効な方法で安全に対応する場面を想定している。その際、警戒し、独りよがりを避けるように取り組む。それをレジリエンスとみている。

② 福島原子力事故後の日本

2012年に、高信頼性組織、レジリエンスと安全文化の関連性を整理し、今後の取組みの方向性を明らかにした報告[3]がある。それにはレジリエンスを、次のとおり記してある。

従来、システムを頑健（robust）に設計していた。すなわち様々なリスクを想定した上でリスクが大事故に至らぬよう、フェイルセーフ設計やメンバーの教育訓練、作業手順のマニュアルなどによる多重防護の体制を敷いてきた。

しかし、すべてのリスクを予測することは不可能に近い。そのため予期せぬ事態の発生を前提とし、事態が発生した場合にはできるだけ早く元のシステムの状態に復元できる能力を備えておくことが要される。この能力がレジリエンスである。

この報告は、レジリエンスと安全文化の関係を、次のようにとらえている。

安全文化は、組織をレジリエンスのある状態へと向かわせる、いわば動機づけの役割も担うことが示唆されている。Reasonによる

と*、組織をレジリエンスのある状態に向かわせる文化力である「認識」は、「合理的な用心深さ」を維持している状態であり、この状態は「安全文化のまさに本質」としている。ここから示唆されるのは、安全文化が醸成されていれば、組織はレジリエンス能力をより高めようと動機づけられるということである。

* 佐相邦英監訳、電力中央研究所ヒューマンファクター研究センター訳『組織事故とレジリエンス』、日科技連（2010）。

[1] Dworkin, Ronald: "Law's Empire", Bloomsbury (1986)

[2] European Union Agency for Railways: "Introduction to the European Railway Safety Culture Model", Safety Culture Series #1 (2020).

[3] 長谷川尚子、早瀬賢一「安全文化の今後の方向性に関する検討——安全文化、高信頼性組織、レジリエンスの概念整理から」、電力中央研究所報告、L11015 (2012)

第6章
規制行政

第6章　規制行政

　東日本大震災までに、日本にも日本育ちの安全文化といえるものが存在した。しかし、それは安全文化の主要な要素の一つ、規制行政への正当な関心を欠くものだった（図5.4参照）。本章は、この大きな課題をかかえて出発する。

　かつて日本育ちの安全文化は、日本製品の高い品質を生み、1955年ごろから1970年代に至る日本経済の高度成長をもたらした（前出132頁参照）。当時、行政機関（官）と事業者（民）の関係は、産業の発展を目標とし、官が上で民が下の上下関係において、官が主導して官民が手を組み、官の方針や指示に民が従うものだった。

　この旧来の官民関係は、高度成長をもたらした長所の反面、短所がある。官民間の癒着や馴れ合いにつながりやすいことから、厳しい規制を必要とする規制行政に適さないことは、容易に想像できよう。

　それでは、規制行政はどうあるべきか。

　この課題に取り組む本章は、前半と後半に分かれる。規制行政は、科学技術の安全確保の法の側面であり、技術者の日々の職務に直接にかかわる。学問の区分では、法の専門家は法律家・法学者だが、規制行政への対応は、技術者の条件といえるほど、技術者にとって大切である。肝心なことは、法の基礎を正しく理解すること、本章の前半はそれである。

　まず、規制行政を理解するには、法の基礎的なことを理解する必要がある(6.1)。次いで、安全を確保して事故が起きないようにする事前の法と、安全確保に失敗して事故が起き、その責任追及という事後の法とがある(6.2)。

　本章の後半は、規制行政の本題である。科学技術の危害の認識から、規制法が制定され、規制の実務が発達した(6.3)。

　意外なことに、日本では法学のそこの部分が学問上の「エア・ポケッ

ト」、つまり空白だという。近年、学問（法学）の空白に気づき、もともとレベルの高かった日本の法学では、前進する研究が行われるようになった(6.4)。学問の空白は、明治憲法下の権威により築かれた学説によって"思考停止"となったことがあるようだ(6.5)。

規制行政はどのようなものか。その範囲は広く、内容もさまざまだが、道路交通規制の成功例などを手がかりにイメージし(6.6)、前進する最近の研究でとらえた規制行政を、概念図によって説明する(6.7)。

従来、日本では事故が起きるともっぱら事後法による責任追及に集中してきたことが、科学技術の安全確保の妨げとなってきた(6.8)。

安全確保の規制行政では、英国のローベンス報告が、自主的、自律の自己規制の必要を唱えた前例であり、50年後、日本の労働安全衛生法も「自律管理型」へ向かっている(6.9)。

6.1　法の基礎

規制行政に関係する法がどのようなものかを知るために、本書に必要な基礎的な最小限のことを示す。

6.1.1　法・法律・法令

「法」や「法律」という用語がある（表6.1。なおコラム6.1「法・法律・法令」参照）。

技術者はすでに、職務での経験から、法律と命令の区別を知っていよう。法律は、議会の議決を経て制定される。命令すなわち政令、内閣府令、省令、それに審査基準、処分基準、行政指導指針などは、行政機関がパブリックコメントを経て制定する。

表6.1　法　令＊

- **法律**　議会の議決を経て制定される国法
- **命令**
    - イ　法律にもとづく命令
        - **政令**　（施行令ともいう）——内閣が制定する
        - **内閣府令**——内閣総理大臣が制定する
        - **省令**——各省大臣が制定する
    - ロ　**審査基準**（許認可等をするかどうかを、その法令の定めに従って判断するために必要とされる基準）
    - ハ　**処分基準**（特定の者に義務を課し、または権利を制限する不利益処分について、その法令の定めに従って判断するために必要とされる基準）
    - ニ　**行政指導指針**（複数の行政指導に共通してその内容となるべき事項）
- 地方公共団体の**条例・規則**

＊行政手続法の規定を参考にして作成

　パブリックコメント（意見公募）は、あり方がとても重要である。法律が定める手続きを踏めばよいか（形式中心）、その手続きとともに、十分に国民に知らせて理解を深めるか（実質中心）。日本では、形式中心の傾向が強いようだが、実質中心へ向かうようになるとよい（付録2「NRC安全文化方針表明」参照）。

コラム 6.1　法・法律・法令

日本国の法について説明する。このほかに、地方公共団体が制定する条例・規則がある。

1．法・法律

「法」と「法律」は、同じ意味で、文章の調子に合わせて使われることが多い。しかし、もう一つの用法として、国会の議決を経て制定される法（国法）を「法律」という。

議会の議決を経て制定される法が「制定法」である。

社会に自生して一般に認められるようなった「自然法」、社会や業界などで認められるようになった「慣習法」、裁判の判決によって形づくられる「判例法」、などがある。これらは「制定法」ではない。

2．法律＋命令＝法令

「法律」と「命令」を合わせて「法令」という。法律は、上記のとおり、国会の議決を経て制定される。命令は、行政機関がパブリックコメント（意見公募。行政手続法第39条）を経て制定する。

民主国では、国民を拘束する法は、国民の承認を得なければならない。そのための手続として、法律では、国会の議決があり、命令では、パブリックコメントがある。

理解を助けるために、十分に正確なものとはいえないが、行政手続法の規定を参照して、日本の法令を分類し、表6.1に示す。

コラム 6.2　契約と不法行為

人は、他人に損害を与えた場合、その損害を賠償する責任を負わなければならない。法の根本の原理・原則である。これには二つあり、契約に違反した場合と、不法行為の場合である。

契約

契約は、民法に規定があり、契約の成立、効力など一般的な原則とともに、贈与、売買など、契約のタイプ別に具体的に定められている（同法第521条以下）。

不法行為

契約以外で、人が他人に損害を与える行為は、いろいろな場合があり、いちいち法律に規定するわけにはいかない。明治の民法立法の際、"法律（制定法）にはないけれど法に反する行為"といった意味で、「不法行為」と名づけられ、民法第709条となった。英語では、tort という。

6.1.2 契約・不法行為

人は、他人に損害を与えた場合、その損害を賠償する責任を負う。法の根本原則である。これには、契約に違反した場合と、不法行為の場合との二つがある（コラム 6.2「契約と不法行為」参照）。

契約や不法行為法を規定する民法は、ローマ法に発し、イタリアを経て、フランスで発展してナポレオン法典となり、ドイツに及び、さらに日本が受け入れたという長い歴史がある。近代になって、科学技術がかかわる事故が出現し、旧来の不法行為法が、この新たな性格の事故による損害にも、適用されるようになった。

6.2 事前法と事後法

安全を確保することは、いわば、事故が起きないようにする。そこで、事故が起きる前に、事故が起きないように規制する法（仮に「事前法」とする）と、事故が起きた後に、責任を追及する法（仮に「事後法」とする）とがある。歴史的に事後法が先行し、事前法が後れた。

6.2.1 事前法・事後法の区別

この事前法・事後法の区別は、法学にないことはないが、ほとんど使われていない。この区別を強調するのには、理由がある。

西洋では、社会においてローマ法の昔に市民生活のなかで不法行為が認識されるとともに不法行為法が生まれ、10 数世紀を経て、科学技術の危害が知られるとともに、規制法が生まれた。西洋の人たちは、自分たちの社会で起きたことだから、古くからの不法行為法と新しい規制法という前後関係を、すなおに理解できるのではないだろうか。

日本では、明治の民法制定の際に、西洋で育っていた不法行為法を受け入れ、日本の法律にした。民法第 709 条（表 6.2 参照）がそれである。幕政時代の社会にはなかったものが、この条文で始まった。この簡単な条文を実際の事象に当てはめるには、解釈が必要になる。日本の法学者の知性は高く、細かな議論をして緻密な解釈をしてきた。

表 6.2　事後の責任追及の法

《刑罰》
(1)　業務上過失致死傷罪（刑法第 211 条）
業務上必要な注意を怠り、よって人を死傷させた者は、5 年以下の懲役若しくは禁錮又は 100 万円以下の罰金に処する。
《損害賠償：不法行為法の系列》
(2)　不法行為法（民法第 709 条）〈不法行為一般法、過失責任〉
故意または過失によって他人の権利又は法律上保護される利益を侵害した者は、これによって生じた損害を賠償する責任を負う。
(3)　製造物責任（PL）法（第 3 条）（厳格責任）
製造業者等は、その製造、加工、輸入又は…氏名等の表示をした製造物であって、その引き渡したものの欠陥により他人の生命、身体又は財産を侵害したときは、これによって生じた損害を賠償する責めに任ずる。ただし、その損害が当該製造物についてのみ生じたときは、この限りでない。
(4)　原子力損害賠償法（第 3 条）（無過失責任）
原子炉の運転等の際、当該原子炉の運転等により原子力損害を与えたときは、当該原子炉の運転等に係る原子力事業者がその損害を賠償する責めに任ずる。ただし、その損害が異常に巨大な天災地変又は社会的動乱によって生じたものであるときは、この限りでない。
(5)　使用者の責任　（民法第 715 条）
①ある事業のために他人を使用する者は、被用者がその事業の執行について第三者に加えた損害を賠償する責任を負う。ただし、使用者が被用者の選任及びその事業の監督について相当の注意をしたとき、または相当の注意をしても損害が生ずべきであったときはこの限りでない。
②使用者に代わって事業を監督する者も、前項の責任を負う。
③前 2 項の規定は、使用者又は監督者より被用者に対する求償権の行使を妨げない。
(6)　国家賠償法（第 1 条）
国又は公共団体の公権力の行使に当る公務員が、その職務を行うについて、故意又は過失によって違法に他人に損害を加えたときは、国又は公共団体が、これを賠償する責に任ずる。
②前項の場合において、公務員に故意又は重大な過失があつたときは、国又は公共団体は、その公務員に対して求償権を有する。

ところが、その反面、事故を見る目が不法行為法に固定したきらいがある。つまり、科学技術の危害による事故が起きるようになり事故が起きないようにする法を必要とする事態になり、実際にその趣旨の法律が制定され実施されているのに、その法への取組みに後れがあるとみられる。本章で、事前法・事後法の区別をいうのは、「事後法だけでなく、事前法が大切」との警報の意味がある。

以下、歴史的に先行した事後法を最初に、続いて事前法を取り上げる。

6.2.2 事後法

事後法には、加害者の責任を追及するについて、二つの系統がある。刑罰（業務上過失致死傷罪）を科す刑法の系統と、損害賠償責任を負わせる民法のなかの不法行為法の系統とである（表6.2参照）。両方に共通して、過失に対する責任を問題にする。

(1) 過失責任

人は行為するとき、注意義務を負っていて、それを怠ることが過失とされ、それによって生じた損害につき責任を負うことになる。例えば、車を運転する人には注意義務があり、事故を起こした場合、信号を見逃すとか、道路を横断する歩行者に注意をしなかったなど、注意を怠ることがあったならば、それが過失とされる。

一般的には、次のようにいえよう[1]。

①注意義務

人は行為するとき、注意をはたらかせる（「注意を用いる」ともいう）義務、すなわち「注意義務」(duty of care) を負う。

注意義務を果たすことは、次のように考えられている。

（イ）まず、注意をはたらかせて状況を認識する（＝状況認識の注意義務を果たす）。そこで、

（ロ）その行為が他人に損害を与える結果になるかもしれないことが予見できれば、注意をはたらかせて、その結果を回避するように行為す

---

[1] 杉本泰治・福田隆文・森山哲・高城重厚『大学講義　技術者の倫理　入門（第六版）』丸善出版、116頁（2016）

る（＝結果回避の注意義務を果たす）。

②過失

注意義務を負う人が、注意を用いないこと、不注意であること、注意を怠ることは、過失（fault）とされる。過失とは何かを一言でいうと、

・なすべき注意を怠ること
・予見可能であるのに、不注意で予見しないこと
・回避可能であるのに、不注意で回避しないこと

このような過失は、人間生活や職務のあらゆる面にありうる。

(2)　刑法――業務上過失罪

上のことを意識しながら、業務上過失致死傷罪（略して、業務上過失罪という）の条文（表6.2参照）を読めば、意味がより理解できるであろう。

過失によるものが対象であり、故意に人を死傷させた場合は、殺人罪や傷害罪という別の罪になる。

刑罰として、懲役・禁固と罰金とがある。懲役・禁固の対象は、個人（自然人、生物としての人）である。つまり、法人を刑務所に入れるわけにはいかない。罰金は、個人、法人のいずれにもありうる。罰金は国庫に入り、被害者の金銭的な救済にはならない。被害者が損害賠償を求めるには、別途、不法行為法による裁判を起こすことになる。

刑罰を科すには、刑事訴訟法にもとづく裁判がある。検察官が被告人を指定して公訴を提起し、被告人のために選任された弁護人との間で弁論が行われ、裁判官が判決する。

(3)　民法――不法行為法

民法第709条（表6.2参照）は、1898（明治31）年施行の西洋の原理による民法（前出39頁参照）の規定の一つである。古くローマ法に発し西洋で育った歴史のある規定である。

条文に「故意または過失によって」とあるように、故意に損害を与えた場合も、過失で損害を与えた場合も同じに扱われる。

条文のとおり、加害者は損害賠償の責任があり、すなわち、被害者は損害賠償を請求する権利がある。この裁判には、民事訴訟法にもとづき、被害者が原告となり、加害者を被告として訴訟を提起し、原告と被告そ

れぞれの代理人となる弁護士の間で弁論が行われ、裁判官が判決する。前記の刑罰の場合と違って、裁判によらないで両者の話し合い（和解）による解決がありうる。

この損害賠償は、以下のとおり、過失責任、厳格責任、無過失責任の順に発展してきた。

①過失責任

民法第709条は、不法行為法の基本法であり、過失責任の法である。被害者が損害賠償を請求するには、加害者の過失を立証する必要がある。ところが、科学技術の高度化で、製造工程や製造物がブラックボックス化し、過失が外部からはわからず、被害者が立証するのが難しくなってきている。つまり、被害を受けながら、損害賠償が認められないことになる。

②厳格責任

そこで、米国で、1932年のバクスター事件に始まり、1962年のグリーンマン事件で、製造物の「欠陥」が立証されれば、「過失」の有無を問わないで製造業者に損害賠償責任を課す、厳格責任の製造物責任（PL、product liability）法が登場した。製造物の「欠陥」は、事故を起こした製造物を検査などすればわかるから、「過失」よりも立証が容易である。日本でも、同じ趣旨のPL法が1995（平成7）年に施行された。

③無過失責任

さらに表6.2において、原子力関係は、被害者には欠陥の立証さえ困難であることから、過失や欠陥の有無を問わない無過失責任とされている。「無過失責任」というので、"過失がなくても責任が"と読まれがちだが、そうではなく、過失の有る無しを問題にしないということである。なお、原子力以外にも、無過失責任が認められている場合がある。

(4) 組織と個人の関係

組織は、組織のメンバーがしたことに責任を負う。使用者の責任（民法第715条）は「民」の被用者（従業員）について、国家賠償法は「官」の公務員についての規定である。

6.2.3 事前法

現代、政府による規制（規制行政）は、国民生活や産業活動のあらゆる面に及び、安全確保のカギをにぎる。そのなかに、科学技術の危害を認識し、事前にそれを抑止して安全を確保しようとするタイプの規制行政がある。我が国でも、科学技術の危害への対応に迫られ、法律（規制法）が制定され、それにもとづく規制が行われてきた。

産業革命が進行し、科学技術の危害が認識されるようになって生まれた法なので（図4.1参照）、法の歴史のなかでは新しい。身近な例として、道路交通の規制は、自動車が登場してからの時代の需要により制定されたものである。

6.3　科学技術とのかかわり

日本でも、明治期に科学技術の危害が認識され、規制法が制定されて、規制の実務が行われるようになった。科学技術と法の関係の始まりである。規制法は、事前に事故を抑止する趣旨の事前法である。それを担う法学が後れたことには、事後法が長い歴史の間に法の実務や社会にしっかりと浸透してきた歴史的な背景があるとみられる。

6.3.1　事後法の浸透

しばしば起きる事故や事件で、業務上過失罪の裁判が大きく報道され、また自動車事故で、自動車損害賠償責任保険（自賠責保険）の限度を超えた場合の不法行為法による損害賠償もよく知られるようになり、こうして事後法は国民に深く浸透している。

一般国民だけでなく、法律家・法学者も、事故といえば、事後法で形づくられた知見で受け止める。事故が起きると刑罰・損害賠償の事後策に集中する傾向が、事前法の原理や仕組みに取り組む学問を育てることにならなかった、と推量される。

6.3.2　科学技術の危害の認識

大正 5（1916）年の大審院判決（大阪アルカリ工場事件）[2] は、明治時代にすでに公害問題が存在したことで知られる。公害は、科学技術が人間生活や環境に及ぼす危害にほかならない。

(1)　不法行為法学の姿勢

日本は明治維新とともに開国し、西洋の科学技術を取り入れ、西洋の原理による法律・法制を制定した。この大審院判決は、それから間もない時期である。西洋では 19 世紀から 20 世紀へという時期に、科学技術の危害が認識されたから（図 4.1 参照）、先進の西洋も、後進の日本も、少しばかり前後してこの問題に出会っていた。

この事件に言及し、不法行為法の加藤一郎の 1974（昭和 49）年の著書[3] は、次のとおり記している（同書 10 頁）。

> 近代社会において危険性を伴った企業が発達し……、それは、第一には、鉄道・自動車・航空機というような高速度交通機関の発達であり、第二には、鉱業・電気事業など危険な設備をもつ企業の発達である。これらの企業は、従来までになかった新たな危険を自ら作り出していくのであって、それまでの平穏な生活関係に波瀾を巻き起していった。

加藤は、「平穏な生活関係に波瀾」を巻き起こす科学技術の危害を認識していた。それでも、損害賠償の不法行為法にとどまり、危害を抑止する規制の領域に手出しはしなかった。法学は専門別に分化し、それは、行政法学の領域である。分化した分科間の目に見えない垣根が、この問題の解決を妨げてきた。

(2)　予防的効果

事後法の業務上過失や不法行為の法学にも、事前に事故が起きないようにすることへの着意がなかったわけではない。

刑法学は、刑法には秩序を維持する機能があり、その一つとして、「犯人に刑罰を科することによって一般社会人を威嚇・警戒し、その将来に

---

[2] 大審院判決、大正 5 年 2 月 22 日、民録 22 輯、2474 頁
[3] 加藤一郎『不法行為（増補版）』法律学全集、有斐閣（1974）

おける犯罪を予防しようとする」機能があるとする[4]。不法行為法学においても、「責任を負わせることは、注意能力の劣っている者に、一般人としての注意を要求し、その標準を高めることにもなる。このようにして、過失責任原則は、間接的に責任観念を養い、損害の発生を防止させるという社会的な役割を果たすことになる」とする[5]。

すなわち、事後に刑罰や損害賠償の制裁を科すことが、事故を予防することになる、と考えた。いうまでもないが、科学技術の危害は、それで十分に予防できるようなものではない。

(3) 70年前の末弘厳太郎の問題提起

第二次大戦前の1940（昭和15）年に、加藤より一世代前の末弘厳太郎は、出自は民法学だが垣根を越えて発言した。科学技術の危害を認識し対策が必要と、次のとおり記している[6]（著者が現代語化。以下同じ）。

 音響、煤煙、臭気、震動、高速度交通機関、地下作業による地盤変動による災害から社会を救う必要は、現在きわめて重要であるにもかかわらず、従来我が国においては、この点に関する学者の研究も不十分であり、立法もまた甚だ不完全であって、十分社会的要求を満足できない状態にある。

末弘はそこで、「災害予防の制度を充実すべきこと」を次のとおり主張した。まだ"規制法"や"規制行政"という概念はなかった頃である。

 現在の警察的取締が十分科学的に組織されていないことを指摘せざるを得ない。元来この種の災害は、結局のところ不可避的なものであるにもかかわらず、その原因である事実は、多くは科学的にこれを計量し管理することができる。科学的方法を用いさえすれば、警察的取締を必要な最大限度まで及ぼすこともできるし、不必要な制限を最小限度にとどまらせることもできる。

 ところが、ここでも警察的取締は、ともすればいたずらに強権的ないし自由裁量的であって、その限度を科学的に規定する用意を欠きやすい。その結果、一面においては必要な制限が必ずしも行われないで、他面、

---

[4] 大塚 仁『刑法概説（総論）』有斐閣、6頁、44頁（1986）
[5] 加藤一郎、前出8頁
[6] 末弘厳太郎『民法雑記帳』日本評論社、340頁（1940）。末弘（1888-1951）は民法学者、東大教授。日本の法社会学の先駆者で、労働法学の創始に加わり、第二次大戦後、労働3法の制定に関与し、中央労働委員会会長を務めた。

不必要な制限が無用に人を苦しめるような弊害を生じやすいのであって、私はこの弊害が一日も早く矯正除去されることを希望してやまない。

これは「必要な制限が必ずしも行われない」、「不必要な制限が無用に人を苦しめる」という痛切な訴えだが、それでも法学は動かなかった。

6.4　規制行政の近年の解明

ようやく近年、一部の人たちが学問（法学）の空白に気づいた。そうなると、日本の法学は本質的に高いレベルにあったので、前進する研究が行われるようになった。

6.4.1　法学の空白の認識

「規制法の執行過程は、一種の学問上の『エア・ポケット』になっている」と、北村喜宣が指摘したのは1997年である[7]。規制の法律（規制法）はあるが、それを執行する、つまりそれを解釈し活動に移すところの学問が空白なのである。

北村は、行政法学に在籍しながら、カリフォルニア大学バークレイ校の法社会学のプログラムに学んで、行政活動にアプローチする手法を身につけていた[8]。法社会学は、米国ではLaw & Society Association（法と社会学会）という名称のとおり、法と社会のかかわりを対象とする。規制法は、行政法学の領域だが、その外側の法社会学の視点から、この問題に気づいた。

北村の指摘を2009年、法社会学の平田彩子が追認し「我が国においては、規制法は成立したのちどのように実施されているかという問いは、法社会学をはじめ、行政学、行政法学においても、主要な研究分野としていまだ確立していない」とした[9]。

この北村と平田の発見の意義は大きい。日本の法学は本質的に高いレ

---

[7] 北村喜宣『行政執行過程と自治体』日本評論社（1997）
[8] ホームページ「北村喜宣OFFICE」http://pweb.sophia.ac.jp/kitamu-y/profile.html　2021年7月29日閲覧
[9] 平田彩子『行政法の実施過程——環境規制の動態と理論』木鐸社、10頁（2009）

ベルにあって、前進する研究が現れるようになった。以下に紹介する二つの研究を、未知を解明しようと新進気鋭の学者が懸命に取り組むさまを想像しながら、読んでいただきたい。技術者の身近な問題であることが理解できよう。

6.4.2 環境規制の動態と理論（平田）

平田は、米国を中心に海外の研究を踏まえ、日本の環境規制の現場に目を向けた。2009 年の著書[9]における上の状況認識に続く研究、そして 2017 年の著書[10]がある（以下要約）。

(1) 規制者と被規制者の相互関係（2009 年）

環境規制法の執行の多くは、自治体自らが環境法を解釈し、判断し、責任をもって執行する。水質汚濁防止法（以下「水濁法」という）の規制手法は、排水基準を定め基準の遵守を排出者（被規制者）に求め強制するもので、環境規制手法の典型的かつ基本的な仕組みである。

①動態

現場調査は、東京湾に面する 7 自治体の被規制者と直接に接する現場職員にインタビューして行われた。

行政は、長年にわたり定期的に立入検査をしているので、現場担当者と顔なじみであり、自分たちがやるべきことは違反を捕まえて罰を与えることではなく、違反しないように、そして違反しても違反が続かないように指導で是正することだ、という考えを持って、行政指導をしている。

行政命令による強制がなくても遵守率は高く、また、指導によって違反が是正される場合がほとんどという状況が、少なくとも 15 年以上維持されている。

②理論的分析

規制法の執行過程では、行政（規制者）と被規制者のとる行動は、相互依存的であり、行政がどのような行動をとるかは、被規制者の行動に依存し、被規制者がどのような行動をとるかは、行政の行動に依存している。

---

[10] 平田彩子『自治体現場の法適用——あいまいな法はいかに実施されるか』東京大学出版会（2017）

これは、ゲーム理論が分析対象とする戦略的状況にほかならない。

一つの組織体を一人のプレーヤーとして扱い、各プレーヤーは自己の利益最大化を目指して合理的に行動すると仮定し分析した結果、違反に対して行政が、行政命令という法的措置ではなく、行政指導を多用しているのは、すべてのプレーヤーが、相手のプレーヤーに対し最適反応をしているとみられる。

(2) あいまいな法はいかに実施されるか（2017年）

規制法の運用には、二つの不確実性とジレンマがある。一つには、規制法の規定は通常、一般的で抽象的な表現が多いことがあげられる。例えば、「基準に適合しない恐れ」があるとき行政命令を出すことができる、という規定が典型であろう。立法者はすべてのケースを事前に予測し、それぞれに最適な法適用のあり方を提示するのは不可能である。

もう一つは、損害や危害の不確実性（リスク）のなかで法適用判断を行うことである。目の前にあるケースが、重大な環境への悪影響を及ぼすかどうかが明らかでない状況において、法を適用するのであり、この場合、不確実性への対応が求められるからである。

平田の基本的な関心は、法の適用現場は、規制法をどのように理解・解釈し、実施しているかである。

土壌汚染対策法は2010年、地下水汚染を扱う水濁法は2012年にそれぞれ改正がなされ、新たな規制手段と項目が追加された。直後は法適用判断の先例がなく、共通理解が形成されていない状況であった。

行政現場部署に対するインタビュー調査と質問票調査などをもとに分析を行った結果、自治体の現場行政職員は法適用の判断に苦慮し、法適用のあいまいさの高い状況では、部署内の対応にとどまらず、他の自治体への問い合わせにみられる自治体間ネットワークが重要な働きをしている実態をとらえた。

6.4.3 変容する規制空間の中で（村上）

行政に関する研究分野には「行政法学」と「行政学（政治学の一領域）」があり、行政学の研究対象の一つに、法の執行過程がある。

行政学の村上裕一の 2016 年の著書[11] は、現代社会の規制行政の実務を観察し分析し、総合して、その副題のとおり「変容する規制空間の中で」行われていることをとらえている。

かつて末弘が前記「警察的取締」としたように、長い間、規制行政は、官が民を一方的に取り締まるものとされてきたが、村上の研究は、それを一新する。

すなわち、「実態からすれば、これまでのように規制行政を官と民との二分法で捉え、規制者・被規制者の単純な対応関係に単純化することは必ずしも実態にそぐわず、規制空間にはいわば官民協働による社会管理（規制）の『システム』が出現している」。被規制者は、規制者によって規制されると同時に、規制者と連携・協働して規制する「主体」にもなりうるとする。

事例として取り上げる木造建築・自動車・電気用品の三つは、いずれも我が国の産業を代表し、国民の生活との関係が極めて深い。それぞれ性質は異なるが「官民協働」の形態をとっている（以下要約）。

①産業構造

木造住宅の場合、建築主（大手住宅、建材メーカーや中小工務店、現場大工）、設計事務所、指定確認検査機関、施工業者（元請け、下請け）、買い主（消費者）等がいる。上位 5 社の市場占有率は、自動車の約 80% に対し、戸建て住宅で約 15% にとどまる。多くが建設現場で生産され、1 軒ごとに設計・工法が異なり、製品の品質が個々の大工の技量に依存する。被規制者コミュニティのまとまりは強固とはいえない。

自動車の場合、メーカーの中小の系列会社・部品工場が作る部品はある程度規格化され、自動車という製品が完成に近づくにつれて組織は 10 程度の大きな組立工場（大手メーカー）へと収斂（しゅうれん）する。メーカーからディーラーに至るネットワークという被規制者コミュニティは、比較的強固である。

電気用品の場合、規制対象製品（339 品目）を製造する事業者は 6 万〜

---

[11] 村上裕一『技術基準と官僚制——変容する規制空間の中で』岩波書店（2016）

8万にものぼり、工業会4団体という強力な業界団体があり、これに対し、法令への適合性検査を行う登録指定機関が13（国内に5、国外に8）ある。業界団体を頂点とした被規制者コミュニティの強固さは、自動車と建築の中間に位置づけられる。

②規制行政機関の裁量幅

木造建築では、現場大工の技術がかなり尊重され、性能規定の技術基準が、具体的な仕様の開発・選択を被規制者に委ねており、規制の実効性を担保する建築確認が、民間の指定確認検査機関にも開放されている。

自動車では、技術基準が「道路運送車両法」の法令体系のなかに規定され、その実施にも、型式認証や車検、リコールの制度という、規制行政機関の比較的強力な関与が想定されている

電気用品では、「電気用品安全法」の法令体系や「国内 CISPR 委員会」規格のなかの技術基準が、自己・第三者認証や自主規制によって実施されている。

上記のように、木造建築、自動車、電気用品にかかる規制では、規制法の策定と実施において官と民がさまざまな形で「協働」しており、その「協働」の形態（関係アクターそれぞれの「裁量幅」）は、各分野の産業構造によってかなり規定されるというのが村上の描写・分析である。規制行政に関しては、実態を単純化して規制者と被規制者の2者関係ととらえる規制法のとらえ方がこれまで一般的だったが、実際そこには、官と民がさまざまな形で「協働」する「規制法システム」が存在しているととらえられるべきなのである。

6.5　文化の分かれ道（その1）

前記「学問上の『エア・ポケット』」はなぜ生じたか。その原因をとらえるのは難しい問題だが、避けるわけにはいかない。追及すると、学問の進む先に新たな文化への分かれ道があり、そちらへ進むよう促す学問の不在といえるようだ。本章の「文化の分かれ道（その1）」につづき、8章で「文化の分かれ道（その2）」を検討する。

6.5.1 法が発展する仕組み

日本は、明治期に西洋に学び、西洋の原理による法制を創設した。日本の法学は、その時期に始まったといえよう。

(1) 日本の法学の始まり

1898（明治31）年の民法施行に先立ち、外国人が起草した旧民法が、日本の慣習を無視するものとの反対から法典論争が起き、それを克服して民法が制定された（前出36頁参照）。

法学者として民法起草の中心人物だった穂積陳重は、その法典論争が、「ドイツのサヴィーニとティボーの法典論争と同じ性質だったこと」、それは「天下分け目の関ヶ原」の戦いのように、論争は激烈だったが、学説の相違による「堂々たる君子の争いであって」、その後は手を携えて法典の編纂に従事し、その心境は「雨の上がったあとの月」のようであったと記している[12]。

当時、穂積ら日本の法学者は、サヴィーニ vs. ティボー論争（コラム6.3「サヴィーニ vs. ティボー論争」参照）などで、西洋の学者たちと知識を共有し、西洋法を真に理解して日本の民法を起草した、と確信していた。日本の法学の出発だった。

(2) 日本の法学の展開

法律は、制定された後にどのように解釈し運用するかの問題をかかえている。日本では上記、明治期の出発の後、やがて法律の文言の意味、いいかえれば概念を決めて、それを現実の問題に適用するようになっていた。いわゆる「概念法学」と呼ばれ、しばしば現実に合わないとされている（前出41頁参照）。

1914（大正3）年に第一次世界大戦が始まり、前記末弘厳太郎は戦乱のドイツへ行けずに米国へ留学し、ケース・メソッド[13]による合理的・帰納的な方法を経験した。それが契機となり、以来、日本の民法学は大きく変容していった[14]。「ケース」とは、裁判所の判決の判例である。社会で起きたことが訴訟になって、裁判官が、適用する法とその解釈を決め

---

[12] 穂積陳重著、穂積重遠序、福島正夫解説『法窓夜話』岩波文庫、342頁（1980）
[13] 末弘厳太郎「法学問答」『現代法学全集 第1巻』日本評論社、351頁（1928）
[14] 水本 浩・平井一雄編『日本民法学史・通史』信山社、186頁（1997）

て判決する。判例の積み重ねによって、現実に即した法の解釈が見いだされる。判例を研究資源として、前記の不法行為法学を含めて、法学は発展してきた。

(3) 社会と人間の観察

ところが、このような法学の発展には"落とし穴"がある。裁判官の役割は司法というが、法のすべてが対象ではなく、裁判所へ出てきた事件に限られる。社会で日々、人間がすることには、裁判所へ出る機会のないものがある。社会的に重要な分野に、それがありうる（後出164頁参照）。法学が研究資源を判例に依存するなら、判例がなければ法学は育たず、そこに空白ができる。

規制行政の法学の発展は、「我が国の圧倒的に少ない行政訴訟提起数」[15]に阻まれてきた。平田及び村上の研究は、判例に代えて、現実に社会で起きていることや、生きている人間に目を向ける学問のあり方の重要性を示すものである。

平田と村上の上記研究は、社会の科学（社会科学）の方法である。読んで親しみが感じられるのは、エンジニアが自然現象や現場で起きることを観察するのと同じだからだろう。

6.5.2　行政法学の視野

規制行政は、法学としては、行政法学の領域である。確かめてみることにしよう。

(1) 「法律による行政」原則

行政は法律にもとづくこと（「法律による行政」原則）が、以下のように説かれていて、当然、規制行政にも及ぶ。

もともと、法が主権者の命令である、と単純に考えられた時代には、その法が主権者を拘束することはありえなかった。主権者は、法にもとづきはするが、いつでもそれを破ることができ、国民の側からその違法を争う道はなかった。

---

[15] 平田、前出『自治体現場の法適用——あいまいな法はいかに実施されるか』「はしがき」

ところが、法をつくる（立法する）機関と、それを適用し執行する機関とが、はっきり区別されるようになると、国民に対し直接に権力を行使しようとするときは、立法機関によってつくられた法に従うことが必要になり、支配者といえども、勝手な権力の行使はできないことになる。ここにおいて、法は、被治者のみならず、支配者をも拘束するものとなる。これを、法の両面拘束性という（今村[16]、3頁参照）。「『法律による行政』の原則は、行政に対する民主的統制の第一歩にほかならない」（同、8頁参照）。
　これは行政の根本となる大事なことなので、さらに確かめよう。
　専制君主も、さまざまな統治のルールを定め、その遵守を臣民に強要した。そのルールは臣民を支配するためのルールであって、専制君主自身の行動を統制するものではなかった（法律の片面拘束性）。しかし、国民を代表する議会が法律を定めて、君主の行動も統制することが認められるようになる。すなわち、法律が君主と国民の双方を拘束するものとなる（法律の両面拘束性）（宇賀[17]、24頁参照）。国民が法律に拘束されるのは、国民の代表からなる議会の意思が国民の意思であるとみなされ、国民自身の同意があるからである。法律による行政の原理は、法治主義の基幹的法理である」（同、25頁参照）。

(2)　規制行政の目的

　行政法学では、規制行政とは「個人の権利・自由を制限することによって社会統制の実を挙げようとするもの」[18]とされている。
　しかし、政府が社会統制のためと称して、思うままに国民の権利・自由を制限するようなことは、明治憲法下の政府なら別だが、日本国憲法下の政府は、してはならないことではなかろうか。

(3)　行政行為

　「行政行為」という概念が、次のように説かれている[19]。

　　行政主体に優越的な法的地位が認められ、行政庁の単独の行為により一定の法律関係を作り出せるようになっている、この種の行為を総称して、行政行為と呼ぶのである。

---

[16] 今村成和著、畠山武道補訂『行政法入門（第8版補訂版）』有斐閣双書
[17] 宇賀克也『行政法概説 I 行政法総論（第7版）』有斐閣（2020）
[18] 今村成和、前出、48頁
[19] 同上、62頁

現代の目で見て、1番目の疑問は、「行政主体に優越的な法的地位」とあるが、行政主体が国民に対し「優越的な法的地位」というのは、明治憲法下ではそうであっただろうけれど、国民主権の日本国憲法下では、どうだろうか。「法律による行政」原則にもとづき、法律の規定により、行政主体が規制し、相手方が従う関係と説けば足りる。

2番目の疑問は、行政を行政主体の「単独の行為」とみていることにある。規制行政は、行政主体のみでは成立しない。行政主体が規制し、相手方が従う、つまり、行政主体と相手方の双方が、ともに当事者ではなかろうか。

6.5.3 公定力論の意義

明治憲法から日本国憲法への転換があったという観点から、特に注目されるのは、いわゆる「公定力」の問題と思われる。

(1) 公定力

行政法学の塩野宏が1983年に述べていることがあり、以下はその要旨である[20]。

> 行政には、権力性がある。「権力」とは、当事者間に合意がない場合においても、一方当事者の意思が他方当事者の意思に優越するとき、一方当事者は権力を有し、両者の間に権力関係があるという。行政の本質は、権力の発動なのである。

行政の権力性の問題が、近代国家としての歩みを始めた明治憲法下の我が国では、どのようにとらえられたか。明治憲法下で天皇絶対のイデオロギーを主唱した国権学派の穂積八束（1860-1912）は、次のように説いた。

> 人体の筋肉の活動は天然力であり、腕力は天然力である。権力は意思であり、ゆえに天然力ではない。腕力は意思の方向によって働く。権力とは、強い意思であって、相手方の意思よりも、法律上の価値が強い意思である。

---

[20] 塩野 宏「行政における権力性」『基本法学 6 －権力』岩波書店、181-182頁・190-192頁・201-202頁（1983）

他人の意思を強制拘束することができるのは、そのためである。権力者の意思の表示を、命令といい、相手方の意思の適合を、服従という。

穂積と対立する民権学派の美濃部達吉（1873-1948）との間に議論の応酬があったが、のちに美濃部も穂積の「用語が簡潔で明快」という長所を認め、その直截的（＊そのものずばり）な表現を、次のとおり、法的な説明にした。

　　行政行為すなわち、権力を用いる法的な行為は、適法である限り、人民に対し効力を持つ。適法か否かの認定は、行政機関が行う。であるから、裁判所がその違法性を認定して取り消さない限り、人民を拘束する。

行政機関による行為のこの優越性を、美濃部は、「公定力」と名づけた。美濃部の公定力論は、その後、日本の行政法学上、通説的地位を占めるようになった。明治憲法下で美濃部が整理したこのシステム、すなわち行政行為の公定力は、日本国憲法下でも、極めて画一的な形で存続された。
　以上、塩野論文の要約である。

公定力論は、上のとおり、明治期に学会の権威者によって確立され、明治憲法から日本国憲法への変革による影響の検討もないまま、塩野の時代を越え、否定されないで永らえた。

日本国憲法下の規制行政は、一方当事者の権力が強いから他人の意思を強制拘束することができるのではない。権力を持ち出さなくても、「法律による行政」原則にもとづき、法律の規定により、一方が「命令し」、他方が「従う」関係といえば足りる。権力による行政ではなくて、法律による行政である。

明治憲法から日本国憲法への転換に伴い、新しい文化への分かれ道があったのに、公定力論で封印されて"思考停止"となり、前記「学問上のエア・ポケット」となったのではなかろうか。

(2)　試験制度との関係

いまでは、行政法学は、おおむね公定力論を認めないようだ。

従来、「日本においては、明治憲法の下で確立して行政法理論が、敗戦後の日本国憲法制定後においても、徹底的な批判検証を受けることなく

維持されてきた」[21]。「公定力理論は、もはや存立する基盤を喪失し、存在意義を失っていると言わざるを得ない」[22]。

　それでも、あいまいなところがある。「『法律による行政の原理』という大原則からすれば、違法な行政行為は無効に決まっています。違法な行政行為が『有効』であるとして、そのまま世間で通用するようでは困るのです」。「現在の学説は、公定力を積極的に論証することもできず、だからといって、公定力は存在しないと断言するのも躊躇されるという、中途半端な状況にあり、そこから脱することができないでいます。いい知恵があったら是非教えていただきたいと思います」[23]という。

　国家試験向けの行政法の参考書に、公定力は、「たとえ行政行為が違法であっても、権限ある機関の取消しがあるまでは、有効なものとして取り扱われる効力のこと」と無条件で紹介されていたりする。そのように信じる公務員が、世に送り出されることになっていないだろうか。教育の効果には、正の面もあれば、負の面もある。そのことがもたらす災厄が、どれほど大きいか考える必要がある。

6.6　安全確保の規制行政のイメージ

　本書では、平田の環境規制についての研究、村上の官民協働が行われる規制空間の考え方に学んだ。科学技術との関係では、公共事業の合理性、妥当性、安全性などの基準を定める「技術基準」について、技術の観点から判決の分析を行った田畑克己（技術士、博士（政治学））の研究がある[24]。

　こうして先行の研究に啓発されて思うことは、科学技術の安全を確保する規制行政の全体がどうなっているかである。範囲が広く、内容もさまざまだが、規制行政をイメージすることから始めてみよう。

---

[21] 大浜啓吉『行政法総論 新版』岩波書店、17頁（2006）
[22] 同上、198頁
[23] 櫻井敬子『行政法のエッセンス（第1次改訂版）』学陽書房、110頁（2016）
[24] 田畑克己『公共事業裁判の研究──需要予測論と比較衡量論』日本評論社（2016）；同『同──技術基準論』志學社（2017）；同『同──民事事件の科学技術的分析』志學社（2018）

6.6.1 一般に知られた経済行動の規制

規制制度とその問題点を示した代表的な例として、OECD（経済開発協力機構）の報告[25]がある。

それは、1995年のOECD閣僚理事会による、加盟国の規制制度改革の意義、方向性及び手段を検討すべきであるとの要請に応じたもので、加盟国が規制制度の改革に向かう過程で直面した経験と挑戦から、政策的な結論と勧告が導き出されている（同報告、序言参照）。

規制改革は、多くの政府に共通する認識、すなわち従来の規制はしばしば時代遅れになっており、経済の市場環境への適応能力やイノベーションの促進能力を減退させ、ときには先進国の経済成長にとって有害でさえあるという認識に支えられている。加えて、政府の失敗は市場の失敗と同じように、非効率を生む可能性があるとの認識もまた規制改革の推進に貢献した（同報告、ix参照）。

ここにいう規制改革は、市場における規制を緩和・撤廃または強化することによって、経済の活性化を目指すものである。

6.6.2 安全確保の規制行政

古代ギリシャのアリストテレスが説いたように、人間の幸福（human well-being）を社会の最高の徳とみて、目指すとしよう。実際の政策目標として、経済の健全な発展と、国民の安全・安心の確保とがありえよう。前者のための規制は、すでに上記のとおり、OECD主唱により、国際間の共通の課題になっている。

他方、「国民の安全・安心の確保」のための規制は、日本では2021年の第6期科学技術・イノベーション基本計画が、我が国が目指すべきSociety 5.0の未来社会像を「持続可能性と強靭性を備え、国民の安全と安心を確保するとともに、一人ひとりが多様な幸せ（well-being）を実現できる社会」と表現している。本章の課題は、同様の趣旨で、特に科学技術との関係での国民の安全・安心の確保である。

---

[25]OECD編、山本哲三・山田 弘監訳『世界の規制改革 下』日本経済新聞社（2001）

科学技術との関係での「国民の安全・安心の確保」を、単に「安全確保」ということにする。以下において、規制側（規制者）を官とし、被規制側（被規制者）を民とするが、被規制者が官であることもありうる。

6.6.3　規制法の性格——警察的取締から安全確保へ

我が国の規制法は、ある時期に、警察的取締の法から安全確保の法へと性格を変えたとみられる。このことは、従来あまり知られていないが、重要な変化であり、道路交通法がそれを象徴する。

すなわち、1960（昭和35）年、それまでの「道路交通取締法」という名称を改め、「道路交通法」とする法改正があり、「単に警察的な取り締まりの根拠法ではなく、むしろあらゆる国民が安全に道路を通行するために積極的に遵守すべき道路交通の基本法であると理解されるべきものである」（警察庁長官補足説明）[26]とされている。

今、日本全国の津々浦々を低い事故率で自動車が走っている。それは、道路交通法にもとづく規制行政の、長い間の努力の積み重ねの成果である。科学技術の産物の危害を国民が理解して、自動車の運転や道路の歩行を通じて参加することにより実現した。国民の、国民による、国民のための規制行政の成功例といえよう。

道路交通規制をモデルにするのは、国民の多くがこの規制法（道路交通法）を知り、規制行政を経験していることから、科学技術一般の安全確保の規制行政という問題を、国民一般にわかるようにする意味がある。

6.6.4　前提——規制者は無謬ではありえないこと

かつて規制行政は、規制者が一方的に警察的規制をし、被規制者はこれに従うものとされた。明治憲法下では、天皇のための政府は"無謬"、すなわち政府は"誤りをしない"が建前で、政府による規制を絶対視し、そのままオウム返しに従うことを求めるものだったようだ。

今ではいうまでもなく、日本国憲法下の国民主権の時代である。そも

---

[26] 第34回国会、参議院地方行政員会（昭和35[1960]年2月18日）議事録。同じ提案理由が昭和35年2月26日、衆議院地方行政委員会の議事録にもみられる。

そも、政府による規制を絶対視することは、事実に合わない。規制の職務を担うのは、規制者（官）では、公務員の個々人であり、被規制者（民）では、企業の経営者や従業員の個々人である。官においても民においても、人には、常に誤りはありうる。

規制者は、規制法によって授けられた権限を持つ強い立場で、被規制者を規制する。権限を持つ者は、行使したい衝動に駆られる。末弘が懸念した、「必要な制限が必ずしも行われない」、「不必要な制限が無用に人を苦しめる」ことになりかねない。規制行政には、前提として、規制者が自らの誤りあるいは権限の不当な行使を防ぐ心がけがなくてはならない。

6.7　安全確保の規制行政の枠組み

安全確保の規制行政は、どのようなものか、その枠組みを描く。拠りどころは、上で示した規制行政のイメージ、平田、村上ほかの前記研究、加えてわれわれには、普通の日本人同様、道路交通の規制行政の経験と、社会生活上してよいこと、してはいけないことを見分ける感覚がある。そうして描く枠組みを、共通の理解のために、概念図（図 6.1 参照）に表して説明する。

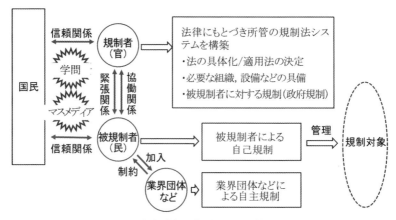

図 6.1　安全確保の規制行政の枠組（概念図）

6.7.1 何を規制するか――規制対象

規制対象（図6.1参照）は、科学技術を利用する事業、施設、設備、システム、製品あるいはサービスであって、専門技術がかかわる。

(1) 規制対象

読者が自ら、イメージしていただきたい。道路交通法の車両のうち自動車（同法第2条9号）に着目し、自動車及びそれを整備し運転することを含む一連のシステムがあるとみて、それを「自動車を運転するシステム」とすると、次のようにいえよう。

> 自動車を運転するシステムは、道路において国民・公衆に接し、国民・公衆に危害を及ぼすリスクがあり、そこで、許容不可能なリスクの発現を抑止するための規制を必要とする。

この自動車を運転するシステムが、道路交通法の規制対象となる。一般化すると、次のようにいえよう。

> 事業、施設、設備、システム、製品、あるいはサービスは、国民・公衆または環境に接し、国民・公衆に危害を及ぼしまたは環境を害するリスクがあり、そこで、許容不可能なリスクの発現を抑止するための規制を必要とする。

個別的に原子力発電を取り上げるなら、同じ原理で次のようにいえよう。

> 原子力発電施設は、日本の国土において国民・公衆に接し、国民・公衆に危害を及ぼすリスクがあり、そこで、許容不可能なリスクの発現を抑止するための規制を必要とする。

(2) 専門技術

安全確保は、専門技術に大きく依存する。規制者、被規制者のいずれにおいても、専門技術への尊敬、そして、専門技術を担う者が、不当な干渉なしにその義務を遂行することができる自由がなくてはならない。

6.7.2 規制法

規制法は一般に、一定の分野ごとに1件の法律が制定される。道路交通法は、当該分野で、国民・公衆の安全を確保することを目的とする唯一の基本法である。ということは、当該分野において国民・公衆の安全確保に必要なことはすべて、道路交通法の範囲に入る。

そこでは、自動車利用にかかわる人はすべて、法目的実現の「当事者」になる。道路交通法が、歩行者（同法第10条）や「その場所に居合せた者」（同第14条）の義務を規定するのは、その表れだろう。

自治体を含む規制者と被規制者の相互作用・ネットワーク（平田）や、業界団体や認証機関等を含む官民協働（村上）のように、法律に明記されていなくても、法律の趣旨から解釈される要素も、自ずと規制法の枠の内に入る。

6.7.3 当事者・関係者

規制行政には、当事者として規制者と被規制者のほか、規制にかかわりあるいは規制の影響が及ぶ関係者がいる。当事者と関係者を合わせてステークホルダーといわれることがある。

(1) 規制者

規制行政の当事者の一方が規制者であり、相手方が被規制者である。

規制者は規制法にもとづき、自らの裁量により規制を行う行政機関である。道路交通規制の場合、道路交通法に、公安委員会（第4条）を頂点とし、警察署長（第5条）、警察官または交通巡視員（第6条）が規定されている。

規制者は、その裁量により「規制法にもとづく所管のシステムを構築」すること（図6.1参照）に一義的な責任を負う。規制者の裁量の権限は大

きく、ともすれば、末弘が懸念した「必要な制限が必ずしも行われない」、「不必要な制限が無用に人を苦しめる」ことになる。規制者の権限の行使の不適切は、規制行政の目的を妨げ、事故原因になりうる。

INSAG-4 は、規制者が「その権限下に……重大な影響力を有している」ことを、次のようにいう（傍点は本書著者）。

> 22　規制当局は、その権限下にある原子力プラントの安全性に重大な影響力を有しており、有効なセーフティ・カルチャが組織内部とそのスタッフに浸透している。安全ポリシー声明でその基礎が示される。その声明では法令を施行し、プラントの安全、個人と一般大衆の安全並びに環境の防護を推進するために活動することを公約する。

規制者の責務は「法令を施行すること」、そしてこのように「活動すること」である。

規制者の活動には、次の三つが含まれる（図 6.1 参照）。

①法の具体化/適用法の決定

規制者は、規制法を具体化するために、命令（施行令、施行規則など）を、パブリックコメントを経て制定する（表 6.1 参照。行政手続法第 38 条）。それでも、施行令、施行規則などは、まだ一般的で抽象的な表現が多い。平田は、規制者の現場部署があいまいな法を具体化するために、自治体間で協議するという、自治体間のダイナミックスを見いだした。適用法の決定は、規制者の責任であり、その実務をとらえたものである。

②必要な組織、設備などの具備

規制者は、規制のために必要な自らの組織を備える。加えて、道路交通法では、規制者（公安委員会）は「信号機または道路標識等を設置し、及び管理」する（同法第 4 条 1 項）。規制法の目的の実現のために、規制者が自ら具備すべきことが多々ある。

③被規制者に対する規制（政府規制）

従来、規制行政といえば、この「政府規制」であり、警察的規制といわれてきた。被規制者には、憲法で保障された交通の権利・自由や、事業を営む権利・自由がある。規制者による規制はそれを制限することに

なるが、被規制者は従わなければならない。

(2) 被規制者

規制法では、被規制者は規制者によって規制され、それに従うという、受動的な立場にある。一見、規制者が一方的に規制し、被規制者がそれに従うことにより、規制の目的を達するかのようである。しかし、そこには、法律の文言に表れていない前提がある。

被規制者は、規制対象を自らの管理下に置き、それを自ら運用する（図6.1参照）。これが、前提である。被規制者は、管理下にある規制対象の安全確保に一義的な責任を負い、自主的に自ら規制する。こうして自己規制する被規制者を、規制者が規制する。

このことに関しては、本書ですでに引用した INSAG-4 の段落 68（前出63頁参照）の続きに、次のとおりとされている。

> 68（続き）
> ――規制官は、安全に対する第一の責任は規制官でなく、運転組織にあることを認識している。このため、規制官は、規制上の要求を明確にすることはあっても、不当に束縛するほどに規範的ではないことを保証する。

規制者による被規制者に対する規制は、「不当に束縛するほどに規範的ではない」。この「規範的（prescriptive）」は、「処方箋的」ということでもある（その意味はコラム 5.1「処方箋的」、前出122頁参照）。

この「第一の責任」の解釈として、安全確保に必要であって被規制者に可能なことは、政府規制に含まれなくても、自己規制によって行う義務がある、といえよう。

(3) 関係者

当事者と規制行政の影響が及ぶ「関係者」との区別は、必ずしも明確でない。例えば、道路交通規制において、自動車運転を中心に考えると、歩行者はその影響を受ける関係者といえよう。ところが、歩行者は「歩道等と車道の区別のない道路においては、道路の右側端に寄って通行しなければならない」（道路交通法第10条1項）とあり、このように通行することでは、当事者本人であるといえる。

以下、代表的な関係者を挙げる。

①業界団体

代表例として、事業者が加入する業界団体がある。村上の研究が、木造建築、自動車、電気用品という我が国を代表する産業について、業界団体を関係者ととらえている（前出6.4.3参照）。事業者は、業界団体に加入し、業界団体が行う自主規制の方針による制約を受けることになる（図6.1参照）。

②学協会

図に「学問」と表示したが、関連の専門技術をもつ専門家や、土木学会、日本機械学会、安全工学会など学協会の参画がありうる。一般に、それらの公的活動をする学協会には、社会的責任がある。

例として、土木学会は、定款に次のとおり規定する。

> 第3条（目的） 学会は、土木工学の進歩及び土木事業の発達並びに土木技術者の資質の向上を図り、もって学術文化の進展と社会の発展に寄与することを目的とする。
> 第4条（事業） 学会は、前条の目的を達成するため、次の事業を行う。
> (1) 土木工学に関する調査、研究
> (2) 土木工学の発展に資する国際活動
> (3) 土木工学に関する建議並びに諮問に対する答申
> (4) 会誌その他土木工学に関する図書、印刷物の刊行
> (5) 土木工学に関する研究発表会、講演会、講習会等の開催及び見学視察等の実施
> (6) 土木工学に関する奨励、援助
> (7) 土木工学に関する学術、技術の評価
> (8) 土木技術者の資格付与と教育
> (9) 土木に関する啓発及び広報活動
> (10) 土木関係資料の収集・保管・公開及び土木図書館の運営
> (11) その他目的を達成するために必要なこと
> 　2 前項の事業は、本邦及び海外において行うものとする。

このような学会の目的及び事業から、学会は規制行政に貢献する関係者となることがありえよう。

③国民

この国の主権者は国民であり、国民の代表からなる議会が、規制行政

の根拠となる規制法を制定する。規制者と被規制者は、それぞれの立場で国民に対し安全確保の責任を負い、国民に信頼され、国民の期待に反しないようにしなくてはならない（図6.1参照）。

④世論を背景とするマスメディア

国民・公衆による世論が、規制行政に影響力を持つことはいうまでもない。そういう国民・公衆を背景とするマスメディアの動向が世論を動かし、規制行政に影響を及ぼすことがありうる。例として、NASAによるスペースシャトルのチャレンジャーの打上げ決定の際「マスメディアがスペースシャトルの遅延を多く大々的に報道したことが、圧力となった」（前出84頁参照）という例がある。

6.7.4　公的機関の説明責任

公的機関（public agency）は、公的な場で活動する機関をいい、規制者である行政機関はもちろんのこと、被規制者の事業者もまた、社会で活動する公的機関である。

公的機関は、制度上、自らが属するより大きな社会的システムの制約を受け、それらからの期待を適切に処理するという意味の説明責任がある（前出84頁参照）。

行政機関（規制者）は、例えば国土交通省は、内閣に対して及び国民の代表からなる議会に対して、それらからの期待に反しないように職務を遂行する趣旨の説明責任を負っている。事業者（被規制者）は、株式会社の場合、株主に対する同様の説明責任がある。

社会的な関係では、規制者、被規制者はともに、マスメディアに対して、国民・公衆を背景とするその影響力を考慮して対処することになる。

6.7.5　規制者と被規制者の相互関係（官民関係）

規制行政において、規制者と被規制者は、互いにどのような関係にあるか。規制者は「官」であり、被規制者は「官」の場合もあるが、典型的には「民」であることから、「官民関係」と呼ばれることが多い。

(1) 対等関係

　我が国では、規制者と被規制者の関係は、規制者が上で被規制者が下の上下関係にようにみられることが多かった。

　しかし、日本は民主主義国であり、日本国憲法は、「主権が国民に存することを宣言する」(憲法、前文)。そうであれば、規制側の政府(官)が、企業などの民より上位ということはありえない。行政制度上の仕組みとして、官が規制し民が従うことが、見た目には上下関係のように見えるからに過ぎないのである。

　一方、「公務員を選定し、及びこれを罷免することは、国民固有の権利である」(憲法第15条)ことからすれば、官は民の下のようでもあるが、そう解するのも規制の趣旨に合わない。結局、行政制度上、規制者が規制し被規制者が従うよう設定されているもので、官民は、基本的に、対等関係にあるとみるべきだろう。

(2) 緊張関係・協働関係

　規制者と被規制者は、科学技術の安全確保のために、リスクの発現の抑止を共通の目的とし、対等の立場で規制し規制される関係にある。

　村上は、3種類の産業についての考察から「被規制者が文字通り規制者によって規制される『客体』であると同時に、規制者と連携・協働して規制する『主体』にもなりうる」ことを見いだした (前出6.4.3参照)。規制者と被規制者の協働関係は、村上が研究対象とした3種類の産業のみに限られるはずはない。その3種類が我が国を代表する産業であることからも、他の産業に及ぶ普遍性があるとみてよい。もし協働関係を否定しようとするなら、そのことの正当性の立証が必要だろう。

　規制者と被規制者の間には、一般に、次の両面の関係があるといえよう (図6.1参照)。

　①緊張関係

　規制行政は、例えば道路交通規制が、国民の交通の自由を制限するように、国民の権利を侵害する形になることが多い。侵害し侵害されるのは、普通の日本語では「緊張関係」である。官による規制は、国民・公衆のためのものだから、厳格でなければならない。官と民は、その意味でも

緊張関係にある。

②協働関係

規制者と被規制者は、国民・公衆の安全や環境の保全という共通の目的に向けて、互いに協働すべき立場にある。

平成26（2014）年改正の品確法（公共工事の品質確保の促進に関する法律）に関して確認されていることだが、「官庁の技術力が圧倒的だった時代」は過ぎて「民間企業の技術力が向上した」[27]。専門技術のレベルには、被規制者の優位がありうる。規制者が、専門技術を可能な最新・最高のレベルに保つには、被規制者との協働が有用である。

この緊張関係と協働関係という両面の関係は、技術者が心得なければならない大切なことである。

6.7.6　規制の構成——3種類の規制の組合せ

ここまでに、規制行政の核心というべき重要なことの一つがわかってきた。規制行政における規制は、単なる政府規制ではなく、自己規制を中心に、3種類の規制が重なり合うことである。

(1) 3種類の規制

図6.1に、次の3種類が示されている。

・規制者による被規制者に対する規制（政府規制）
・被規制者による自己規制（自己規制）
・業界団体等による自主規制（自主規制）

この3種類の規制は、政府規制の主導のもと、自己規制を中心に互いに補完的に作用し、全体として規制の目的を達する。

①政府規制

法律にもとづき、所管の規制法システムを構築する（図6.1参照）のは、規制者の一義的責任である。そのなかに、図のとおり、政府規制（被規制者に対する規制）が含まれる。

政府規制は、規制行政を主導するが、それのみで規制が完成するので

---

[27] 澤田雅之「公共事業における性能発注」月刊技術士（2020年No.10）16-19頁

はなく、被規制者による自己規制を前提としている。被規制者による自己規制があり、その上での政府規制である。政府規制は、所管の規制法システムを管理する立場から、自己規制や業界団体等による自主規制を補完し促進するものである。前記 INSAG-4 にあるように、被規制者に対し「不当に束縛するほどに規範的(＊処方箋的)ではない」(前出 170 頁参照)。

②自己規制

規制対象は、被規制者の管理下にある。道路交通規制の場合、規制対象の「自動車を運転するシステム」は、被規制者である運転者が自動車を所有するとかレンタカーを借りるなどしてその管理下にある。規制対象がどのような状態にあるかを知り、かつ制御できるのは被規制者であり、従って、安全確保という目的に直接に寄与するのは、被規制者による自己規制 (self-regulation) である。

自己規制ゆえに、そこに自律によるモラルの寄与がありうる。例えば、道路交通の安全は、規制者である公安委員会・警察署・警官による他律の、一方的な、警察的規制のみで目的を達するものではない。他律の法だけでなく、自律のモラルの働きが必要である。道路交通規制に限らず、広く規制行政一般について、当事者ないし関係者の倫理(モラル)は、それに携わる個人の資質という、基本中の基本である。

③自主規制

被規制者による自己規制も、広い意味での自主規制 (voluntary regulation) である。村上が、自動車の場合、強固な被規制者コミュニティを、電気用品の場合、工業会 4 団体という強力な業界団体による自主規制を見ている。

(2) 規制の組合せ

政府規制及び業界団体などの自主規制は、被規制者による自己規制を前提に、それを促進するものである。実際に、3 種類の規制の適切な組合わせがありえよう。

6.7.7　日本の規制行政

福島原子力事故のころまでに、日本で行われてきたとみられる規制行政がどのようなものだったか、ここまでに記したことを、図に描いてみ

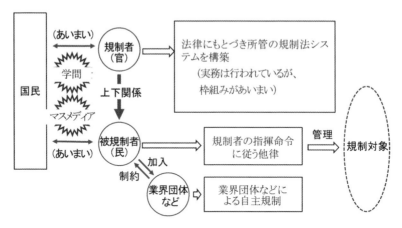

図 6.2　日本で行われた規制行政（概念図）

る（図 6.2 参照）。前掲の図 6.1 と比べていただきたい。

　図のとおり、規制者（官）が上で被規制者（民）が下の上下関係において、規制者の指揮命令に従う他律の警察的な規制行政であり、被規制者の自主的、自律の自己規制とは、縁の遠いものだった。このあと、1972 年のローベンス報告について述べるが、比較していただくとよい。

　もちろん、日本でも成功している規制行政がある。「学問上の『エア・ポケット』」にかかわらず、規制に携わる実務家の感覚が、自ずと理にかなった道を探り当てている。道路交通規制では、警察的取締の法から安全確保の法へと性格を変え、日本全国の津々浦々、低い事故率で自動車が走っている。平田が観察した環境規制や、村上が観察した木造建築、自動車、電気用品という我が国を代表する産業における、官民協働の規制行政がある。

　そのことは、たとえ学問が不在でも、健全な規制行政はありうることを考えさせる。規制の実務の担い手が、モラルの意識と法の意識がしっかりしていて、専門的な知識と経験に照らして判断すれば、およそ正しい方向へ進むものである。

　それでは、規制行政に学問は不要かというと、そうではない。規制の実務の担い手もまた人であり、誤ることもありうる。まして、前記 "公定力"

問題のように、間違った方向へ誘導されることがあるのである。やはり、実務家に対して啓発の役割を果たす、学問がなくてはならない。

一般論として、日本では、規制行政を支える学問（法学）の不在が、規制行政をあいまいなものにしていたとみられる。ひとことでいえば、国民と規制者及び被規制者との関係が、あいまいだったのである。国民も、国民を背景とするマスメディアも、規制行政を評価するのに十分な目を持たなかったのではなかろうか。

6.8　事後法の性格と限界

事後法の法学は、日本では伝統的に、加害者に刑罰や損害賠償の制裁を科すことが、事故の予防になるとしてきた（前出150頁参照）。それでは、事前法の重要性に目が向かない。

その結果、事故が起きた場合の視野が「規制対象」に直接に接する「経営者や技術者」に限られ（図6.3参照）、直近原因の「予見可能性・過失」のみが論点とされる。ほかに根本原因があるのに、もっぱら直近原因にかかわった人の責任にされる。

この図は、直近原因のみを論じる事後法の限界を示している。事故で学んだことを、将来にわたる科学技術の安全確保に生かすには、図に示した「ありうる原因」を視野に入れる必要があることはいうまでもない。

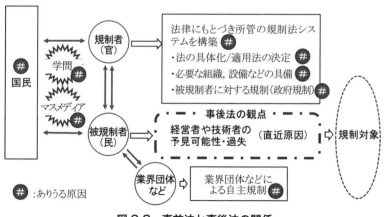

図6.3　事前法と事後法の関係

6.9　1972年ローベンス報告の意義

　本書では、以上のとおり、安全確保の規制行政では、政府規制の前提として、被規制者による自己規制があるとみる。このような見方は、安全文化の語がまだ姿を見せない創成期の、1972年のローベンス委員会の報告[28]（図4.1参照。以下「ローベンス報告」という）に、先例が見いだされる。

6.9.1　日本における紹介
　ローベンス報告は、日本では1997年に邦訳出版[29]がある。1999年には「今日の英国の労働安全衛生政策および執行の……根幹となる考え方」であり、「4半世紀を経た今日でも、なお同報告はその輝きを失っておらず、現在の英国での労働安全衛生政策に大きな影響を与えている」とし、要旨を次のとおり紹介している[30]。

　　ローベンス報告の基本認識は、1970年代までに「工場、商業施設、鉱業・採石、農業等々の九つの群に分かれた膨大な安全衛生法規群」と、「それらを所轄する五つの行政官庁と七つの監督機関」の「複雑な体制の下で業務執行がなされていた」。「この伝統的実践・経験主義にもとづくアプローチによる安全衛生政策の限界を克服し、新たな転換を図ろうとする」ものだった。

6.9.2　ローベンス報告の40余年後の評価
　ローベンス報告から40余年後の2015年、英国ウォーリック大学のサーズによる「事故と無気力：1961-1974年英国における職業安全健康規制のローベンス哲学」と題する論文[31]が出た。
　サーズは、ローベンス報告を、英国における職業上の健康と安全の規制の現代的システムの根底にある理論的根拠を提供したものとし、ローベンス報告及びその精神すなわち「ローベンス哲学（Robens Philosophy）」

---

[28] Safety and Health at Work, Report of the Committee 1970-72, Chairman Lord Robens , Her Majesty's Stationary Office, London (1972)
[29] 小木和孝訳者代表『労働における安全と保健――英国の産業安全保健制度改革』労働科学双書、労働科学研究所出版部（1997）
[30] 花安繁郎・渡邊法美「英国における最近の安全衛生政策動向について」安全工学、38-1, pp.29-38（1999）
[31] Sirrs, Christopher: "Accidents and Apathy: The Construction of the 'Robens Philosophy' of Occupational Safety and Health Regulation in Britain, 1961–1974" Social History of Medicine, Volume 29, Issue 1, pp.66-88 (2016)

がなぜ出現し、英国の規制実務に定着したか、歴史的理解を進めている。

ローベンス報告は、全19章、500段落からなる。サーズに導かれて要点をたどり、本書ではすでに一部を紹介した（前出122頁参照）。以下はその続きである。

なお、日本の法制では「労働安全衛生法」だが、本書では、日本の用語を英国の法制に当てはめることはしないで、直訳により「作業健康安全法（Health and Safety at Work Act、HSW法）としてある。そのほか、雇用者（使用者）、被用者（労働者）というふうに、カッコ内に日本の用語を示す。

(1) 「無気力」から自主的「自己規制」へ

ローベンス委員会は、作業者保護のための既存の制定法と自主的取り決めの見直しを担い、論争を経て報告をまとめた。

①要点1

ローベンス委員会は、雇用者（使用者）と被用者（労働者）の「無気力（apathy）」が、作業場事故の主たる原因と結論づけ、過剰な、あるいは過度に詳細な規制が、事実上、雇用者と被用者が責任を放棄するのを奨励すると考えた。

②要点2

その主張が安全と健康を規制する全体的な責任を再調整し、「より効果的に自己規制するシステム」が必要との論旨が、1974年の作業健康安全法（HSW法）の基礎となった。40余年後の現在にいたるまで、HSW法が中核となって、自主的な努力や雇用者と被用者による「自己規制」を、事故防止の中心に置くシステムをなしている。

③要点3

安全で衛生的な作業環境を促進するために使われているのは、詳細で処方箋的な規制よりも、実務規程（codes of practice）、自主的基準（voluntary standard）及び非制定法型（non-statutory form）のガイダンスである。法律は達成されるべき全体的な目標を定義し、義務保有者の遵守の仕方にかなりの柔軟性を与えている。

(2) 用語でたどるローベンス報告

サーズがローベンス報告の要点として取り上げた「無気力」及び「自主的努力と自己規制」という用語を、ローベンス報告上で見る（傍点は筆者らによる）。

「無気力」は、人々が、検査官を増員し法的規制を強化することによって安全と健康は確保できると思い込んでいるかぎり、治癒されることはない。何かをする一義的な責任は、リスクを生み出しそれ（*リスク）とともに作業をする人々にある。このことは、決定的に重要だ。われわれの現在のシステムが奨励するのは、あまりに多く国家規制に依存し、あまりに少なく個人の責任および自主的、自発的な努力によることである。この不均衡は是正されなければならない。まず、立法の重みを減らすことから始めるべきである。政府と規制の役割は、無数の日常的な状況への詳細な処方箋づくりではなく、産業自体による安全と健康の組織と活動の枠組みづくりにあるべきだ（段落28）。

ここに、「個人の責任および自主的（voluntary）、自発的な努力（self-generating effort）」の語がある。さらに「自己規制」と「自助」を強調する。

事故防止システムは、国家による規制及び監督と、産業の自己規制（self-regulation）及び自助（self-help）という、二つの要素で構成されているとみることができる。最も基本的な問題は、これら二つの要素間の関係、バランス、および相互作用にある。将来の政策の目的には、国家の貢献の有効性を高めるだけでなく、より効果的な自己規制の条件を作り出すことが、さらに重要である。体系的な自己規制への産業の能力を高めるのは、一義的に産業自体の課題であるが、われわれは、制定法が貢献することを願っている（段落15、41、50）。

日本では、労働安全は労働法の領域にあって、規制行政一般とは別物のようにみられてきた。別物なら労働安全で見いだされた原理が、規制行政一般に当てはまるとはいえない。ところが、労働安全の関係を、安全文化モデル（図5.1参照）と照合すると、安全確保の一般的な枠組みに収まっている（前出127頁参照）。ということは、ローベンス報告が明らかにした原理が、安全確保一般に当てはまるとみてよい。

6.9.3　日本の労働安全規制

ローベンス報告から約50年、ようやく日本も、労働安全衛生法（安衛法）にもとづくさまざまな規制のうち、化学物質の規制が2023年4月から「自律管理型」へ転換することになった。

従来、安衛法第27条が政令で定めるとして、下記の特別則がある。

・有機溶剤中毒予防規則（有機則）

・特定化学物質障害予防規則（特化則）

・鉛中毒予防規則

・四アルキル鉛中毒予防規則

・石綿障害予防規則

これらの特別則が、規制対象の化学物質を指定し、具体的に災害防止策のやり方を規定している。

(1)　新たな労働安全規制

新たな規制についての要約[32]によれば、背景として①日本の化学物質管理は「法令準拠型」すなわち、限られた特定の物質や作業に対する規制の遵守だった。②工場等で日常的に使用されている物質は数万にのぼり、③労働災害の多くは、規制対象物質以外の物質による。④小規模事業場での災害発生が多く、⑤物質の危険性・有害性に関する情報伝達制度が整備されなかった。

そこで、日本でも欧米のような「自律管理型」の必要が認識され、次のような新たな仕組みとなった。

（イ）　国によるGHS分類[33]で危険性・有害性が確認されたすべての物質に、以下のことを義務づける。

①危険性・有害性の情報伝達（譲渡・提供時のラベル表示・SDS[34]交付）

②リスクアセスメントの実施（製造・使用時）

③労働者が吸入する濃度を国が定める管理基準以下に管理

④健康影響を防ぐための保護眼鏡、保護手袋等の使用

（ロ）　労働災害が多発し、自律的な管理が困難な物質や特定の作業の

---

[32] 安全衛生総合研究所 化学物質情報管理研究センター「化学物質の管理が変わります」(2021)：
https://www.jniosh.johas.go.jp/groups/ghs/arikataken_report.html

[33] GHS分類：国連によるGlobally Harmonized System of Classification and Labelling of Chemicals（化学品の分類及び表示に関する世界調和システム）

[34] SDS制度：Safety Data Sheet. 有害性情報を書面で提供であり、GHS準拠により国際標準化

禁止・許可制の導入

（ハ）特化則、有機則等で規制されている物質（123物質）は、5年後を目途に自律的な管理に移行できる環境を整えたうえで、廃止することを想定

　この化学物質管理の自律管理型への転換は、経済産業省（経産省）所管の化学物質規制の自律管理型への転換と連動している。経産省が掲げる図（図6.4参照）[35] は、その関係をうかがわせる。

　以上、安全確保の規制行政が、被規制者による自主的、自律の自己規制を中心とする方向にあることを確認し、ここまでとする。

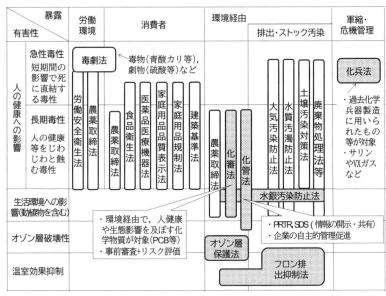

図6.4　日本の化学物質管理制度（経産省化学物質管理課の図により作図）
　＊あみかけ（網掛け）した6法令が経産省所管
　化管法：化学物質排出把握管理促進法
　化審法：化学物質審査規制法

---

[35] 経済産業省製造産業局化学物質管理課「化学物質管理政策をめぐる最近の動向について（総論）」（2023）：https://www.meti.go.jp/shingikai/sankoshin/seizo_sangyo/kagaku_busshitsu/pdf/010_01_00.pdf

コラム 6.3
ティボー vs. サヴィーニ論争

穂積陳重によれば、ドイツのティボー（1772-1840、ハイデルベルグ大学教授、歴史派）と、サヴィーニ（1779-1861、ベルリン大学教授、自然法派）は、激しく対立したが、両説は互いに引き合う関係にあって、やがて双方の意見が貫徹して、民法制定へ進んだという。

制定法のみが、法ではないこと、法は「人民（人々）中に発達するもの」であることを理解するためにも、この論争を知る意味がある。このような、法の原理・原則にかかわる論争があって、西洋の法は発達した。以下、穂積[1]（現代語化）による。

19世紀の初め頃、ドイツ国はフランス皇帝ナポレオンのために蹂躙（じゅうりん）され、ほとんどの自由を失おうとしていたが、1814年になって、初めてフランスの覇絆（きはん）を脱することができた。

ティボー説

いやしくも国民である者は、いやしくもゲルマン人である者は、連邦諸国間の小異を捨てて大同を採り、一致協同してフランスの余勢を一掃し、もってドイツ全国の独立を維持しなくてはならない。そこで、これを実現できるのは、ドイツ全国の普通民法の編纂である。ドイツ連邦の法律統一をして、各連邦の人民が同一の法律の下に生活するようにするのは、ドイツ国の独立を堅固にすることの基礎である。

サヴィーニ説

法律はもと人民の総意より生じて発達するものであり、立法者の恣意にもとづく創製物ではない。ゆえに法律が人民中に発達するのは、あたかも人文の開化とともに国語が発達するようなものであって、立法者はみだりにその発達を妨げ、または欲しいままに製作すべきものではない。これに加え、現今のドイツでは、法学が未だ発達せず、法律上の観念を精確に言い表すべき言語が未だ完備していないので、ドイツ諸国の民権の基礎である法典を編纂するのは、その時機が未だ熟していない。

自然法派は、法の原則は時と所とを超越するものであるとし、いずれの国、いずれの時においても、同一の根本原理によって法典を編纂できるもの、とする[2]。

---
[1] 穂積陳重『法典論』哲学書院、8頁（1890）
[2] 穂積陳重著、穂積重遠序、福島正夫解説『法窓夜話』岩波文庫、342頁（1980）

第 7 章
信頼される倫理

第 7 章　信頼される倫理

━━━━◆◆◆◆▶━━━━

　倫理といえば、日本では、知識や教養であり、西洋では、人々を意識づけし、社会を動かす力があるものとされている（前出 23 頁参照）。この違いの影響は、計り知れないものがあると思われるが、ともかく、西洋におけるそのような倫理が、どのようなものか確かめる。

　日本にあるさまざまな倫理の先入観を振り払うとしよう。西洋のそれは、わかってみれば、日本にもありうることで、普通の人ならだれにも理解でき、実行できる簡単なものである。簡単なものを、難しく考えないことだ。

　古代ギリシャ以来、「倫理」といわれるものに、「モラル」と「徳」という二つがある。まず、用語を定義して明瞭にする（7.1）。

　倫理は、西洋では人々を意識づけし、社会を動かす力のあるものとして信頼されている。現代の AI 対応においても同じである（7.2）。

　そもそも、倫理は何のためのものか。人間は何のために倫理を大切にするのか。倫理に共通の意義を見いだす必要がある（7.3）。

　技術者団体が制定する倫理規程がある。それは、社会の要求に応じて発展し、技術者の倫理の代表的な規範になっている（7.4）。

　倫理は、コミュニティで育つ自律の規範であり、コミュニティには自分が守れば他の人も守るとの期待が実現される人間関係がある（7.5）。

　「公衆（public）」の最優先は、技術者の倫理の特徴だが、public がしばしば"公共"とされ、国際間に共通の倫理の理解を妨げている（7.6）。

7.1 モラルと倫理

　古代ギリシャ以来いわれてきたことをまとめると、「倫理」には、「モラル」といわれるものと「徳」といわれるものとがある。

7.1.1 定義
　英語では、morals（モラル）と ethics（倫理）という一対の語が、米国の前記ハリスらのテキスト (18頁参照) ほか一般に使われている。ここで、以下のように定義する。

倫理
　人は、人間関係のなかで生活し、対人関係において、してよいこと、してはいけないことの規範があり、それを倫理という。

モラル
　人は、人間関係のなかで生活し、対人関係において、してよい、してはいけない、を区別して行動しようとする意識 (sense) がある。それが「モラルの意識 (moral sense)」である。英語では「してよい、してはいけない」を、right or wrong という。

　モラルの意識は、人の本性であり、人の心に宿る信念 (belief) とみてもよい。普通の人に、だれにでもある。ただ意識がある状態と、意識が活性化された状態とがある。読者は自分の心に問うてみるとよい。自分には活性化されたモラルの意識がある、と意識すれば、それだけで活性化された状態になるはずだ。

共通モラル
　モラルの信念の集合を、共通モラル（common morals）という[1]。「モラルの意識」は、個人のものである。ある社会が、個人たちの「モラルの意識」を刺激し、意識づけて、共通のモラルが形づくられると、全体として社会を動かす力となる。

　以上の、モラルの意識と共通モラルを、まとめてモラルといわれる。

---

[1] ハリス、プリッチャード＆ラビンズ、日本技術士会訳編『科学技術者の倫理（初版）』丸善、109頁 (1998)

7.1.2 モラルの規範

人々のモラルの意識を刺激し、意識づけるはたらきをするものに、モラルの規範がある。

黄金律（Golden Rule）

古代からの代表的なモラルの規範であり、キリスト教版では、「あなたたちが人にしてもらいたいと思うことを、人にもしてやりなさい」（Luke 6:31、New English Bible）とあり、そのほかヒンズー教、儒教、仏教、ユダヤ教、イスラム教という、主要な宗教のいずれにも見いだされている[2]。人種・宗教の違いを超えた、人類普遍の原理といえよう。

十戒

古くから西洋では「十戒」（Ten Commandments, 表7.1 参照）[3] がある。

ヘブライ人（ユダヤ人）の出エジプトの指導者モーゼが、神から授けられたとされる。キリスト教倫理の土台となったユダヤ教の倫理だが、ユダヤ人だけの規律といえるものではなく、どんな人間であろうと共同体（*コミュニティ）のなかで生きようとするかぎり、生活の出発点とすべき規律なのである。その前半は「神に関すること」で、「後半は人間をとりあげている」。つまり「神の方に向き、同時に人間の方を向いている。神に対する義務を認め、人間に対する義務を認める」[4]。

---

[2] ハリスら、同上189頁
[3] 日本聖書協会『聖書（新共同訳）』、旧約聖書、出エジプト記20「十戒」(1988)
[4] バークレー、W. 著、牧野留美子訳『十戒　現代倫理入門』現代キリスト教倫理双書、新教出版社、11頁以下（1980）

表7.1　十戒

①わたしは主、あなたの神、あなたをエジプトの国、奴隷の家から導き出した神である。あなたには、わたしをおいてほかに神があってはならない。
②いかなる像も造ってはならない。それに向かってひれ伏したり、それらに仕えたりしてはならない。
③主の名をみだりに唱えてはならない。みだりにその名を唱える者を主は罰せずにはおかれない。
④安息日を心に留め、これを聖別せよ。六日の間働いて、何であれあなたの仕事をし、七日目は、主の安息日であるから、いかなる仕事もしてはならない。
⑤あなたの父母を敬え。そうすればあなたは、主が与えられる土地に長く生きることができる。
⑥殺してはならない。
⑦姦淫してはならない。
⑧盗んではならない。
⑨隣人に関して偽証してはならない。
⑩隣人の家を欲してはならない。隣人の妻、男女の奴隷、牛、ろばなど隣人のものを一切欲してはならない。

　後半の、殺すな（第6項）、姦淫するな（第7項）、盗むな（第8項）、以下は、人一般のモラルの規範であり、聖書とともに流布され、共通のモラルに寄与しただろう。
　モーゼが十戒を授けられた時のことが、旧約聖書に基づいて、次のようにいわれている。

　　イスラエルの人々はエジプトの地をのがれ出て3月目にシナイの荒野にやってきた。十戒が与えられたのはその時のことであった（出エジプト19・1）。何年もの間、エジプトで奴隷だったのである。人々がすっかり意気沮喪していたことは当然のことであった。エジプト人が紅海で彼らに追いついた時（出エジプト14・10-12）、この段階では彼らは逃亡してきた奴隷であって、秩序のない烏合の衆以上のものではなかったのである。暴徒にもひとしい人々が国家をなすためには、心を合わせて一つの共同体をつくるために従うべき戒律をもつことが必要である。法律がなくては、社会は成り立たない。イスラエルの民がモーゼを通じて十戒を受けたのはこの

ような段階であったのだ。十戒はそれなしでは国家が立ちゆかないその原則なのである。それは共同体存続の基盤である（バークレー、15頁）。

難局に立ち向かうには「心を合わせて一つの共同体（*コミュニティ）をつくる」、そのための戒律（規範）が十戒だった。こうしてみると、西洋では伝説の時代から、神を信頼すると同時に、仲間たちと心を合わせるために人間関係の倫理を信頼して生きてきた。

われわれが神を信じるかどうかはとにかく、人間を含む天地万物の創造に対する、畏敬の念はあろう。自然科学及びその技術も、源は同じではないか。第2項の偶像崇拝の禁止は、偶像を拝むのみで各項の戒めを忘れてはならない趣旨と解されよう。以上のように考えると、日本人にも理解できる。耳を澄ますと、日本で難問に取り組む技術者への、モーゼの励ましの声が聞こえてくるかのようだ。

ガートのモラル原則

現代になって、哲学者のガートは、西洋社会の共通モラルを分析して、モラル規範を見いだし、10項目のモラル原則にしている[5]。

1. 殺すな
2. 苦痛を生じさせるな
3. 能力を奪うな
4. 自由を奪うな
5. 楽しみを奪うな
6. 欺瞞をするな
7. 自分の約束を守れ（または破るな）
8. 詐欺をするな
9. 法に従え（または法に不服従をするな）
10. 自分の義務を果たせ（または義務を果たすのを怠るな）

これは、最初に「殺すな」を掲げるほか、全体として十戒の人間関係の規範と共通する性格がうかがわれる。モラルの規範は、このように簡単なもので、普通の人に容易にわかる。

---

[5] Gert, Bernard: Morality, Chapter 6 and 7, Oxford University Press, New York (1988)。ハリスら、前出、188頁

7.1.3 徳——人格の完成

普通の人のモラルないし共通モラルに対して、社会の指導層の人たちが説いた「徳（virtue）」がある。

アリストテレスの時代

古代ギリシャ特有の市民とされたのは自由人で、成人男子のギリシャ人に限られていた。アリストテレス（紀元前384年〜同322年）は、「手工業者や農業労働者は、仕事の本質がその魂を奴隷的で卑屈なものにする」として市民から排除し、「完全な自由人による、自由人に対する、自由人のための支配」を考えた[6]。

「大方（*普通の人）よりもはるかに秀でている」「優れて善き人」の生き方は「友や国家のために多くの貢献を行い、必要とあれば、友や国家のために死さえ辞さない」「優れて善き人は、優れて善き人であるかぎり、徳（virtue）にもとづいた行為を喜び、悪徳による行為を嫌う」[7]。そして、「性格に関わる徳」には、次のような性向があるとした。

・勇気　・節度　・気前のよさ　・度量の広さ　・気高さ
・その他の徳（温厚さ、正直さ、機知、慎み、など）

このような徳の項目を徳目という。

アダム・スミスが説いた徳

経済学とともにモラル科学（moral science）で知られるアダム・スミスも、徳を普通のモラルよりは高いものとして説いた[8]。徳（徳目）として、感受性（sensibility）、自己規制（self-command）、人間愛（humanity）、度量（magnanimity）を挙げた。

ベンジャミン・フランクリン

アダム・スミスと同じ時代、米国の政治家、ベンジャミン・フランクリン（1706-1790）が示した、次の13個の徳目は「成功のために守るべき」もので、フランクリンが、実行しやすいものから順に並べたという[9]。「アメリカ人の生活信条を列記したもの」といわれ、フランクリンは、これらの徳目の各々に1週間にわたって厳重に注意を払い、13週間で一周し、

---

[6] ポール・カートリッジ著、橋場 弦訳『古代ギリシャ人の自己と他者の肖像』白水社、188頁（2001）
[7] 神崎繁訳・解説『アリストテレス全集15 ニコマコス倫理学』岩波書店（2014）
[8] Smith, Adams: "The Theory of Moral Sentiments "6th Ed.(1790); https://ibiblio.org/ml/libri/s/SmithA_MoralSentiments_p.pdf. スミス、アダム著、水田洋訳『道徳感情論（上）』岩波文庫、64頁（2003）
[9] 亀井俊介『アメリカ文化史入門』昭和堂、47頁（2006）

1年に4周するものだったという[10]。
- 節制（temperance）
- 沈黙（silence）
- 秩序（order）
- 決断（resolution）
- 節約（frugality）
- 勤勉（industry）
- 誠実（sincerity）
- 公正（justice）
- 中庸（moderation）
- 清潔（cleanliness）
- 平静（tranquility）
- 純潔（chastity）
- 謙譲（humility）

アリストテレス、スミス、フランクリンに共通するのは、社会の指導層のエリートであることである。彼らが唱えた徳には、モラルと違って「殺してはならない」などの項目はない。これらの徳目を尊重することは、日本人と共通とみてよいのではなかろうか。

指導層が普通の人との人間関係において指導的役割を果たすために、より高い人格、あるいは人格の完成を心がけてきた。その意味で、徳もまた、人間関係の規範であり、倫理である。

7.1.4 日本人のモラル

日本人は、対人関係において、してよいこと、してはいけないことを区別して行動しようとする意識は、しっかりとしている。西洋人と比べて、上であっても下ではない、同等とみるべきだろう。

それでもそれを、西洋で知られた「モラルの意識」と同じ、といい切ることには問題がある。というのは、日本の在来の倫理との関係がある（コラム 7.1「日本在来の倫理」参照）。

日本では、日本人に前記のような「モラルの意識」があるとは、認識されていないようだ。その表れが、日本には昔から「道徳」といわれるものがあり、それとモラルの混同である。

モラルと道徳の混同

道徳という語がよく使われるのは、子どもたちの「道徳教育」の関係である。文部科学省告示は「人格の完成及び国民の育成の基盤となるものが道徳性であり、その道徳性を育てるのが学校教育における道徳教育

---

[10]Bell, Daniel: The Cultural Contradictions of Capitalism, 20th Anniversary Ed., p.58, Basic Books(1996. 1st Ed.:1976). 林雄二郎訳『資本主義の文化的矛盾（上）』講談社学術文庫、132頁（1976）

の使命である」とする[11]。

道徳の語は、人格の完成に向けての「徳」につながる語であり、歴史的に日本人の心に刻まれたイメージがある。それは、日本人にとって大切なものだが、そのイメージは、前述のモラルのイメージとは異なる。哲学・倫理学などの翻訳では、原書にmoralsとあれば、「道徳」とされることが多いようだが、それで原書の意味が伝わるだろうか。日本の「道徳」と同じものが、英語世界にもあってそれがmoralsだというのと同じである。日本人による西洋文化の理解を妨げてきた要因のようだ。

コラム 7.1 日本在来の倫理

日本は2000年前後から、米国に習って技術者教育に技術者倫理を取り入れたが、当時、日本にその種類の倫理はなかった。以下、日本の社会でよく知られた倫理の例であり、科学技術との関係をうかがわせるものはない。

五倫・教育勅語

五倫は、次の5か条からなる[1]。倫理をモラルと徳とに分ければ、徳のほうに入るのではなかろうか。

・父子の間には親があり
・君臣の間には義があり
・夫婦の間には別があり
・長幼の間には序があり
・朋友の間には信がある

古代中国の孟子（前372-前289）によるもので、儒教の基本となる規範として、幕藩時代には寺子屋で教えられるなど親しまれた。

明治維新をへて、教育勅語（明治23［1890］年）に、次の表現で取り入れられた。

・父母に孝に
・兄弟に友に
・夫婦相和し
・朋友相信じ

天皇制は廃止され、民主主義の時代になったが、このことは変わらないと信奉する人もいる。

日本では、政府など社会的権威によって方向づけられる倫理が、「道徳」といわれる。

武士道

新渡戸稲造（1862-1933）が、滞米中に執筆し1899年に出版された"Bushido, The Soul of Japan"[2]が、

---

[11] 文部科学省「小学校学習指導要領（平成29年）解説」、『特別の教科 道徳編』（平成29年7月）

第7章　信頼される倫理

武士道を語る典拠とされることが多い。

米国人グリフィス（Griffis, William E.）は、明治初年に来日、福井藩の藩校で教えたのち東京の大学南校に転じ、我が国の理化学教育のさきがけとなった人だが[3]、廃藩置県の前後の日本での生活経験をふまえて、新渡戸の『武士道』に緒言を書き、「新渡戸博士は武士道を理想化したであろうか。むしろ、我々は問う、彼はどうしてそうしないでおられたであろうか」。封建制度とともに武士道は、「視界の外に消え去った」とみた。

いまも、新渡戸の著書によって武士道を尊ぶ人は少なくない。

会津藩校「ならぬことはならぬ」什の掟

会津藩の藩校、日新館（白虎隊の学び舎）の掟（おきて）で、同じ町に住む6歳から9歳までの藩士の子供たちが対象だった[4]。

一、年長者（としうえのひと）の言うことに背いてはなりませぬ
一、年長者にはお辞儀をしなければなりませぬ
一、嘘言（うそ）を言うことはなりませぬ
一、卑怯な振舞をしてはなりませぬ
一、弱い者をいぢめてはなりませぬ
一、戸外で物を食べてはなりませぬ
一、戸外で婦人（おんな）と言葉を交へてはなりませぬ
ならぬことはならぬものです

庶民の戒律

「お天道様見てござる」や、仏教の因果応報、勧善懲悪の教えなどがある。

---

[1] 内野熊一郎『新釈漢文大系（4）孟子』「滕文公章句上」明治書院、184頁（1962）
[2] 訳書では、グリフィスの緒言を収めたものとして、矢内原忠雄訳『武士道』岩波文庫（初版1938、改版1974）
[3] 山下英一『グリフィスと日本』近代文芸社、5頁（1995）
[4] 「什の掟―じゅうのおきて（ならぬことはならぬものです）」：https://nisshinkan.jp/about/juu

7.2　倫理への信頼

　倫理は、日本では知識や教養であり、西洋では人々を意識づけし、社会を動かす力のあるものとして信頼されている。ハリスらのテキストに、"私たちは倫理を信頼している"とは書かれていないが、テキストの内容は、倫理への信頼があってのものに違いない。
　倫理への信頼は、西洋では昔から当たり前のことだから書かれなくても、西洋の書物や論説には、それを思わせる記述がある。

7.2.1　「モラルの意識」の発見
　人間が倫理について考えるようになった歴史は、紀元前のギリシャに遡るが、人の心に目が向けられたのは、18世紀の英国が最初だった。フランシス・ハチスン（1694 - 1746）は、グラスゴー大学のモラル哲学の教授で、アダム・スミス（1723 - 1790）の恩師といわれる。
　ハチスンは、十分に成熟したモラル行為者（*人間のこと）は、「心のなかの自然な感情」が規則正しくはたらくもので、そこには人間の本性に組み込まれた「モラルの意識（moral sense）」があるとみた。それは、「重力の法則が自然秩序の原理を説明したのと同じやり方で、この世界のモラル的秩序の原理を説明するニュートン的な法則だ」[12]。同じ時代のニュートンが、自然界の現象を重力の法則（万有引力）で説明したように、ハチスンは、人の心の現象をモラルの意識で説明したのだった。

7.2.2　アダム・スミスの業績
　18世紀に生きたアダム・スミスの偉業は、学問の区分では法、倫理、経済の3分野にわたるが、学問の専門分化のために、全体を統合した評価がなされているとは、必ずしもいえないようだ。
　邦訳では『道徳感情論』とされた1759年出版の著書で、人の「モラル

---

[12] フィリップソン、ニコラス著、永井大輔訳『アダム・スミスとその時代』白水社、(2014)
[13] Smith, Adams: "The Theory of Moral Sentiments", 6th Ed.(1790): https://ibiblio.org/ml/libri/s/SmithA_MoralSentiments_p.pdf
　スミス、アダム著、水田洋訳『道徳感情論（下）』岩波文庫、361頁（2003）は、道徳の語を用い、moral sense を「道徳感覚」としている。「『道徳』という『徳』につながる訳語は適当ではない」としながらも、「慣習にしたがって道徳とせざるをえなかった」という（同書486頁）

感情（moral sentiments）」につき、次のように記している[13]（要旨）。

> モラルの意識（moral sense）という語は、ごく最近に形づくられたもので、まだ英語の一部とみなすことはできない。「良心（conscience）という語は、モラル的な能力を、直接に意味するものではない。愛、憎しみ、喜び、悲しみ、感謝、憤りは、その他の多くの情念とともに、名前を得て知られているのに、それらすべての上位にあるものが、これまであまり注意を払われず、少数の哲学者を除き、だれもそれが名前をつけられるに値するとは考えな驚くべきことではないか。

少数の哲学者に、前記ハチスンがいた。古代ギリシャ以来、倫理の学問は倫理の規範やその意味が中心だったようだが、そこへ、普通の人の「モラルの意識」に着眼したのは画期的だった。

「見えざる手」

その後、アダム・スミスは1776年の『国富論』で、「見えざる手」を論じた。

1776年は、米国の独立宣言の年としても名高い。それは、決して偶然ではなかった。独立宣言は、専制君主政治からの政治的開放であり、「見えざる手」提案は、自由市場における価格に干渉する国家規制からの解放である[14]。

この「見えざる手」の提案は、政府による自由競争への介入を有害とみるもので、そのことは、その後の経済学によって否定された。自由放任の完全競争は、所得や富の非常な不平等をもたらす事実があり、政府の役割は「相互に依存し合っているこの過密化した世界では、非常に大きくかつ不可避のもの」とされている[15]。

その「見えざる手」とは、何だったのだろうか。諸説あるが、『道徳感情論』で「モラルの意識」を認識したことから、「モラルの意識」とみるのが、2冊の著作の論旨に沿うようだ。アダム・スミスには、モラルの意識への信頼、いいかえれば倫理への信頼、があったのではなかろうか。

英国の思想の系譜

スミスの「見えざる手」の提案は、その後の経済学によって否定された。

---

[14] サムエルソン、P.A. 著、都留重人訳『新版 経済学 上』岩波書店、3頁・45頁（1981）
[15] サムエルソン、P.A. 著、都留重人訳『新版 経済学 下』岩波書店、673頁（1981）

前記のとおり、政府の役割は、「相互に依存し合っているこの過密化した世界では、非常に大きくかつ不可避のもの」との理由だった。

ここで、1972年のローベンス報告（Edmondson）（前出178頁参照）と、1991年のINSAG-4のグループで提案したエドモンドソン（前出108頁参照）が、思い出される。スミス、ローベンス、エドモンドソンと並べると、英国に、政府による過剰な規制の害を説く思想の系譜がある、とみてよいのではなかろうか。

さらにいえば、スミスはモラルの意識、つまり倫理の観点から政府による規制を論じ、ローベンスは作業安全の関係で規制行政を論じ、エドモンドソンは原子力安全の関係で、規制行政を含む安全文化の実務を体系的に論じた。

こうしてみると、英国の考え方では、倫理と安全文化がつながっていたといえる。日本は福島原子力事故を経験し、ようやく行動するよう意識づける倫理と、行動の枠組みを与える安全文化とのつながりが見えてきた。日本における、科学技術との関係での西洋文化の理解には、このような後れがあるようだ。

7.2.3　アシモフ『わたしはロボット』

1950年、生化学者でもあったSF作家アイザック・アシモフは、100年後の2058年の日付で、『わたしはロボット』という本[16]を書いた。最初にロボット工学3原則を掲げ、ロボットと人間の関係を、初期の子守りロボットや、宇宙空間や小惑星で人間とともに働くロボットから、人間そっくりに擬人化したロボットまで、フィクションで描いた。

（ロボット工学3原則）
1. ロボットは人間に危害を加えてはならない。また何も手を下さずに人間が危害を受けるのを黙視してはならない。
2. ロボットは人間の命令に従わなくてはならない。ただし第1原則

---

[16] アシモフ、アイザック著、伊藤 哲訳『わたしはロボット』創元推理文庫（1976）

に反する命令はその限りでない。
3. ロボットは自らの存在を護らなくてはならない。ただしそれは第1、第2原則に違反しない場合に限る。

ロボットにこの3原則を組み込む。ロボットは、ときにおかしな行動をすることがあっても、人間に呼びかけられて我に返ると3原則を守り、人間を救う。この物語は、単にロボットと人間の共存ではない。人間が危機を切り抜けて生きる道を見つけるには、倫理を拠りどころにするとの考えがある。作者アシモフに、倫理への信頼があってこその構想と思われる。

7.2.4　IEEE 倫理的に配慮された設計

IEEE（電気電子エンジニア協会）は、世界最大の技術専門職の組織といわれている。AIに対する恐怖や過度な期待があることを背景に、AIをA/IS（autonomous intelligent system、自律知能システム）といいかえ、2016年に「倫理的に配慮された設計（EAD, ethically aligned design）」Ver.1を、2017年末にVer.2を発表して意見を求め[17]、2019年に初版（First Edition）を発行した[18]。

EADの一般的原理は、すべてのタイプのA/ISに適用される高いレベルの倫理原理を明確に示そうとするもので、介護ロボットや無人車などの物理的ロボットであろうと、医療診断システム、知能的な人的アシスタント、またはアルゴリズム的なチャット・ボットのソフトウェアであろうと、問わない（EAD ed.1, p.17）。

ここで考えよう。

なぜ、"法的に配慮された"ではなく、「倫理的に配慮された」なのか。先端領域に既成の法律はないから、倫理で対応するほかはないのだが、倫理を拠りどころにするのは、前記アシモフ同様、倫理への信頼があるのだろう。

---

[17] IEEE, Ethically Aligned Design, Version 2 (2017)
[18] IEEE, Ethically Aligned Design, Edition. 1 (2019)

1950年のアシモフは、1人だった。EADの場合、IEEEがリードしながら、6大陸からの多人数が、インターネット上の公開の場で、分野横断の多面的な論点についてコンセンサスを見いだそうとしている。これは倫理への取組みの新しい時代を思わせる。
　EADは、二つの注目すべきことを記している。

①「する人」と「される人」の区別
　A/IS (AI) は、古典的な意味での自律ではない。マシーン (machine) は、従うべきモラルや法のルールを理解していない。モラル的であるように人間によって設計されたルールに従い、そのプログラミングに従って動く。
　いわゆる擬人化アプローチには、誤りがある。A/ISは、人間や生物が自律的であるという意味で、自律的になることはできない。マシーンは、作成された実行順序により、一定の状況下で、独立して作動する。その意味で、A/ISは特に遺伝的アルゴリズムなど進化的方法の場合、自律的といえようが、しかし、モラル性や情緒を、つまり真の自律性を A/IS に組み込もうとするのは「する人 (agent)」と「される人 (patient)」の区別をあいまいにする誤りである（EAD ed.1, pp.40-41）。

②エンジニアの倫理教育
　マシーンが倫理的に動くには、プログラムがそのように設計・制作されていなければならない。それには、プログラミングの設計・制作を担うエンジニアが、倫理がどのようなものか、理解していなければならず、そのための倫理教育が必要だが、倫理的な考慮事項は複雑であって、容易に明文化してプログラム言語に翻訳できることではない。多くのエンジニア教育のプログラムが、カリキュラム全体に倫理を十分に統合していない事実がこの状況を悪化させている。しばしば倫理は、スタンドアロン (stand-alone) の科目に追いやられ、学生に、倫理的な意思決定の直接の経験を、ほとんどまたは全く与えない。

　倫理教育は、広い分野のベストプラクティス（best practice, 最善の実務）を取り入れた倫理の、技術的訓練と技術開発の方法を用意し、そうすることで、倫理及び人権の関連の原理が、自然に設計プロセスの一部になるよ

うにする。科学技術コミュニティ外の、さまざまな文化的及び教育的背景の専門家によって啓発されるようにして、学生が、倫理及び設計に必要な視点が多様であることに、鋭敏であるようにするべきである（EAD ed.1, p.125）。

AI（A/IS）という人間の将来に支配的な影響のあることが、こうして倫理への信頼に支えられて進行している。

7.3 倫理の意義―何のためのものか

AI倫理を前節（7.2）で、技術者倫理を次節（7.4）で取り上げるが、そのほか"倫理"の名のあるものが数多く見受けられる。環境倫理、生命倫理、医療倫理、法曹倫理、企業倫理、公務員倫理など聞いたことがあるだろう。

従来、これらの種々の倫理が、それぞれの分野で論じられ、個別に独立のもののようにみられてきたが、たとえば医療倫理と企業倫理は、全く別物ではないはずだ。倫理といわれるものに共通の意義があるに違いない。

そもそも、倫理は何のためのものか。人間は何のために倫理を大切にするのか。倫理はどのように、われわれの人生や業務に役立つのか。ここまでに述べたことをまとめながら確かめよう。

7.3.1 倫理の意義

人が生きるには、生命・生存を脅かす危機がありうる。同様に、事業を営むうちに、存立・発展を脅かすさまざまな危機がありうる。危機をどのように乗り越えるか。西洋には、虐げられていたユダヤ人を率いてエジプトからの脱出に成功した、モーゼの故事がある。

頼りになるのは、仲間の力である。仲間が心を合わせ、一つにまとまるよう意識づけるために、最低限守るべき規範がある。対人関係において、してよいこと、してはいけないことの区別であって「殺すな」で始まる一連のモラル原則がそれである。仲間のみんなが規範を信頼し、規範を

守ることによって、仲間たちがまとまって大きな力となり、自信をもって危機に立ち向かうことができる。

　集団がまとまるにはリーダーが必要だが、そのあり方は二つに分かれる。①メンバーが規範に従って行動するようリーダーが指揮・監督し、違反は処罰し、強制的に従わせる他律の方法（いわば、全体主義）、②メンバーの個々人が自律でモラル的に行動し、リーダーがそれを一つにまとまるよう指揮監督する方法（いわば民主主義）。

　こうしてみると、全体主義、民主主義のいずれでも目的を達することができそうだが、倫理に則した民主主義の方法のほうが有効とみられる。

　ここで、倫理とは何かを、共通の理解のために短文で表現すると、次のようにいえよう。

倫理とは

　倫理は、人が人間関係において、してよいこと、してはいけないことを区別して行動するよう意識づける自律の規範であり、コミュニティの人々が互いに尊敬し合い、これに従って行動することにより、まとまった大きな力となり、自信をもって、人の安全、健康及び福利（welfare）を推進し、社会的な弱者や少数者を保護しつつ、人の幸福（well-being）の実現に寄与する。

　倫理とは何かと問われたとき、倫理の定義（前出188頁参照）を示すだけでは、満足してもらえない。人々が信頼し行動する倫理とは何かということを、できるだけ短文にすれば、このように表され、一応の答えになろう。このような枠組みのなかで、「人の安全、健康及び福利を推進する」行動があり、科学技術を利用し、個人が集まった組織で行われ、さらに政府による規制（規制行政）などの制度がかかわり、そうして、成果を挙げるところまで見届けなくてはならない。

7.3.2　安全文化との結びつき

　安全文化の全体的な枠組みを、すでに第5章の図に示した（図5.2（右）参照）。この図によって、倫理と安全文化の結びつきを理解しよう。

(1)　個人の動機

　個人の動機は「働く人」である個人の姿勢（あるいは資質）でもあり、以下の四つの要素からなるとみられる（後出246頁参照）。

　　・未知への警戒
　　・活性化されたモラルの意識
　　・法令にもとづく職務上の責務
　　・専門とする科学技術の知識・経験・能力

　仮に「活性化されたモラルの意識」があっても、「未知への警戒」がなければ意味がない。研ぎ澄まされた「未知への警戒」があって初めて、「活性化されたモラルの意識」が有効に作用する。

　同様に、「活性化されたモラルの意識」があるばかりで、「法令にもとづく職務上の責務」の認識を欠いたり、「専門とする科学技術の知識・経験・能力」が低ければ、どうしようもない。

　モラルの意識や倫理は、ひとり歩きするものではないのである。

(2)　行動の理念

　安全文化の行動の理念として、次の三つがあるとみる（前出125頁参照）。

　　・社会に自生し伝承されることの尊重
　　・完全性への指向
　　・他律よりも自律が基本

　つまり、「活性化されたモラルの意識」は、これらの理念を踏まえることによって、組織のみんなと共通の理解のもとに、安全確保に有効な行動となる。

(3)　安全文化の活動

　「モラルの意識」は個人のものである。各個人が、自分には活性化されたモラルの意識があるのだ、と意識することで活性化される。しかし、それだけでは、活性化された意識は個人にとどまる。

　そこで、組織としてみんなが各自そのようにするよう方向づけることによって、組織全体のモラルの意識（共通モラル）が活性化される。それは、

図のなかの「組織マネジメント」の課題である。

さらにいえば、「組織マネジメント」にモラルの意識の活性化を取り入れても、それだけでは安全は確保されない。「技術」と「プロセスマネジメント」が必要なレベルに達していなくてはならない。それにもう一つの重要な要素として「制度」の影響がある。

7.3.3　人間関係の規範

モラルや倫理は、本章の始まりの定義が示すように、人間関係の規範である。そのことが倫理というものについて考えさせる。

環境について

環境を大切にしなければいけないという環境尊重と、環境倫理とは同じではない。環境を大切にして環境と共存する生活は、倫理を介するまでもなく、人類の歴史とともに地球上の方々で行われてきた[19]。

> 19世紀あたりから、人間は人間以外の世界に対しても何らかの責任があるという見方が受け入れられるようになった。たとえば、動物に不必要な苦しみを与えることは、よくないとする。この考えは、虫やバクテリアのような"下等な"動物にまでは拡大されず、もちろん植物には及ばない。
> 人間が、自然に存在するもののうち人間以外のものに責任があると認めるのは、人間の役に立ちそうなものに限られている。美しいとか、楽しいとか、あるいは科学的研究のために、野生地区を保存する義務を認めるもので、1本の木を1人の人間と同じように尊重するのではない。

持続可能性

当初、倫理は人間ではないから、倫理の対象にはならない、と考えられた。1987年に国連の「環境と開発に関する世界委員会（WCED）」において、「持続可能な開発」ないし「持続可能性（sustainability）」の概念が提起され、「環境保全と開発の関係について、未来世代のニーズを損なうことなく、現在世代のニーズを満たすこと」とされた。

つまり、現在の世代だけでなく、まだ生まれてきていない将来の世代

---

[19] ヴェジリンド＆ガン著、日本技術士会環境部会訳編『環境と科学技術者の倫理』丸善、82頁・93頁（2000）

の存在を認めて、現在の世代が将来の世代に対して負う責任を認識するようになった。世代を越えた人間関係の倫理に相違ない。これを受けて1996年、ASCEの倫理規程の基本綱領第1条に、「持続可能な開発の原理に従うよう努めるようにする」が入った（表7.2参照）。

SDGs

この方向で、2015年、国連サミットで「持続可能な開発目標（SDGs）」が採択された[20]。すなわち、

> 先進国を含め、すべての国が行動する
> 人間の安全保障の理念を反映し「誰一人取り残さない」
> すべてのステークホルダーが役割を担う
> 社会・経済・環境に統合的に取り組む
> 定期的にフォローアップする

これにより、2030年を年限とする17の国際目標を掲げた。

> 01　貧困をなくそう
> 02　飢餓をゼロに
> 03　すべての人に健康と福祉を
> 04　質の高い教育をみんなに
> 05　ジェンダー平等を実現しよう
> 06　安全な水とトイレを世界中に
> 07　エネルギーをみんなに　そしてクリーンに
> 08　働きがいも経済成長も
> 09　産業と技術革新の基盤をつくろう
> 10　人や国の不平等をなくそう
> 11　住み続けられるまちづくりを
> 12　つくる責任　つかう責任

---

[20] 外務省ホームページ "Japan SDGs Platform"：https://www.mofa.go.jp/mofaj/gaiko/oda/sdgs/index.html

13　気候変動に具体的な対策を
14　海の豊かさを守ろう
15　陸の豊かさも守ろう
16　平和と公正をすべての人に
17　パートナーシップで目標を達成しよう

　これら17の国際目標を踏まえたうえで、日本の課題は何か、考える必要があると思われる。

7.3.4「殺さない」モラル
　十戒の人との関係や、ガートのモラル原則は、「殺さない」を一番に掲げる。そのことの現代的意義を考えよう。
(1)　生命倫理
　精子が卵子に出会うと胚は、すぐに細胞分裂と分化へ向かう。そこで、「すべての受精卵に人としての尊厳があると考える人たち」がいる一方、「精子と卵子は人間ではない。受精して胚になってもまだ人間ではない。少なくとも6か月は胎内にいて体を大きくし、各部を発達させ、ニューロンを作り、細胞の数を増やしていってはじめて人間になる」と考える研究者がいる[21]。
　この一連の段階の、どこから人を殺すことになるか、それが問題だ。「殺さない」は、先端領域の生命科学でも、根本の第1番のモラル原則である。
(2)　人を殺さない設計
　ハーバード大学の政治哲学教授のサンデルは、日本でも知られた授業の「犠牲になる命を選べるか」と題する章で、路面電車の二つの場面を用いている[22]。

　　第1場面　君は路面電車の運転手で、行く手に5人の労働者がいることに気づいて電車を止めようとするが、ブレーキが利かない。脇に逸れる線路（待避線）にも働いている人が1人いる。ハンドルを切ってそちらへ入

---
[21] ガザニガ，マイケルS.著，梶山あゆみ訳『脳のなかの倫理――脳倫理学序説』紀伊国屋書店，26・30・34頁（2006）
[22] サンデル，マイケル；NHK「ハーバード白熱教室」制作チーム；小林正弥；杉田晶子『ハーバード白熱教室講義録＋東大特別授業（上）』，Kindle版（No.163, No.193）。訳文では「道徳」とあるところを，この引用では「モラル」に置き換えてある。

れば、1人は殺してしまうけれども、5人は助けることができる。
　第2場面　君は電車の線路の上に掛かる橋にいて、見下ろしている。自分の隣に、橋から身を乗り出しているものすごく太った1人の男がいる。この太った男を突き落とせば、彼は死ぬが、5人を助けることができる。

　政治哲学のサンデルは、この仮想事例によって、学生に哲学的な問題についての討論を仕掛けている。サンデルは「哲学という学問は、私たちを私たちがすでに知っていることに直面させて私たちに教え、かつ、動揺させる学問だ」。君たちが「慣れ親しんで疑いを感じたこともないほどよく知っていると思っていたことを、見知らぬことに変えてしまう」と説く。サンデルは、学生たちに意見を言わせながら誘導して、18世紀のカントとベンサム、1806年生まれのジョン・スチュアート・ミルなどの名著を紹介し、学生たちを古典的な哲学の世界へと引き入れる。

　古典的な哲学の学説は、大切に違いないが、この構成では、"5人のために1人を殺すのは正義"と誤解されないだろうか。モラル原則の第1番に反する誤解であり、とんでもないことだ。

　ベンサムらが説いた功利主義（utilitarianism）は「最大多数の人々に最大幸福をもたらすことを理想とする倫理」として紹介されてきた。しかし、社会を組織している各個人は、すべて1人として計算されるべく、何人も1人以上に計算されるべきではない」とする思想であった[23]。

　「殺さない」がモラル原則であり、倫理である。そもそも、路面電車がブレーキの利かないときは、動かないように設計し、製作するものだ。

7.4　技術者の倫理規程

　技術者は一般に、組織に所属して働き、組織としての倫理問題に直面する。
　個人のモラルの意識が組織の共通モラルとなり、組織としての倫理的な行動となる。規範として、技術者団体が制定する倫理規程が、社会の

---

[23] 河上肇『資本主義経済学の史的発展』弘文堂、349頁（1923）

要求に応じて発展し、技術者の倫理の代表的な規範になっている。

行動のあり方についての定めを、行動規程（code of conducts）といい、そのうち倫理に重点を置くのが、倫理規程（code of ethics）である。

歴史的にみると、社会に技術業（engineering）[24]が職業であると名乗る人たちが出現し、その人たちのコミュニティができ、技術者の団体が設立され、やがて倫理規程が制定されるようになったのだった。

7.4.1　技術者倫理の生育

米国でみると、倫理規程が制定されるようになった発端は、政府による職業免許すなわち職業の規制だった。イリノイ州の例では、医師（1877年）、薬剤師及び歯科医（1881年）、建築家（1897年）など、これらの職業が野放しでは州住民の利益が害されるのを防ぐ目的があった[25]。技術業では、1907年、ワイオミング州で、専門職[26]とはいえない人々を除外するためにプロフェッショナル・エンジニア（professional engineer, PE）制度が立法され、20世紀前半に全米に普及した。

その間に、PE団体が倫理規程を備えるようになり、最も初期の典型的な主張は1912年「技術者は依頼者及び雇用者[27]の利害関係の保護を、専門職の第一の責務とみるべき」とした。公衆に対する責任については単に、技術者は「技術業についての公衆の公平で正しい一般的理解を助け、技術業の一般的認識を広げ、そして報道その他に技術業のことについて事実でない、不公平な、または誇張された記述が現れないよう、努力すべきである」と述べるのみだった。下って1947年、エンジニアの協議団体ECPD[28]の規程が、エンジニアは「公衆（public）の安全と健康に正当な注意を払う」と規定し、雇用者・依頼者に対する義務だけでなく、公衆に対する義務を認めた。さらに1974年に、「エンジニアは、その専門職

---

[24] 技術者倫理というが、もとの英語 engineering ethics を直訳すれば、「技術業（engineering）」の倫理である。技術業は、科学技術を人間生活に利用する業であり、農業、製造業などの「業」の一つである。英語の engineer は、日本語では「技術者」と「工学者」に分けられるが、本書では、「技術者」または「エンジニア」の語を、両方の意味に用いる。

[25] Shapiro, Sidney A.; Tomain, Joseph P.:" Regulatory Law and Policy: Cases and Materials, 3rd Ed., Lexis-Nexis (2003)

[26] 広義の「職業（occupation）」に対して、専門的な知識・経験・能力を必要とする「専門職業（profession）」に従事するのが「専門職（professional）」

[27] 雇用者（employer）は、雇い主のこと、雇われる人は　被用者（employee）

[28] ABET（現在は ABET, INC.）は、米国の技術者教育の第三者認定を行う機関であり、その前身がECPD（Engineers' Council for Professional Development）だった。

の義務の遂行において、公衆の安全、健康及び福利を最優先する」という、「公衆」優先を掲げる現在の形になった[29]。

あとで説明するが、「公衆」を対人関係の相手とみるのは、技術者倫理の重要な特徴である。

この動きをアカデミックな倫理の学者がとらえ「技術者倫理（engineering ethics）」として認知した。チャレンジャー号事故が起きた1986年は、認知されて10年になったばかりで[30]、倫理学者によるこの事故の分析とともに知られるようになった（第4章参照）。

7.4.2　倫理規程の構成

米国の代表的なエンジニア団体の倫理規程は、前記ECPD規程から出ていて、一般に、前文・基本綱領・細則の3部からなる。

倫理規程の中心である基本綱領の例を、全米プロフェッショナル・エンジニア協会（NSPE）と、アメリカ土木エンジニア協会（ASCE）について示す（表7.2参照）。「対人関係」と「価値基準」の「〇〇原則」の表示は、日本で付けられた[31]。

基本綱領は、NSPEは6か条、ASCEは8か条という、少数の短文の条文からなる。「対人関係」には、第1条から順に、「技術者対公衆」、「技術者対業務の相手方」、「技術者対技術者」、「技術者対すべての関係者」がある。

第4条について、技術者が業務に従事する二つの場合がある。

---

[29] ハリス、プリッチャード＆ ラビンズ、日本技術士会訳編『科学技術者の 倫理（初版）』丸善、35頁（1998）
[30] Davis, Michel, Edited: Engineering Ethics, The International Library of Essays in Public and Professional Ethics, Volume 1, Ashgate (2005)
[31] 日本技術士会『科学技術に係るモラルに関する調査報告』平成12年度科学技術振興調整費調査研究報告書、36頁（2001）

表7.2 技術者団体の倫理規程の基本綱領

技術者は、その専門職の義務の遂行において、次のようにする．

(対人関係)	(価値基準)		＜NSPE基本綱領＞	＜ASCE基本綱領＞
[技術者]対[公衆]	公衆優先原則		1. 公衆の安全、健康、及び福利を最優先する。	1. 技術者は、専門職の義務の遂行において、公衆の安全、健康、及び福利を最優先し、かつ持続可能な開発の原理に従うよう努めるようにする。
	持続性原則			
[技術者]対[業務の相手方]	有能性原則		2. 自分の有能な領域においてのみサービスを行う。	2. 技術者は、自分の有能な領域においてのみサービスを行う。
	真実性原則		3. 公的な表明をするには、客観的でかつ真実に即した方法のみで行う。	3. 技術者は、公的に表明をするには、客観的でかつ真実に即した方法のみで行う。
	誠実性原則		4. 雇用者または依頼者それぞれのために、誠実な代理人または受託者として行為する。	4. 技術者は、専門の自事項について、雇用者または依頼者それぞれのために、誠実な代理人または受託者として行為し、そして利害関係の相反を回避する。
	正直性原則		5. 欺瞞的な行為を回避する。	5. 技術者は、自分のサービスの真価によって自分の専門職としての名声を築き、そして他人と不公平な競争をしない。
[技術者]対[技術者]	専門性原則		6. みずから名誉を守り、責任を持ち、倫理的に、そして適法に身を処する事により、専門職の名誉、名声、及び有用性を高めるよう行動する。	6. 技術者は、技術専門職の名誉、誠実、及び尊厳を高く掲げ、かつ増進するように行為する。 7. 技術者は、自分の専門職の発展が、自分の経歴を通じて持続するようにし、そして自分の監督下にある技術者に、専門職としての発展の器械機械を与える。
[技術者]対[すべての関係者]	公平性原則			8. 技術者は、その専門職業が関係するすべてのことにおいて、すべての人を性、もしくは性別、人種、国籍、民族、宗教、年齢、性的指向、障害、政治的所属、または家族、結婚、もしくは経済の状態を問わず、公平に扱い、衡平な参加を推進する。

NSPE：全米プロフェッショナル・エンジニア協会

ASCE：アメリカ土木エンジニア協会

一方は、雇用されて働く被用者（employee）の場合、雇用者（employer）に対し代理人（agent）として、他方は、例えば自営して直接に業務の依頼を受ける場合、依頼者（client）に対し受託者（trustee）として、それぞれ誠実に行為することを定める。

ASCEでは、1914年制定ののち改訂を経て、2009年に基本綱領第1条後半の「持続可能な発展」を加えた。NSPEは、同じ規定を2006年に基本綱領ではなく、細則に入れている。ASCE第8条は「社会的責任」が強く認識されるようになり、2017年に新設された。

NSPEが基本綱領を変えていないのは、規範として信頼されるには、継続が大切だからと思われる。頻繁に改変したら、信頼されなくなるであろう。

ASCE、NSPEともに、基本綱領の各条ごとに、詳細な細則を設けていたが、ASCEは2020年に様式を改めた（ASCE新版。本章末）。詳細な細則を定めても、あまり役に立たない。むしろ、必要な全体を一覧できるようにしたのが、ASCE新版なのだろう。倫理規程のあり方の一つの方向を示すものといえよう。

7.4.3　倫理規程の性格

基本綱領の少数の条文は、古代の十戒と同様、守るべきことを心に刻む手法であろう。エンジニアたちが倫理の関係で、重要とみる項目であり、モラルの規範と徳の規範とが混ざったような内容だ。

倫理規程には、こうして文字に書かれたことだけではなく、それを支える個人のモラルの意識、共通モラルがある。「殺してはならない」などのモラル原則は出てこないが、当然の前提になっている。留意すべき大事なことである。

コミュニティが倫理規程を制定するには、次のような期待がある。

①倫理規範の周知徹底

基本綱領は、NSPEは6か条、ASCEは8か条という、短文の数か条の簡潔な規範であり、守るべき人々に提示し周知徹底して記憶に刻み、そのように行動するよう意識づけるものである。

②倫理判断の基準

倫理規程は、行為・行動に先立って、してよいこと、してはいけないことを判断する規範（行為規範）であり、また、なされた行為・行動が、してよいことだったかどうかを評価する規範（評価規範）でもある。

メンバーの倫理違反に対する制裁には、制裁される人の権利を不当に侵害しないよう、慎重な配慮を必要とする。単純な基本綱領はもちろん、細則を設ける程度では足りず、違反の有無や程度を判断する基準や、制裁の手続きの規定を備える必要がある。倫理規程は、本質的に、メンバーの自律による行動を促すものであり、制裁による強制はなじまない。

③共通の理解の象徴

倫理規程の制定や改正の際、メンバーの自由な討論によって共通の理解が形づくられ、団体の自律の規範として、共通の理解を象徴するものとなる。

④組織の誓約

公表することによって、社会に向けて組織の倫理方針の誓約（commitment）となり、組織の社会的地位を確立することにつながる。

⑤安定性

エンジニアに求められる倫理は、科学技術及びそれを支える社会条件の展開とともに変化がありうる。その変化を、倫理規程に反映する必要である。他方、規範として信頼されるには、長期にわたる安定性が大切であり、安易な改廃は妨げとなる。

7.5　社会とコミュニティ

社会において、主要な二つの規範、法と倫理は、互いに補う関係にあり、すでに図によって説明したとおりである（前出30頁、図2.2参照）。

7.5.1　法と倫理

倫理は、コミュニティ（community）で育つもので、人々が自主的に遵守するよう期待される自律の規範である。倫理の遵守には、自分が守れ

ば他の人も守るだろうという期待があり、コミュニティには、期待が実現される人間関係がある。法[32]は、社会がそこにいるすべての人々に遵守するよう強制する他律の規範である。人々は互いに見ず知らずで、法を守ろうとしない人もいることが前提だから、強制を伴う他律が原則とされる。

7.5.2 コミュニティ

「私」という人には、家族コミュニティがあり、地域コミュニティで暮らし、勤め先の企業コミュニティで仕事をし、技術者コミュニティ（土木学会、日本機械学会など）に入っている。こう書けば、コミュニティがイメージできよう（図7.1参照）。同じ社会に住んでも、同じコミュニティで互いに仲間（fellow）といえる人、別のコミュニティに属し、むしろ敵対（enemy）関係にある人もいる。

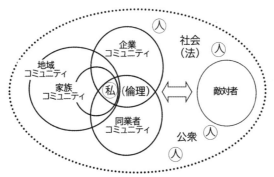

図7.1 社会とコミュニティ

社会学者のG・ヒラリーがコミュニティの定義例を集めたところ94通りあったという[33]。ここで、団体内部のコミュニティを想定し、次のとおり定義する。

> コミュニティは、互いに仲間といえるような、多少なりと信頼関係にあり、多少なりと対話できる人たちが、共通の目的のもとに連帯感をもって

---

[32] 「法」と「法律」は、同じ意味で、文章の調子に合わせて使われることが多い。しかし、議会の議決をへて制定された法を「法律」といい、それを含む広い意味に「法」を用いることもある。
[33] 広井良典『コミュニティを問い直す―つながり・都市・日本社会の未来』ちくま新書、11頁（2010）；広井良典・小林正弥編著『コミュニティ』勁草書房、13頁（2010）

集まっている集団。

仲間関係の特徴は、個人相互の対話である。対話が信頼を生み、相互の連帯関係を育て、コミュニティの風土や共通モラルを育てる（図7.2参照）。

コミュニティは最小2人、人数が多くなると全員が対話するわけにはいかないが、同じ集団にいる仲間感情があり、対話の機会の可能性がある。「多少なりと」は、その意味である。

図7.2　コミュニティ
双方向の矢印は、対話を示す。

7.6　公衆とは何か

技術者団体の倫理規程は、一般に、基本綱領の冒頭に「公衆の安全、健康及び福利を最優先する」を掲げることが象徴するように「公衆」の最優先は、技術者の倫理の特徴といえる。

7.6.1　公衆の意義

マイケル・デービスが、1991年に「公衆（public）」を次のように解釈し、その意義を明瞭にした[34]。

> 技術業のサービス（＝技術者の業務）に、自由な、またはよく知らされたうえでの同意を与える立場にはなくて、その結果に影響される人々。

この「よく知らされたうえでの同意（informed consent）」は、インフォームド・コンセントがすでに日本語になっている。

科学技術に関することは、素人や専門外の人にいくら説明しても、専

---

[34] ハリスら、前出125頁; Devis, Michael, "Thinking Like an Engineer: The Place of a Code of Ethics in the Practice of a Profession." Philosophy and Public Affairs, 20, no.2 (Spring, 1991), 150-167

門の技術者ほどには理解できない。商品に代金を払い税金を納める人々は、その商品についてよく知らされたうえで、自由意思で購入し納税するのでなければならないのに、高度な科学技術を利用する商品や公共事業は、そうはいかない。よくわからないまま、欠陥があるかもしれない商品や税金の不当支出による被害を受ける。そういう立場にある人々を、公衆という。技術者も、専門外のことでは普通の人であり、公衆なのである。

7.6.2 英語と日本語

　日本の文系の学問では「自分が使う主な用語をはっきり定義した上で論旨を述べるという習慣がない」といわれる[35]。

　理系では、用語を定め、明瞭に定義する習慣がある。例えば化学の分野では、硫酸、塩酸、硝酸、酢酸などの語が決められ、知識の限りを尽くして定義され、討論を経て化学に関係するすべての人がそれを尊重するようになる。ある液体の名前を、技術者Aは塩酸と呼び技術者Bは硫酸と呼び技術者Cは硝酸と呼ぶなどという、ばらばらの用語は決して許容されない。医学にしても、腎臓、肝臓、心臓の文字はそれぞれ1字違いだが、明確に識別される。それが理系の用語法である。

　日本では、「公衆」について関心が薄いのか、英語でpublicとあれば、訳語は「公共」とされることが多い。「公」は元来、朝廷、幕府、政府など権力をにぎる勢力であり、その利益が優先され、一般国民（公衆）の福利が犠牲になるのはやむをえないという発想になりがちである。「公衆の福利」が「公共の福祉」とされたら、その"福祉"がいまでは弱者保護の面に使われ、意味が違ってしまう。これでは、技術者の倫理は、わからないままで終わろう。

　すでに、「モラル」と「道徳」の関係について述べた（前出193頁参照）。これらのことが、国際間に共通の倫理の理解を妨げている。

---

[35] 鶴見俊輔『アメリカ哲学(上)』講談社学術文庫、77頁(1976)

アメリカ土木エンジニア協会　倫理規程（新版）用語解説

　ASCE（アメリカ土木エンジニア協会）は、当初の倫理規程の様式を守ってその後の発展を継ぎ足してきたが、2020年に様式を一新した新版（このあとに示す）を制定した。技術者の倫理規程のあり方の一つの方向を示すものとして、目を通しておくとよい。理解の参考に、インテグリティ／レジリエンス及び公平・公正・衡平について解説する。

インテグリティ／レジリエンス

　インテグリティは3か所（前文、3a、4a）に、レジリエンスは「レジリエント」として1か所（前文のうち基本原理）に出てくる。

　この2語については、本書第5章に説明がある（前出103頁及びコラム5.2「インテグリティとレジリエンス」参照）。

公平・公正・衡平

　衡平は4か所（前文のうち基本原理、3e、5d、5g）に、公平は2か所（前文のうち基本原理、1f）に出てくる。公正は、ここには登場しないが、この3語はいずれも広い意味での「公平」だが、およそ次のような違いがある[36,37]。

①公平（fair, fairness）
　特定の当事者間において、いずれにも偏っていない場合に「公平」であるという。

②公正（just, justice）
　社会ないし不特定多数の関係において、受け入れられている規範から外れてだれかに有利であるような偏りがない場合に、「公正」であるという。いわば、不特定多数の間の公平である。

③衡平（equitable, equity）
　既存の法が不適当である場合に、モラルと常識（moral and common sense）にもとづいて、公平または公正な解決になるようにする。これが衡平のルールである。

　こうしてみると、ASCEの倫理規程に「衡平」の語が使われていることがうなずけよう。

---

[36] Webster's New World Dictionary, Third College Edition
[37] 杉本泰治『法律の翻訳』勁草書房、182頁・206頁（1997）

第7章　信頼される倫理

アメリカ土木エンジニア協会　倫理規程（新版）

前文（Preamble）
　アメリカ土木エンジニア協会の会員は、自らインテグリティとプロフェッショナリズムによって行動し、土木技術の実務を通じて、他の何ごとよりも、公衆の健康、安全及び福利を保護し、推進する。
　技術者は、次の基本原理に従って自らの専門職のキャリアを管理する。
- ・安全で、レジリエントで、かつ持続可能なインフラストラクチャを創造する。
- ・すべての人々に尊敬、尊厳及び公平をもって接し、個人的アイデンティティにかかわらず、衡平な参加を育てるようにする。
- ・現在及び予測される社会のニーズを考慮する。そして、
- ・自らの知識及びスキルを、人間の生活の質の向上に利用する。

　すべてのアメリカ土木エンジニア協会の会員は、会員の種別や職務の種類に関係なく、次の倫理的責任のすべてを誓約して遂行する。それらの倫理的責任が相反する場合は、ステークホルダーの5者を優先の順に列挙する。所与のステークホルダーのグループ内では、責任の優先順位はなく、ただし、1a は他のすべての責任の上位にある。

倫理規程（Code of Ethics）
1. 社会（Society）
　技術者は
a. 第一に、かつ最高に、公衆の健康、安全、及び福利を保護する；
b. 人間の生活の質を向上する。
c. 専門職の意見は、真実に即し、かつ適切な知識と正直な確信にもとづく場合にのみ、表明する；及び
d. あらゆる形態の贈収賄、詐欺及び汚職の許容はゼロであり、違反を正当な権限ある者に報告する。
e. 市中の行事に役立つよう努める。
f. すべての人々に敬意、尊厳、及び公平をもって接し、差別及び嫌がらせのすべての形態を拒否する。
g. コミュニティの多様な歴史的、社会的及び文化的ニーズを認識し、自らの作業にそれらの考慮を組み入れる。
h. 現在及び新たなテクノロジーの能力、限界及び影響を、自らの作業の一環

として、考慮する。及び
i. 不正な行動は、公衆の健康、安全及び福利の保護に必要な場合、適切な権限ある者に報告する。

2. 自然環境と人工環境（Natural and Built Environment）

技術者は、

a. 持続可能な開発の原理を固持する。
b. 社会的、環境的、及び経済的な影響を、自らの作業における改善の機会に、考慮してバランスを図る。
c. 有害な社会的、環境的、及び経済的影響を緩和する。及び
d. 資源を賢明に利用して、資源の枯渇を最小限にする。

3. 専門職業（profession）

技術者は、

a. その専門職業の名誉、インテグリティ、及び尊厳を支える。
b. 技術の実施には、実施する法域におけるすべての法的要求と整合であるようにする。
c. 自らの専門職の資格と経験を、真実に即して表示する。
d. 不公平な競争の実務を拒否する。
e. 現在及び将来のエンジニアとの間に、先輩による指導や、知識の衡平な分け合いを推進する。
f. 社会における土木技術者の役割において、公衆を教育する。及び
g. 専門職として能力開発を続け、技術的及び非技術的な力量を高める。

4. 顧客と雇用者（Clients and Employers）

技術者は、

a. 自らの顧客及び雇用者の誠実な代理人として、インテグリティとプロフェッショナリズムをもって行為する。
b. 顧客及び雇用者に、いかなる現実の、潜在的な、または認識される利益相反も明瞭にする。
c. 顧客及び雇用者に、自らの作業に関係するいかなるリスク及び制限も、適時に通報する。
d. 顧客及び雇用者に、自らの技術的な判断が、公衆の健康、安全、及び福利を危険にさらすかもしれないために、変更を強いられる場合には、その結果を明瞭に、かつ迅速に提示する。
e. 顧客及び雇用者のものと特定された所有権情報の秘密を守る。

f. 自らの力量の領域においてのみサービスを行う。及び
g. 承認し、署名し、またはシールするのは、自らによって、または自ら責任を負って、作成もしくは審査されている作業の産物のみである。

5. 同僚（Peers）
技術者は、
a. 自分で完成した専門職の作業のみを自らの業績とする。
b. 他人の作業の帰属を明示する。
c. 作業場における健康及び安全を促進する。
d. 同僚とのあらゆる関わりにおいて、差別的でなく、衡平で、かつ倫理的な行動をし、これを推進する。
e. 協働的な作業への取り組みは、正直性と公平性をもって行う。
f. 他の技術者及びその専門職業の将来のメンバーの、教育及び能力開発を奨励し、可能にする。
g. 衡平に、かつ尊敬しつつ監督する。
h. 他の技術者の仕事、専門職の評判、個人的な性格については、専門職のやり方でのみコメントする。及び
i. アメリカ土木エンジニア協会の倫理規程への違反を報告する。

第 8 章
個人 – 日本の「働く人」

第8章　個人－日本の「働く人」

　西洋では、個人が「自ら重い責任を負う」のに比べ、日本では「組織内の、正直で勤勉な『善い人』」であり、この違いのままでよいはずはない、というのが本章の課題である（前出134頁参照）。

　組織のなかで働く日本の技術者が、個人で自ら重い責任を負うことが可能だろうか。技術者個人の、自己犠牲や英雄的行為に依存するのではない。ここが大事なところだ。人間の本性に沿った、普通の人のやり方で、技術者なら誰でもその気になれば、当たり前のように自ら重い責任を負って行動する、というシステムが確立されるとよい。そうすれば、科学技術の安全確保一般に、確実に寄与することとなろう。

　技術者は、組織のなかで働く。官民の組織は、どのような原理によるものか。まず、その組織原理を理解するとしよう（8.1）。

　人間社会には古来、何ものかと戦う備えがある。仮に技術者を科学技術がもたらす危害と戦う専門職としよう（8.2）。

　組織内の役割として、技術者が専門技術を担い、経営者が経営を担い、安全確保はこの両者にかかっている（8.3）。

　経営者と技術者は、ともに「働く人」である。西洋の原理によって制定された民法には、「働く人」に適した典型契約の規定があるが、労働法学と民法学がかかわり、あいまいなままになっている（8.4）。

　日本国憲法・民法の規定と整合に、日本の法律が期待する標準的な「働く人」をとらえ、個人が「自ら重い責任を負う」条件を見いだす（8.5）。

　本書で論じてきた安全文化は「働く人」の社会環境を決めるもので、技術者の行動の姿勢を明らかにする（8.6）。

　科学技術を利用する業務における法との関係の重要性から、技術者に対する適切な法教育が、なくてはならない（8.7）。

8.1 組織の行動

技術者は通常、組織のなかで働く。組織は個人からなり、個人の行動とともに、組織の行動がある。

企業（民）には、事業に必要な業務を執行する組織（業務執行組織）があり、行政機関（官）には、行政上の職務を遂行する組織（行政組織）がある。このように官と民とで用語は異なるが,組織を形づくる基本原理(組織原理) は、共通とみてよい。組織原理は、それらの組織の構成及び運用を理解するに欠かせない。

8.1.1 個人と法人

技術者は個人であり、彼らが雇用されて働く企業や公的機関などの団体は法人である。

法人（legal person）は法律に定められ、成立するのも解散して消えるのも、法律上の手続き[1]によってそうなる。その意味で、虚構（架空）の存在である。それと区別する場合、われわれ生物としての人を自然人（natural person）という。個人（individual）というときは、自然人をさしている。

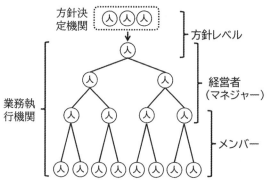

図8.1　業務執行の一般的な階層組織のモデル図

---

[1] 例えば、会社を設立するには、まず発起人が定款を作る。これが会社運営の基本の規則となる。会社の持ち主を「株主」といい、発起人が株主となる人を集めて出資金を銀行などの金融機関に払い込む。払込証明書と定款とを添えて、法務局に登記の申請をし法務局が商業登記簿に記入する。その記入で会社が成立する（会社法第49条）

8.1.2 階層組織

経済学のウィリアムソン（Williamson, Oliver）は、1970年代に企業の組織が重要とみて、経済組織の論理を研究し[2]、規模と複雑性が増すとともに、階層構造の組織が適することを示した。

(1) 階層構造

ウイリアムソンが描いた図にもとづき、一般的な階層組織のモデル図を示す（図8.1参照）。この図は、個人を「人」のマークで示し、組織が個人で構成されていることを印象づけている。法人は、このように個人を配置した組織によって、業務を執行する。

この図で方針決定機関は、会社では取締役会である。方針レベルで業務執行の方針を決め、業務執行機関では、CEO[3]など経営トップが階層組織の頂点に立ち、経営者（マネジャー）による指揮監督のもと、メンバーが行動して業務が執行される。国の行政組織では、頂点に立つ「各省の長は、それぞれ各省の大臣」（国家行政組織法第3条・第5条）である。

(2) 業務執行の3要素モデル

業務執行は、以下①～③の3要素からなるとみる（図8.2参照）。

①上から下への指揮監督（リーダーシップ）

業務執行の権限は経営トップにあり、そのリーダーシップは、上から下への指揮監督によって業務執行の方針を示し、方向づけをするもので、業務執行の根幹となる重要性がある。

②個人の動機

実際に行動するのは個人であり、個人自らの動機が、積極的な行動となる。これはこの後の8.6節で取りあげる次の要素からなる。

1　未知への警戒
2　活性化されたモラルの意識（倫理）
3　法令にもとづく 職務上の責務の認識（法）
4　専門的な知識・経験・能力（技術者においては科学技術）

---

[2] 浅沼万里・岩崎晃訳『市場と企業組織』日本評論社 (1980)。原典は、Williamson, Oliver E.: "Markets and Hierarchies :Analysis and Antitrust Implications", Free Press (1975)

[3] CEO(chief executive officer) は、新聞などで "最高経営責任者" とされることが多いが、アメリカでも日本でも、会社の最高経営責任は取締役会にある。取締役会の決議に従って、必要な業務の執行を担うのが執行役員(executive officer)、そのトップが社長やCEOである。直訳すれば「主席執行役員」となる。

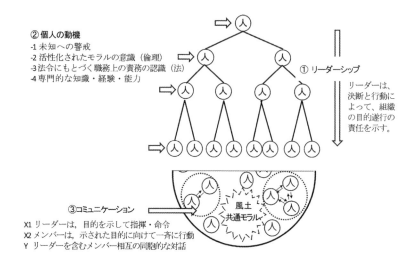

図8.2　業務執行の3層モデル

③コミュニケーション

階層組織に人が配置されると、そのコミュニティにおける、次のタイプのコミュニケーションを通じて業務が執行され、共通モラルと風土が育つ。

X1　リーダーは、目的を示して指揮・命令

X2　メンバーは、示された目的に向けて一斉に行動

Y　リーダーを含むメンバー相互の同胞的な対話

このモデル図は、倫理はひとり歩きするものではなく、このような全体の仕組みのなかで機能することの表現でもある。

8.2　技術者の社会的な位置づけ

日本の社会で、技術者はどのように位置づけられているか。身近なところから考えよう。

8.2.1 科学技術の危害への備え

2020年2月頃からのコロナウィルス問題で、医療の専門職の医師や看護師の苦闘が知れわたった。それでなくても、医師の存在と役割を知らない人はいない。医師法によれば、「医師は、医療及び保健指導を掌ることによって公衆衛生の向上及び増進に寄与し、もって国民の健康な生活を確保するものとする。」(医師法第1条)。国民一般のイメージもこのようなものだろう。

(1) 技術者の役割があいまいなまま

技術者が存在することは、国民に広く知られている。しかし、技術者は、何を掌り、何をもって寄与し、何を確保するものなのか。国民のイメージは、医師の場合のようには、はっきりしていない。医師がいなくなったら困るとは思うが、技術者がいなくなったら困るなどという観念はないだろう。

現実に、科学技術は危害をもたらす危険なものという観念が、ほとんどの日本人にはない。原子力が危険であることは知られているが、原子力が危険な科学技術の一つであるとは考えない。

人間社会には古来、何ものかと戦う備えがある。軍隊は、国家の実力組織であり、主に外敵への対応を目的とし、有事には武器を持って職務に従事する。警察は、軍隊と並ぶ国家の実力組織であり「警察は、個人の生命、身体及び財産の保護に任じ、犯罪の予防、鎮圧及び捜査、被疑者の逮捕、交通の取締その他公共の安全と秩序の維持に当ることをもってその責務とする」(警察法第2条)とされている。

医師を含む医療制度の意義は、前述のとおりであり、いわば病魔と戦う専門職の体制である。

日本は、科学技術が広く深く浸透した社会であり、科学技術がもたらす危害と戦う専門職の体制が必要となれば、それが技術者の社会的な意義だろう。しかし、国民一般が技術者の必要を痛感する機会がないせいだろうか、技術者の社会的な位置づけがあいまいなままである。

(2) 経営者と技術者の役割

ここで考えよう。福島原子力事故は現実に起きた。あのような事故が

起きないようにする備えを欠いていた。その備えをするのは、だれの役割か。そこが問題だ。実際に聞こえてくるのは、東京電力の経営者に対する責任追及ばかりである。しかし、安全確保の備えをするのは、専門技術を担う技術者である。このような事故を起きないようにする観点からは、技術者と経営者の両方に目を向けなければならない。これが、本章の観点である。

8.2.2 技術者への社会の期待

一般の職業（occupation）と区別して、専門職業（profession）に従事する人を、専門職（professional）という。普通の日本人が専門技術を身につけて「働く人」になると、それが専門職としての技術者である（コラム 8.1「科学技術に携わる人々」参照）。

技術者は、科学技術（コラム 8.2「科学技術と STEM」参照）を利用する業務や職務に従事する。技術者は、専門技術を身につけていて「普通の日本人」と同じ環境条件で生活する。それゆえに「普通の日本人」の期待や願望がわかり、その期待や願望に専門技術を駆使して応えることができる。

技術者に対する公衆の期待や願望には、科学技術の危害を抑止する、公衆を災害から救う、公衆の福利を推進する、の三つがある（前出 10 頁参照）。

このとおり「科学技術の危害を抑止する」があるのだが、日本では、ここに問題がある。

コラム8.1　科学技術に携わる人々
(1)　実務的な区分
　実務では、次のような区分が知られている。
科学者　自然の未知に取り組む。
技術者　科学技術を人間生活に利用する構想を立てて実行する。
工学者　科学の研究方法と知識の体系を適用して、技術の未知に取り組む。
技能者　テクニックを持ち、人間生活の利便に直接に役立てる。
テクノロジスト　テクニックを体系的に組み立てて人間生活に役立てる。
　英語では engineer の1語が、日本語では、「技術者」と「工学者」になり、両方合わせて「エンジニア」という。「工学者」は、「科学者」とともに「研究者」である。
(2)　専門家と専門職
　一般の職業（occupation）に対し、専門職業（profession）があり、その人を専門職（professional）という。
　専門職と専門家（expert）は、ともに専門分野の力量（competency）を備え、専門職は、その力量によって生計を立てる。技術者や、建築家、医師、弁護士などがそうである。
　日本語では、専門職と専門家は1字の違いだが、英語では、語源から違う。プロフェッションの語源の形容詞「公言した（professed）」は、最も初期の意味は修道院に入った人の活動をいうものだった。高いモラルの理想に忠実で、ごまかしのない生き方に入ることを公衆に約束した人を思い浮かべるとよい。しかし、17世紀後半までに世俗化し、公言した一定分野の専門的能力が、実務に利用される人を意味するようになった[1]。プロ野球などの「プロ」もこの語である。

(3)　専門的能力
　専門家や専門職の専門的能力が、その力量であり、次の三つの要素からなる。
知識 (knowledge)　専門とする分野の知識であり、科学技術の進歩とともに専門の分化が進行する。
経験 (experience)　知識を利用する実務の経験である。知識だけでは、実務の役に立たない。
能力 (capability)　実務の能力（手腕）である。知識・経験があっても、能力を欠くことがある。
　技術者は、専門分野の科学技術の知識・経験・能力を備える。

[1] ハリス、プリッチャード＆ラビンズ著、日本技術士会訳編『科学技術者の倫理（初版）』丸善、10頁・29頁 (1998、原書出版は1995年)

コラム 8.2　科学技術と STEM

(1)　総称としての科学技術

1995 年に科学技術基本法が制定され、そのころ「科学技術」は英語の「サイエンス・アンド・テクノロジー」だから、「科学」と「技術」との間に区切りを入れて「科学・技術」と表記するのが正しい、という議論があり[1]、その後も「科学技術」のままでよい、との主張との対立は続く[2]。

普通の日本人にとっての「技術」は、英語のテクニック、テクノロジー、エンジニアリングの 3 語に相当する。つまり英語の 3 語の区別が、日本語ではできていない。

①テクニック（技能）・テクノロジー

道具を使うテクニックが原始の人間に生まれ、産業革命のころには、さまざまなテクニックを体系的に組み合わせて蒸気機関車、汽船など、人間生活に利用するテクノロジーが発達した。

②サイエンス（科学）

ナチュラルサイエンス（自然科学）は、自然現象への関心から生まれ、その研究方法と知識の体系をいい、人間生活に利用しようなどとは考えない。

③エンジニアリング（工学、技術）

サイエンスの知識と研究方法を応用して、テクノロジーの原理を解明し、新たなテクノロジーを生み出すようになった。1900 年代に入る前後に、エンジニアリング (engineering) という名の領域が確立された。エンジニアリングは、サイエンスとテクニック／テクノロジーとをつなぎ、同時に、テクニック／テクノロジーを介して人間生活に結びつく。

(2)　科学技術と STEM

現代の日本人は、以上①〜③の全体を「科学技術」とみているようだ。同じような総称として、米国では略語 STEM (Science, Technology, Engineering and Mathematics) が使われている。1990 年代に、国立科学財団（NSF）が、経済発展のための重要分野として着目し、この 4 語を結合して用いるようになり、教育との関連で普及している。日本でも、米国でも、そういう総称が必要なのだ。

---

[1] 井村裕夫「二十一世紀の科学技術と大学の役割」、学士会会報、819 号 83 頁 (1998)

[2] 朝日新聞 2010 年 12 月 15 日 37 面「科学と技術の間には『・』の攻防」。この記事によれば、日本学術会議は「科学・技術」としないと、産業や社会に役立つことが重視され、「純粋な学術研究の軽視につながっている」と主張する。他方、総合科学技術会議は、「・」を入れると、"先端科学・技術" や "総合科学・技術会議" のようにわかりにくくなり、科学技術基本法が「科学技術」で統一されているとする。

8.3 安全確保のカギ―経営者と技術者の関係

科学技術の利用は、一般に組織によって行われる。組織のなかでの経営者と技術者の関係が、安全確保の成否のカギをにぎる。

8.3.1 業務執行組織

事業を営む企業にせよ、規制をする政府機関にせよ、業務を執行し職務を遂行する組織（業務執行組織）がある（図8.1、図8.2参照。公衆の福利を推進する）。そのなかの経営者と技術者について、組織にはリーダーとその指揮に従うメンバーとがいることを考慮して、一般に知られたことをまとめると、次のようにいえよう。

①経営者
経営者は組織マネジメントを担い、組織の個人たちに組織の目的を徹底し、組織の目的の達成に向けて、個人たちの行動を統合するリーダーであり、達成の最大化を目指して、組織マネジメントの知識・経験・能力を駆使して指揮命令し、判断し、組織としての意思決定をすることを職務とする。

②技術者
技術者は専門技術を担い、組織の目的を受け入れ、自らの行動が組織の目的の達成に寄与するメンバーであり、経営者の指揮命令に従い、科学技術の専門的な知識・経験・能力を駆使することを職務とする。

8.3.2 経営者と技術者の目標の相反

組織内の役割として、技術者が専門技術を担い、経営者が組織マネジメントを担う。技術者が専門技術について判断し、経営者が検討のうえ、その受け入れの可否の判断をして、組織としての意思決定をする。これが、組織のルールである。

このルールに従って、技術者と経営者がそれぞれ正しい判断をすれば、安全は確保され事故は起きない。ところが、ときに両者間に不一致がありうる。

技術者は、一方で経営者の指揮命令に従う関係にあり、他方で専門技術によって組織に寄与すべき関係にある。ところが、経営者の目標と、技術者の目標とが、相反することがありうる。例えば、技術者は安全を重視し、経営者はコストを重視する、という相反である。

　もし、技術者による専門技術に関する判断を、経営者が尊重することなく、経営者の一存で経営者の権限で決定してよいとするなら、専門技術を担う者の存在理由を否定し、組織のルールを否定することになる。

　実際にこの問題について考えさせたのは、チャレンジャー事故であった。その後、米国のNRCが実務的な対策を示した（前出104頁参照）。西洋では、個人が「自ら重い責任を負う」ことにより、この対策が有効に機能する、それを前提とした対策である。

　それに比べて、技術者は日本では組織内の、正直で勤勉な「善い人」である。NRCの対策を、機能させることができるだろうか。いや、機能させるにはどうするか、見極めなくてはならない。ここに、科学技術の安全確保の問題のカギがある。

8.4　「働く人」—文化の分かれ道（その2）

　安全確保のカギが「個人」にあることがわかってきた。日本の「個人」は、どのような人だろうか。

　経営者と技術者はともに「個人」で、「働く人」である。英語でいえばworking personである。日本の「働く人」は、どのような人か、確かめるとしよう。いわゆる"日本人論"で多面的に日本人が論じられているが、それではなく、日本の法が「働く人」の責任をどう見ているかである。しかし、それがよくわかっていない。

8.4.1　日本の「働く人」の不明

　日本の社会で、近年高まりをみせている傾向に、社会的な弱者や少数者の保護（以下「弱者保護」という）やSDGsがある。

(1) 弱者保護

国際間の例として、AI（人工知能）の倫理を取り上げた IEEE（電気電子学会）の「倫理的に配慮された設計（Ethically Aligned Design）」（前出199頁参照）は、その一般的原理として、次のとおり国際間の合意を掲げる。

・世界人権宣言（1947年）
・市民的及び政治的権利に関する国際規約の選択議定書（1966年）
・子どもの権利条約（1989年）
・女性に対するあらゆる形態の差別の撤廃に関する条約（女性差別撤廃条約、1979年）
・障害者の権利に関する条約（障害者権利条約、2006年）
・ジュネーヴ諸条約（1949年）

このように、人権問題の重心を弱者保護に置くのは、西洋と日本とで共通の動向である。ところが、西洋ではいわゆる「個の確立」があっての弱者保護であるのに対して、日本では「個」があいまいなままの弱者保護になっている可能性がある。

極言するなら、日本一国の国民全部が保護対象の弱者になっては、国が立ちいかなくなる。実際に「働く人」が存在し、彼らの働きによる稼ぎが原資となって国の存立を支え、それによって弱者保護が成り立っている。「働く人」があっての弱者保護である。もちろん弱者保護は正当だ。ただ、ものごとの順序として、「働く人」という存在が、認識されなくてはならない。

ところが、その「働く人」がどのような人なのか。条約による国際間の合意あるいは国の法律で定める弱者保護であることからすれば、これは法ないし法学の課題と思わるが、どのように説かれているのか、少なくとも普通の日本人にわかるようには知られていない。「働く人」の認識が不明のままの、弱者保護である。

(2) 持続可能な開発

　持続可能性（sustainability）の概念は、1987年、国連の「環境と開発に関する世界委員会[4]（ブルントラント委員会）」の報告 "Our Common Future"（邦題『地球の未来を守るために』）で提起され、「環境保全と開発の関係について、未来世代のニーズを損なうことなく、現在世代のニーズを満たすこと」とされた。

　この方向で、2015年、国連サミットで「持続可能な開発目標（SDGs）」が採択された[5]。すなわち、

　　先進国を含め、すべての国が行動する
　　人間の安全保障の理念を反映し「誰一人取り残さない」
　　すべてのステークホルダーが役割を担う
　　社会・経済・環境に統合的に取り組む
　　定期的にフォローアップする

これにより、2030年を年限とする17の国際目標を掲げた。

　01　貧困をなくそう
　02　飢餓をゼロに
　03　すべての人に健康と福祉を
　04　質の高い教育をみんなに
　05　ジェンダー平等を実現しよう
　06　安全な水とトイレを世界中に
　07　エネルギーをみんなに、そしてクリーンに
　08　働きがいも経済成長も
　09　産業と技術革新の基盤をつくろう
　10　人や国の不平等をなくそう
　11　住み続けられるまちづくりを
　12　つくる責任、つかう責任

---

[4] WCED：World Commission on Environment and Development.
[5] 外務省ホームページ "Japan SDGs Platform"

13　気候変動に具体的な対策を
14　海の豊かさを守ろう
15　陸の豊かさも守ろう
16　平和と公正をすべての人に
17　パートナーシップで目標を達成しよう

　これら17の国際目標を、日本は国際社会と共有し、そのほうへ向かう一方で、日本においてそれを支えるのは「働く人」だろう。
(3)　基本的人権の持ち主の不明
　日本人は、第二次大戦後、日本国憲法によって基本的人権の享有を保障された。以来70余年、日本人は基本的人権の恩恵を享受し、基本的人権の侵害を厳しく批判する姿勢を身につけた。
　ところが、基本的人権の持ち主の日本人はどのような人か。日本人の標準像があいまいである。日本では、江戸時代末期の開国により封建社会の武家支配から、明治憲法の天皇主権に、日本国憲法の国民主権へという、極めて重大な質的転換があった。それだからこそ、国民主権のもとでの日本人はどのような人か、確認すべきだろう。日本人をしっかりと認識し、そのうえで権利・義務を論じるとわかりやすいと思うのに、そうなっていないのが現実である。
　明治期、急速な西洋化を目指す明治政府は軍事技術の導入、官営工場、建築・都市などの技術にかかわるもの、衣食文化など推進し、西洋の原理による法制度も受け入れた。民法の成立は封建社会から明治期への社会情勢と価値観の転換もあり明治29年となった。この西洋の原理による法を受け入れた時点では、民法を起草した穂積陳重・富井政章・梅謙次郎はじめ法学者たちには、日本人の認識があった。日本に生まれ、日本で育ち、日本人として日本の難局に取り組む意識があったのだ（本書第2章参照）。
　それから120余年の間に、法学は日本人を見失ったようだ。法学が説いているのは、持ち主の性格不明のままの基本的人権である。

8.4.2 「働く人」の探索

日本の「働く人」や日本人の標準像を求めて、探索しよう。

日本が明治期に西洋に学び、西洋の原理による民法を制定して以来、そのなかに「契約」の規定がある。13個のタイプの契約を規定していて典型契約と呼ばれる。これが手がかりになると思われる。法律のことはともすると専門分野の人にまかせがちであるが、われわれの日常に強く関連する雇用契約のところは安全文化とのかかわりが深く、本書の読者にも知っておいていただきたいところなので多少詳しくなるが以下に述べる。

民法の契約の章に、第2節から第14節まで、典型契約13種の規定がある。各節の冒頭の規定[6]を一覧表に示す（表8.1参照）。いずれも「○○は……によって、その効力を生ずる」という同じ形である。

(1) 「典型契約」の法学

典型契約の理解を誤らせる学説がある。

民法学の大村敦志は1997年、我妻栄（わがつまさかえ）（1897-1973、東大教授）は、「取引関係の複雑化によって、従来の典型契約の規定が当てはまらなくなることがあること、また、新たな型が存在することがある」ことから、「典型契約というものに対して、消極的ないし否定的な考え方」であり、しかし「実はあまり論じられることがなく、その全貌ははっきりとは示されていない」とした。

つまり、我妻は典型契約というものを否定的に考えている。しかもその全貌ははっきりとは示されていないとの大村の指摘である。民法は典型契約13種をまとめて「契約」として規定しているのに、我妻はその意義を認めないというのだから、これは民法の根幹にかかわる大問題である。

我妻の典型契約否定と覆そうとする大村の主張には、支持者がいる。2014年、民法学の小粥太郎（こがゆ）は、大村が「我妻栄・来栖三郎（くるす）・鈴木禄弥（ろくや）・星野英一ら」の「典型契約に対する消極的評価を覆し、積極的役割を肯

---

[6] これらの規定は、平成17（2005）年施行の民法現代語化改正による条文であり、明治の立法時の条文が現代語化されただけである。

定したのは重要である」、「大村の見方はもっとも」であるとし、次のように記している（傍点は著者による）。

　法律家が目を奪われがちな、裁判にあらわれるような、珍しい契約を対象とする難しい事件を前提とするなら、従前の学説のいう典型契約規定の意義の理解の仕方も、正しい側面を含んでいるといえよう。
　しかし、世の中の大半の契約は、典型的な契約類型に収まるものであり、事件となって裁判で争われることもなく、定型的に処理されてゆく。それが、大村の着眼である。とりわけ契約行動を大量現象として観察するなら、大村の見方はもっともであり、この視点を得ることによって法制度における、あるいは社会における、契約制度の役割は、よりよく理解できると考えられる。

ここに「世の中の大半の契約は、典型的な契約類型に収まる」「事件となって裁判で争われることもなく、定型的に処理されてゆく」とあり、それが典型契約である。

我妻らの「典型契約」否定・消極説は、以上のとおり、いまでは意味のないものとされているようだが、長い間、権威をもって影響を及ぼしてきた。

そのために、典型契約13種の規定はあっても、間違った解釈がなされたり、解釈が未開発ないし不十分ということがあるようだ。ここでその内容に立ち入る余裕はないが、本章の関心事の、個人として尊重される人や、「働く人」に関することが、空白になっていると思われる。

以下、「働く人」に関して、典型契約の解釈をこころみる。

この典型契約のなかの雇用の規定（雇用契約、表8.1参照）をめぐって、学問の争いがある。

(2)　雇用契約と労働契約

雇用の規定（雇用法）に対し、それを削除しようという労働法学の側からの主張である。

第二次大戦後の日本で、労働法（学）の発展は、弱い立場にある労働者の労働条件の改善に大きな貢献をした。

下って2007(平成19)年、新たに労働契約法が制定された。労働法学では、

「労働契約と雇用契約がほぼ重なり合うことは疑いない」、「労働契約と雇用契約は一致すると解してよい」としている[7]。

そもそも、ここに誤りがある。本来、民法の雇用契約が対等の当事者間で結ばれる、という前提に立つのに対して、労働契約は弱い立場の労働者を保護する弱者保護の労働法の体系中にある。性格の異なる二つの法が「重なり合う」とか「一致する」はずがない。技術者や普通の日本人が考えても、わかる誤りだろう。ところが、民法の2017（平成29）年改正に至る債権法改正検討段階で、「雇用」規定を削除する意図が表明された。この改正では実現しなかったが「(民法の)『雇用』に関する規定は」、「将来的には、これを『労働契約法』と統合する方向が望ましい」、「統合した場合には、民法典の『雇用』の規定は削除されることになる」[8]とされたのである。

これは、雇用の規定を削除することで決着がつけられてよいことではない。削除されないでよかったのだが、ここに本質的な、大きな問題が隠れている。

---

[7] 荒木尚志『労働法』有斐閣、45頁・46頁（2009）
[8] 民法（債権法）改正検討委員会編『詳解 債権法改正の基本方針 V各種の契約(2)』商事法務、243頁（2010）

表8.1　典型契約（2005年施行の現代語化された条文）

節・名称	条文番号	条文
第2節 贈与	第549条	贈与は、当事者の一方が自己の財産を無償で相手方に与える意思を表示し、相手方が受諾をすることによって、その効力を生ずる。
第3節 売買	第555条	売買は、当事者の一方がある財産権を相手方に移転することを約し、相手方がこれに対してその代金を支払うことを約することによって、その効力を生ずる。
第4節 交換	第586条	交換は、当事者が互いに金銭の所有権以外の財産権を移転することを約することによって、その効力を生ずる。
第5節 消費貸借	第587条	消費貸借は、当事者の一方が種類、品質及び数量の同じ物をもって返還をすることを約して相手方から金銭その他の物を受け取ることによって、その効力を生ずる。
第6節 使用貸借	第593条	使用貸借は、当事者の一方が無償で使用及び収益をした後に返還をすることを約して相手方からある物を受け取ることによって、その効力を生ずる。
第7節 賃貸借	第601条	賃貸借は、当事者の一方がある物の使用及び収益を相手方にさせることを約し、相手方がこれに対してその賃料を支払うことを約することによって、その効力を生ずる。
第8節 雇用	第623条	雇用は、当事者の一方が相手方に対して労働に従事することを約し、相手方がこれに対してその報酬を与えることを約することによって、その効力を生ずる。
第9節 請負	第632条	請負は、当事者の一方がある仕事を完成することを約し、相手方がその仕事の結果に対してその報酬を支払うことを約することによって、その効力を生ずる。
第10節 委任	第643条	委任は、当事者の一方が法律行為をすることを相手方に委託し、相手方がこれを承諾することによって、その効力を生ずる。
第11節 寄託	第657条	寄託は、当事者の一方が相手方のために保管をすることを約してある物を受け取ることによって、その効力を生ずる。
第12節 組合	第667条	組合契約は、各当事者が出資をして共同の事業を営むことを約することによって、その効力を生ずる。
第13節 終身定期金	第689条	終身定期金契約は、当事者の一方が、自己、相手方又は第三者の死亡に至るまで、定期に金銭その他の物を相手方又は第三者に給付することを約することによって、その効力を生ずる。
第14節 和解	第695条	和解は、当事者が互いに譲歩をしてその間に存する争いをやめることを約することによって、その効力を生ずる。

(3) 法学のもう一つの「エア・ポケット」

労働法を担う労働法学と、契約法を担う民法学の間の学問の争いの実情が、「労働法の領域からは契約の一般理論への問題提起が次第になされつつあるが、これまで契約法の一般理論の側から労働契約論への歩み寄りはほとんど見られなかった」と評されている[9]。

ここに、契約法の側から「労働契約論への歩み寄りはほとんど見られなかった」とあるが、民法の「雇用」の規定を削除しようというような主張に、歩み寄りができるはずがなかろう。

典型契約そのものに前記の否定・消極説があるようなことだから、このような主張が出るのだろう。前記の規制法の場合の学問のエア・ポケット（前出153頁参照）と同様といえよう。

以下、この論点に向けて進めることにする。

8.4.3 労働者は消極的でよいか

労働契約法は「この法律において、労働者とは、使用者に使用されて労働し、賃金を支払われる者をいう」（同法第2条）。すなわち、労働者は「使用者に使用されて労働する」消極的な存在とされている。自らの意思で積極的に「働く人」ではなさそうだ。

技術者の大多数は労働者である。使用者の指揮命令に従って労働する義務があり、指揮命令に反することは義務違反になる。仮に経営者の指揮命令が、誤りや不適切と思われる場合でも、反対したり、積極的に口出したりする行動をとるには、制裁を覚悟しなければならない。安全確保という、組織の義務に属する課題を、技術者の私的な犠牲において解決しなければならない不合理がある。

経営者の指揮命令を絶対的なものとすることは、経営者を誤りを犯すことのない無謬の存在とみるもので、人間の実態に合わない。経営者もまた誤ることを前提に、誤りを防ぐには、専門技術に関する限り、経営者の面前にいる技術者の積極的な行動が、利用可能な最善の方策であろう。

---

[9] 内田貴『契約の時代 日本社会と契約法』岩波書店、81頁（2000）

こう考えると、労働者である技術者には、弱者として労働法による保護の一方で、積極的な行動ができるようにし、かつ経営者との関係を適切に処理する合理的なルールが必要である。労働契約法にはそれがない。

8.5 日本の「働く人」

日本の法律に「働く人」の一般的な定義の規定はない。そこで、ここまでの検討を踏まえ、日本国憲法と民法とによって、法律が期待する標準的な「働く人」をとらえ、契約の規定の解釈をこころみる。

8.5.1「働く人」標準

日本の「働く人」は、日本国憲法によれば、憲法が保障する自由及び権利を持ち、個人として尊重される人である。その行動する人としての面は、民法の規定と整合に想定すれば、次のように定義できよう。

> (「働く人」標準A)
> 　自らの動機により、信義に従い誠実に(民法第1条2項)、権利を濫用すること(同条3項)や公序良俗に反すること(同第90条)をしないで、法律を守り、自らの知識・経験・能力を駆使して、目的のために働く個人。

このなかの民法第1条2項及び3項は、明治の立法後に認識され、第二次大戦後の1947(昭和22)年改正で追加された。ここに引用の3か条に、英語の「モラル」の趣旨が含まれることに疑いはない。3か条と「モラル」とが完全に同等ではなくても、仮にこの語で置き換えれば、次のようになろう。

> (「働く人」標準 B)
> 自らの動機により、モラルに従い、法律を守り、自らの知識・経験・能力を駆使して、目的のために働く個人。

　日本の法律には、標準 A、標準 B のような期待があり、標準 B の表現は、日本の「働く人」が、西洋の「働く人」と共通することをうかがわせる。日本の民法は、明治期に西洋の原理による民法を受け入れて始まったのだから、それは当然のことではある。

8.5.2 「典型契約」読み方（その１）
　ここまで準備したので、いよいよ民法の典型契約の規定の解釈を試みる。
(1) 典型契約の解釈
　契約の当事者は、人（個人）である。例えば、売買（民法第 555 条）の履行過程においては、一方の人が「ある財産権を相手方に移転する」という働きをし、相手方の人が「その代金を支払う」という働きをする。

　同様に、雇用（同第 623 条）では、当事者の一方が「相手方に対して労働に従事する」という働きをし、相手方がこれに対して「その報酬を与える」という働きをする。

　このように契約の当事者が、それぞれ自らの意思による働きをする。契約の当事者に、前記「働く人」標準を当てはめると、次のようにいえよう。

> 契約の当事者は、自らの動機により、モラルに従い、法律を守り、自らの知識・経験・能力を駆使して、契約の目的のために働く。

　契約の当事者は、契約の目的に向けて、このように自らの動機によって積極的に「働く人」である。

(2) 雇用契約の解釈

　雇用契約の場合、雇用者（雇う人）、被用者（雇われる人）ともに、このように積極的に「働く人」である。これで「雇用」の規定の意義が理解できよう。

　すなわち、被用者である技術者は「自らの動機により」行動する人である。自らのモラルの意識に従い、安全を最優先する行動がありうる。「組織内の正直で勤勉な『善い人』」を越えて、安全確保に「自ら重い責任を負う」姿勢をとることが、民法の規定のもとで可能である。

　技術者は、専門技術に関する判断をすること、そして、その重大性の判断によって、経営者に対し、提案し、熟慮を促し、再考を申し立てることは、契約上、当然のことといえよう。

　経営者は、専門技術を担う者に対し、誠実に職務を遂行してくれるようにとの期待をもって、その提案を受け止めるとともに、納得のいく提案を要求することは、契約上、当然のことといえよう。

　これは、労働法の領域の労働契約法のもとでいえることではない。典型契約のなかに「雇用」の規定があればこそ、こうして技術者のあり方及び経営者と技術者の関係が導かれる。

　雇用契約の規定は、明治期に西洋の原理により制定された、民法の典型契約のなかにある。いい方を変えれば、明治期の制定以来120年余り、日本は西洋と同じ原理の法を共有している。それをすなおに解釈すれば、上のとおり、西洋で行われていることと変わらない結果になる。

(3) NRCの実務ルールとの関係

　法的根拠を求めて、以上、日本法における経営者と技術者の関係をみた。米国NRCは、経営者と技術者の関係を実務のルールにした（前出104頁、表4.2参照）。

　NRCの「積極的安全文化の特性」第3項は、「個人的な説明責任」の見出しのもとに「すべての個人は、安全について個人として責任を持つ」と定める。

　同じく第6項は、「懸念を提起する環境」の見出しのもとに「安全を意識する作業環境を維持し、要員が安全の懸念を、報復、脅し、嫌がらせ、

または差別のおそれなしに、自由に提起できると感じる」と定める。

この3項・6項ともに、憲法をはじめとする法の根拠があって、このようなことがいえる。ここに「法」というのは「法は、その社会が公式化して採用したモラルの最小限度である」と定義される（前出29頁参照）。

科学技術の安全確保には、人間の本性に沿った普通の人のやり方で、技術者なら誰でも、その気になれば当たり前のようにやれるシステムが必要なのである。

8.5.3 「典型契約」読み方（その2）

典型契約の規定には、もう一つの読み方がある。典型契約の類型13個の名称を、並べて図にする（図8.3参照）。

(1) 技術者の働きの多様性

この図から、思い浮かぶのは、「売買」が技術的な製品やサービスの場合、売手にも買手にも、技術者がいるだろう。建設、建築などの「請負」では、注文者にも請負人にも、技術者がいるに相違ない。他の契約類型でも、

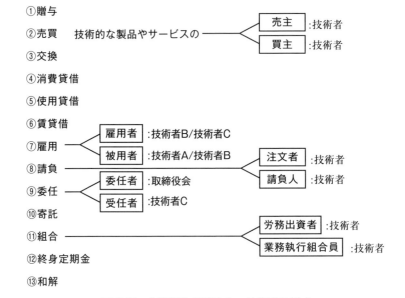

図8.3 典型契約の読み方－技術者の働き

働きの内容によっては技術者の出番がある。

当事者が共同の事業を営む「組合」（民法第667条1項）では、技術者は当事者になって労務の出資（同条2項）をすることがあり、その場合、その労務は、業務執行者（同第670条2項）としての働きである。

こうしてみると、技術者が働いている事実がある場合、雇用（同第623条）だけでなく、請負（同第632条）、委任（同第643条）、労務の出資（第667条2項）がある。これら四つの類型は「働く人」が技術者であることでは同じだが、契約の内容に違いがある。典型契約の規定は、専門技術を担う技術者の働きがどのようなものか、その多様性を教えてくれる。技術者を論じる場合の、一つの論拠となりえよう。

(2) 業務執行における技術者の位置づけ

技術者といえば、ヒラ（平）の技術者（図8.3の技術者A参照）ばかりではない。業務執行が、上層、中層、下層の3層からなる階層組織によるとすると、3層それぞれに技術者がいる。

下層のヒラ（平）の技術者及び中層の部課長など管理職の技術者（技術者B）は、雇用契約の被用者である。技術者Bは、組織マネジメントでは雇用者側に立つことがありうる。上層の取締役の技術者（技術者C）は、会社との関係は委任に関する規定に従うとされ（会社法第330条）、受任者として位置づけられる。技術者Cはまた、雇用契約上、雇用者の立場に立つことがありうる。

上、中、下のどの階層の技術者も、契約の目的に向けて積極的に「働く人」である。上層と中層の技術者は、民法の雇用契約上の積極的に「働く人」で、下層の技術者は、労働法の労働契約上の「使用者に使用されて労働する」消極的な人、といった区別は無意味である。

民法の雇用の規定は、このような見方を可能にすることからも、労働契約法に統合されて、削除されるべきものではないことが理解できよう。

8.6　日本の「働く人」の行動する姿勢

本書で論じてきた安全文化は、「働く人」の社会やコミュニティの環

境（社会環境）を決めるものといえよう。環境（environmentではなくcircumstance）が整わなくては「働く人」が努力しても十分ではないし、環境が整っていても、「働く人」の努力が不十分なら目的を果たせないという関係にある。

　すなわち、安全確保という目的は「働く人」の行動があって初めて達成されるのである。このことはすでに、安全文化の枠組みとして図に示した（前出123頁、図5.2参照）。「安全文化の活動」及び「安全文化の理念」があり、それにもう一つ「個人の動機」があって行動となり、安全確保が実現する。

　その「個人の動機」は、「働く人」である個人の姿勢（あるいは資質）でもあり、以下の四つの要素からなるとみられる。

①未知への警戒

　起きる事象の「未知」が、三つの区分で知られている[10]。1番目の「既知の既知（known knowns）」の例として、地震や津波が発生する事実が挙げられる。2番目の「既知の未知（known unknowns）」の例は、いつ地震が発生し、どの程度のマグニチュードになるか、知られていないことである。3番目の「未知の未知（unknown unknowns）」は、それを知らないという事実に気づいていないことである。

　技術者が現場に立つ時、その瞬間は、何が起きるか未知である。その未知への警戒が、注意義務（前出147頁参照）の基本の一つである。リスクアセスメントをして、PDCA（Plan-Do-Check-Action）によって、できる限りすべてのリスクを既知にし、対策をとった時点でそれは過去の確認となり、そのうえで、現場で何が起きるかについては未知である。

②活性化されたモラルの意識

　警戒していて、何かが起きたら即座に活性化されたモラルの意識（前出188頁参照）が働き、してよいこと、してはいけないことの判断をする。

---

[10]IAEA: The Fukushima Daiichi Accident, Technical Volume 2, Safety Assessment (2015)

③法令にもとづく職務上の責務

科学技術を人間生活や産業に利用する業務には、規制法令にもとづく、政府による規制（規制行政）がある。政府による規制だが、被規制者（事業者）の自主規制を前提としている（第6章参照）。規制に従うことは、一般にコンプライアンスといわれ、業務に従事する技術者の職務上の責務である。

④専門とする科学技術の知識・経験・能力

技術者は、専門とする科学技術、つまり専門技術を持つ専門職である。一定水準以上の知識・経験・能力を確保するために、教育制度や資格制度が設けられ、卒業後や資格取得後も、なお維持・向上する教育を継続して受ける。

8.7 技術者の法教育

本書では、科学技術を利用する業務における法との関係が、いかに重要かということ、そこに働く人である技術者が積極的にかかわる必要があることを示した。

技術者が携わる業務には、ほとんどの場合、法が密接にかかわる。一般にコンプライアンス、法令遵守といわれるが、技術者はただ単に法令を遵守していればよいのではない。技術者は、科学技術に法がかかわる現場で働き、そういう立場ゆえに、観察し、知りうることがある。例えば、法の不在や法解釈の不適切に気づき、考えることがあるであろう。

科学技術との関係でも、法は法律家の専門事項ではあるが、技術者は、科学技術に法が接する現実に、じかに接する立場にある。そのことを認識し、科学技術との関係での法の発展に積極的にかかわることを期待したい。

本書では、法学における「エア・ポケット」など、法の問題点を扱ったが、経営者や技術者は思い込みや誤りをすることがあり、法律家も同じであって、人間はそういうものである。大切なことは、先人の誤りを、後に続く者が正すことではないだろうか。法には倫理とともに、社会の規律にかかわる重要性がある。専門の垣根を越えて、よりよいものにしなけれ

ばならない。
　このような観点から、技術者に対する適切な法教育がなくてはならない。
　自然科学の技術と社会的技術としての法との間には、相似性がある。法は難しいものと決めてかからないで、身近なものにする工夫をしようではないか。
　法は人間社会に自生し、それを取り出して法律（制定法）の条文にすることにより、国民一般の手の届くものになる。
　この後第9章で、福島原子力事故の構造を取りあげるが、科学技術に法がどのようにかかわっているか、観察願いたい。

第 9 章
福島原子力事故の構造

第9章　福島原子力事故の構造

本書でここまで安全文化について述べたことをもとに、福島原子力事故の構造を、安全文化の観点から解明する。

原子力規制組織の改革

福島原子力事故後、政府はすぐに原子力規制組織の改革に着手した。それは、規制組織に問題があったとの認識にほかならない。この改革は、2011（平成23）年8月15日の閣議決定により「規制と利用の分離」の観点からの組織の見直しに始まっている[1]。

それまでは、原子力の「利用」の行政と、原子力の「規制」の行政とが、同じ経済産業省の所管だった。利用と規制は、利益が相反する関係にあり、所管が同じでは厳しい規制の妨げとなる。さらに、原子力規制が複数の省庁に分かれていた。経済産業省資源エネルギー庁の特別の機関とされていた原子力安全・保安院が規制を担い、それを内閣府に置かれた原子力安全委員会がダブルチェックする仕組みだったが、縦割り行政の弊害があった。

この組織の見直しにより、2012年9月、環境省の外局として原子力規制委員会が設置され、規制の事務が一元化された。

本章の方針

本章でこれから取り上げるのは、この政府による規制改革以前の旧制度下で起きた事故である。事故後の規制にはふれない。

この事故は、スペースシャトルのチャレンジャー事故と、ほとんど同じ類型であることがわかる。フロリダの空の低温も、東日本の海岸の津波も不可抗力だが、そこに人為の要因が加わって事故になった。その人為がどのようなものかを確かめ、将来に生かさなければならない。

---

[1] 内閣官房「原子力安全規制に関する組織の見直しについて」（平成23年8月）

まず、事故を見る目が、西洋では安全文化の考え方が事故を見るパターンとして定着しているのに対し、日本では加害者探しに固執するという違いがある (9.1)。
　本書で明らかにした安全文化の枠組みを用いて、既報の事故調査報告書に記載された事実にもとづき、事故の構造の解明を行う (9.2)。
　まず、この事故の原因とみられる一連のことを文章にすると、二つの根本原因と、一つの直接原因がある (9.3)。
　根本原因1は、規制行政の学問の空白による合理的なルールの不明が、当事者の注意を妨げ、規制行政の迷走となったとみることである (9.4)。
　根本原因2は、到達が予想される大津波への対策が、技術者と経営者の関係において機能するに至らなかったとみることである (9.5)。
　事故の構造を要素別にチャレンジャー事故と比較すると、両事故が原理的に共通することが突きとめられる (9.6)。
　将来に向けての課題として、経営者と技術者の関係及び国民の信頼を築くにはどうしたらよいか考察する (9.7)。
　福島原子力事故は、チェルノブイリ事故よりも原因がはるかに複雑で、事故調査の"世紀の難問"といえる。そういう問題を解くことの意義を考えてみる (9.8)。

9.1　福島原子力事故を見る目

　福島原子力事故の原因が、安全文化にあることは、IAEA（国際原子力機関）と日本政府の間で一致している。しかし、安全文化が原因というだけでは、事故原因を特定したことにはならないし、その経験を将来に役立てることもできない。安全文化というものの中身を「見る目」が必要である。
　本書でここまで、安全文化の考え方を明らかにしてきた。それが、「見る目」である。復習の意味もあり、「見る目」を確認する。

9.1.1　事故原因──IAEA と政府の見方

2011 年 3 月 11 日、東北地方太平洋沖地震とこれにともなう津波によって、福島原子力事故が起きるとすぐに、日本の原子力の安全文化に問題のあることが、IAEA ほか国際間において指摘され、日本政府は 2011 年 6 月開催の IAEA「原子力安全に関する閣僚会議」において、安全文化の徹底を約束した（前出 16 頁参照）。

つまり、IAEA と日本政府が、日本の原子力の安全文化に問題があってこの事故が起きたことを公式に確かめ合ったのだ。その後、この事故の原因として IAEA は事故調査報告書（後出 257 頁参照）に、次のように記している。

> 事故につながった大きな要因は、「日本の原子力発電所は非常に安全であり、これほどの規模の事故は全く考えられないという、日本で広く受け入れられていた想定であった」。「この想定は原子力発電所事業者により受け入れられ、規制当局によっても政府によっても疑問を呈されていなかった」（巻頭言）。
> 関連組織及びそのスタッフが原子力安全に関する基本的想定に疑問を唱えなかった、又は再検討しなかったという事実は、安全文化の不足を示している（64 頁）

事故の根本は、安全文化の不足にある、との見方である。

9.1.2　事故観──事故を見る目

安全文化が事故原因になるとの見方は、西洋においてはチェルノブイリ事故に始まっている。他方、日本には日本在来の事故観がある。

(1)　西洋の事故観

安全文化は、1986 年に起きたチェルノブイリ事故の事故調査を機に IAEA が提唱し、1991 年の IAEA 文書、INSAG-4 で実務の体系を明らかにした。

それは原子力発電についてだったが、2003 年に起きたスペースシャトル、コロンビア事故の事故原因の解明に安全文化の考え方が応用され（前出 100 頁参照）、2005 年発生の BP テキサスシティ製油所事故の事故調査

では、コロンビア事故調査報告を参照し、BP の安全文化に根本原因があったと判断した（同 101 頁参照）。

このように、西洋では原子力発電の領域に発した安全文化が、スペースシャトルへ、石油精製へと短期間に産業を横断して広がった。組織で起きる事故について、安全文化の考え方で、事故の事実関係を観察し、分析し、判断するのが普遍的な方法になったようだ。

事故に関心のある人々の脳には、安全文化の考え方が事故を見るパターンとして定着し、そのパターンによって事故原因を判断するようになったとみてよいだろう。IAEA は、日本の文化に立ち入って分析するまでもなく、そういうパターンによって、福島原子力事故の原因は、安全文化の不足にあったと判断したのだろう。

(2) 日本の事故観

1991 年に INSAG-4 が発表されて後、福島原子力事故までの 20 年間、日本では事故をどのように見てきたか。

1999 年 9 月 30 日、ウラン加工工場臨界事故が起きた。3 人の作業員が重篤な放射線被ばく（うち 2 人がその後死亡）、住民への避難要請、屋内退避要請が一時行われるなど、前例のない大事故で、衝撃は大きく、事故調査報告は、安全文化の重要性を取り上げた（前出 131 頁参照）。とはいえ「安全文化」の語を用い、その重要性を訴えるにとどまった。

上記 20 年間に、日本で起きた大きな事故例として、2000 年の雪印乳業食中毒事故（死者 1 人を含む有症者 13,420 人）、2001 年の明石海岸砂浜陥没事故（4 歳女児 1 人死亡、事故前に砂浜陥没が何回も報告されている[2]）、2005 年の JR 福知山線脱線事故（乗客と運転士あわせて 107 人死亡）などがある。

日本における事故観は、事故が起きると加害者がいるはずだ、加害者を突きとめて、刑法の業務上過失罪の刑罰を科し、不法行為法による損害賠償責任を負わせるというのが一般的なパターンである。事故の現場にいた技術者とか、その上の経営者とか、事故の責任を負わせやすい人

---

[2] 大蔵海岸砂浜陥没事故報告書－再発防止に向けて－平成 16 年 3 月明石市

に目を向ける。

このパターンで、福島原子力事故を見ると、"事故は東京電力で起きた、加害者は誰か、それは東京電力の経営幹部だ"という方向になろう。実際に、世論を背景とするマスメディアの論調は、おおむねそうではなかろうか。

もちろん、事故は東京電力で起き、東京電力の経営幹部に責任がある。しかし、それだけではこの事故は言い尽くせない。

9.2　事故の分析方法

福島原子力事故の構造の解明に、安全文化の枠組みを用いてみる。事故の事実関係は、新たに調査するのではなく、既報の事故調査報告書によった。

9.2.1　安全文化の枠組み

安全文化の枠組みの図（図5.2参照）を利用し、これから明らかになる事故原因として「安全文化の活動（安全文化モデル）」のところに、根本原因1、根本原因2及び直接原因を示す（図9.1参照）。こうして安全文化の活動が破綻し、事故に至った（同図最上段参照）とみる。復習をかねて、この図について説明する。

(1)　安全文化の活動

安全文化の活動（安全文化モデル）は、5要素からなり（図9.1参照）、そのどこかに事故原因がある。

事故を起こした原子力発電所では、「技術」として原子力発電施設があり、それを運用・運転する「プロセスマネジメント」、それを担う「組織マネジメント」とその組織で働く「個人」がいて、そこに「制度」として規制行政がかかわっていた。

事故は、「技術」の原子炉の制御不能が直接の原因（直接原因）となって起きた。この直接原因を引き起こした根本原因が「プロセスマネジメント」、「組織マネジメント」、「個人」、「制度」のどこかにあったとみら

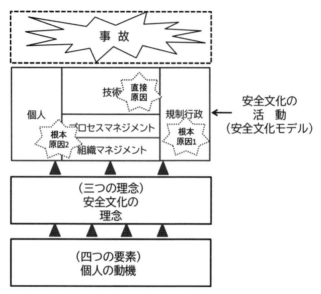

図9.1　安全文化の枠組みから見た事故原因

れる。このあと、事実関係を分析して、一連の原因の連鎖を突きとめる。

(2) 安全文化の理念

　安全文化の活動を支える理念として、下記の三つがある（前出118頁参照）。直接に事故原因となるものではないが、事故原因を究明する際に、考慮される。

　1　社会に自生し伝承されることの尊重
　2　完全性への指向
　3　他律よりも自律が基本

(3) 個人の動機

　実際に行動するのは個人であり、個人自らの動機が積極的な行動となり、安全確保が実現する（前出246頁参照）。それが事故原因を究明する際に考慮される。

　1　未知への警戒
　2　活性化されたモラルの意識（倫理）

3　法令にもとづく職務上の責務の認識（法）
4　専門的な知識・経験・能力（技術者においては科学技術）

9.2.2　福島原子力事故の事実関係

福島原子力事故の事実関係は、政府事故調[3]、国会事故調[4]、IAEAの3機関の事故調査報告書による。

この事故を調査した国内機関のうち、政府事故調と国会事故調を取り上げるのは、この二つは国によって調査権限が保証されていること[5]、すなわち、事故の直接・間接の原因を究明し、または検証するのに必要と認めるときは、参考人の出頭を求めその意見を聞くことや、行政機関や事業者に資料の提出を要求することができるのである。このような権限は、調査のために重要と思われる。

上記3機関の事故調査報告書を、次の名称により引用または参照する。

政府事故調中間報告（2011）[6]

政府事故調報告（2012）[7]

国会事故調報告（2012）[8]

IAEA報告（2015）[9]

提出年度にみるように、IAEA報告が最新であり、それは、国内の2機関の報告を参照して作成されている。

9.3　福島原子力事故の原因

本書では、福島原子力事故は次のとおり、二つの根本原因と一つの直接原因とがあって起きたとみる。

規制行政のあり方について学問の空白があり、合理的なルールの不明

---

[3] 政府による「東京電力福島原子力発電所における事故調査・検証委員会」
[4] 国会による「東京電力福島原子力発電所事故調査委員会」
[5] 政府事故調は、2011（平成23）年5月24日の閣議決定により設置され、内閣総理大臣により委員が指名された。国会事故調は、法律「東京電力福島原子力発電所事故調査委員会法（法律第112号、平成23年10月7日）」によって設置された。
[6] 政府事故調中間報告（2011）,東京電力福島原子力発電所における事故調査・検証委員会「中間報告」
[7] 政府事故調報告（2012）、東京電力福島原子力発電所における事故調査・検証委員会「最終報告」
[8] 国会事故調報告（2012）、東京電力福島原子力発電所事故調査委員会「報告書」、電子版による。
[9] IAEA報告（2015）、（邦訳版）福島第一原子力発電所事故　事務局長報告書

が規制の迷走となって、当事者の注意を妨げ（根本原因1）、その上、リスクアセスメント担当の技術者の努力がとりで（砦）となるところ、技術者と経営者の関係においてそれが機能せず（根本原因2）、津波による電源喪失により原子炉の制御不能となり（直接原因）、事故は起きた。

これらの原因を、安全文化の枠組みの図（図5.2参照）に当てはめると（図9.1参照）、次のようにいえよう。

①「制度（規制行政）」が、その関係の学問の空白を含めて根本原因1となり、それでも、

②「プロセスマネジメント」のリスクマネジメントが機能すれば、事故は防げたものが「組織マネジメント」及び「個人」がかかわる、経営者と技術者の関係において、それが機能せず、根本原因2となり、

③これによる「技術」の制御不能が直接原因となって、事故は起きた。

以下、これら三つの原因について、順に検討する。

9.4　根本原因1——規制行政のあり方

根本原因1は、「規制行政のあり方について学問の空白があり、合理的なルールの不明が規制の迷走となって、当事者の注意を妨げた」である。

9.4.1　規制行政と法学の空白

規制法として、原子力では原子炉等規制法が原子力安全を、食品では食品衛生法が食品安全を、自動車運転などでは道路交通法が交通安全をそれぞれ目的としている。

こうして目的は違っても、規制行政のあり方には共通の一般的なルールがあるはずだが、そこに学問の空白があった。

(1)　法学の空白

我が国でも規制法は制定され、規制行政が行われている。しかし、1997年に規制の執行過程は、一種の学問上の「エア・ポケット」になっているといわれ、2009年の時点でそれが追認され「我が国においては、

規制法は成立したのちどのように実施されているかという問いは、…主要な研究分野としていまだ確立していない」(前出153頁参照)。

学問と実務の関係は、学問を担うのは学者であり、実務を担うのは法律家や行政公務員だろう。学問は、先駆して啓蒙、啓発の役割を担い、実務は、学問に対し研究資源を提供する。そうして、両方相まって発展するのだが、そこでの法学が空白となると、実務への影響には底知れないものがありえよう。

法学の不作為、すなわち何もしないために、実務が正しい方向に啓発されず、ために迷走し事故が起きたとなれば、法学と事故との関係を想定しないわけにはいかない。

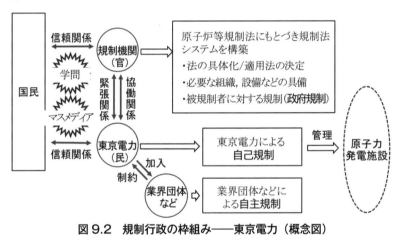

図9.2 規制行政の枠組み——東京電力(概念図)

(2) 原子力発電の規制行政の枠組み

法学では、すでにそのような空白を埋める研究が進んでいる。本書では、技術者にわかるようにするために、安全確保の規制行政の枠組みを概念図に示した(図6.1参照)。その概念図を、福島原子力事故に応用するため、被規制者を東京電力とする図にする(図9.2参照)。

規制行政の枠組みは、すでに第6章で説明したが、ここでの理解のために、要点を記すこととする。

①規制機関と東京電力の関係
　規制機関と東京電力とは、上下関係ではなく対等関係にあって、緊張関係と協働関係の両面がある。
②国民との関係
　規制機関、東京電力はともに国民と信頼関係で結ばれ、それぞれ信頼に応える説明責任がある。
③規制のあり方
　東京電力は、規制対象の原子力発電施設を自らの管理下に置く。規制には図に示すとおり、政府規制、自己規制、自主規制の3種類があるが、安全確保の目的に直接に寄与するのは、東京電力による自己規制であり、他の二つはそのことを前提とするものである。政府規制は、処方箋的（前出122頁参照）なものであってはならない。

9.4.2　規制行政の迷走 [10]
　次に示す3態は、互いに違って見えるが、規制側と被規制側の関係という共通項がある。
(1)　第1態—QMS規制の迷走
　2002年、東京電力の自主点検記録の不正問題が発生した。再発防止対策として、2003年、「実用発電用原子炉の設置、運転等に関する規則」が改正され、品質保証計画にもとづく保安活動が義務づけられた。事業者は、これと時期を合わせて制定された民間規格「原子力発電所における安全のための品質保証規程（JEAC 4111-2003）」にもとづき、QMSを導入することになった（日本保全学会 [11]）。
　事実関係
　IAEA報告が、2002年の不正の"スキャンダル"後の東京電力の努力を記していて、そこに参照されている東京電力の報告 [12] に、品質保証計画の実情の記述がある。

---

[10] 杉本泰治・福田隆文・森山哲「科学技術と倫理の今日的課題——第4講　科学技術にかかわる安全確保の構図」安全工学、vol.59, no.1, pp.39-47 (2020)
[11] 日本保全学会 QMS 分科会「原子力規制における QMS の役割と適正な運用——原子力規制委員会への提言」2012年9月14日
[12] 東京電力株式会社「福島原子力事故の総括及び原子力安全改革プラン」（2013年3月29日）英訳：TOKYO ELECTRIC POWER COMPANY, Fukushima Nuclear Accident Summary and Nuclear Safety Reform Plan, TEPCO, Tokyo (2013)

このとき、品質保証上の要求事項を満たすことに加え、不正問題を踏まえた業務の厳格化の観点から、詳細なプロセスやエビデンスまで定めた分厚いマニュアルができあがった。具体例としては、不適合管理のマニュアルでは、発生したことや発見したことを何でも管理して公表するという、事故トラブルの軽重によらない同一レベルの管理プロセスを構築した。その結果、安全上の問題ではなく応急処置だけで十分な不適合に対して、過剰なリソースを投入することとなった。

一方、QMSが保安規定の中に取り込まれたため、QMSの確認に重点を置いた保安検査を年4回受検することとなった。保安検査では、個々のマニュアルを文書審査し、その履行状況から原子力発電所の保安状況を評価することが行われた。この評価においては、QMSを規定するJEAC 4111の記載が定性的であったため、QMSを評価するための基準が明確となっていないことと相まって、保安検査官の裁量により、現場の業務に対して、事業者側から見れば安全性の重要度が低いケースと考えられる多くの指摘・指導をされることとなった。これは、一つ一つの品質保証の問題を改善することにより、より大きな安全上の問題を防ぐという考え方について、規制当局と十分な議論が行われていなかったためであり、事業者側が十分に納得した上でリソースを効果的に投入することには至らなかった。

当社は上述のような状況にあっても、自らの技術力を向上させ、安全を高めていかなければならないが、保安規定上の指示・指導は法令要求にも直結することから、当社の対応も品質保証上の対応として、マニュアル整備やエビデンス作成に傾注するようになった。さらに、QMSでは顧客の設定を行っており「国民の付託を受けた原子力安全規制」を「原子力発電所の顧客」と位置づけていることもあり、保安検査官の指摘に従うこと、すなわち規制の要求さえ満足していれば十分という風潮を生むこととなった。

これには別途、次の観察がある（日本保全学会[13]）。

導入当初から混乱を生じ、原子力事業者に膨大な検査書類の作成に多大な労力を強いるものとなった。規制当局もすべての記載事項に誤記が無いように、一字一句入念に書類をチェックするような厳しい検査をしたにもかかわらず、有効に機能せず、福島原子力事故に至った。

QMSの導入は、…規制当局にとってはマンパワーを要する検査を行うこととなり、また原子力事業者にとっては、細部までの確認を受ける検査

---

[13] 日本保全学会、前出

となったことから、結果的に原子力事業者の自律的な活動を妨げることとなり、保安検査の「あるべき姿」から遠ざかる結果となった。

論　点

規制機関による規制の実状は、法律が期待する規制行政の概念（図9.2参照）から外れるもので、被規制者（事業者、東京電力）を混乱させることになった。

①規制機関と事業者の関係

規制行政の国民的基礎は、法律（原子炉等規制法）にある。この第1態では「国民の付託を受けた原子力安全規制」を「原子力発電所の顧客」と位置づけているが、正しくないと思われる。規制機関は「顧客」ではない。規制機関と事業者（東京電力）は、法律にもとづき規制し規制される関係にある当事者であり、発電所のある地域の住民と電力の利用者である企業と国民は当事者双方を信頼して、安全確保を付託している。双方が緊張関係と協働関係のもとで安全確保を果たすことが、法律の期待であり国民の期待である。

②処方箋的な規制

上記の実状は、これまで規制機関がこまごまとした指図をする、処方箋的な規制[14]が行われていたことを示している。政府規制は、規制行政を主導するが、それのみで規制が完成するのではなく、被規制者の自主的、自律による自己規制を前提としている。「規制の要求さえ満足していれば十分という風潮を生むこととなった」というのは、ローベンス報告が、「過剰な、あるいは過度に詳細な規制」が、当事者の責任を放棄させ、無気力にするとみたのと（前出179頁参照）同じことといえよう。

③根底にあるもの

国民主権の日本国憲法のもとでは、官民は対等関係のはずだが、その認識がなかった。官が上で民が下の上下関係という思い込みが、根強くあったのであろう。

---

[14] 前出122頁コラム5.1「処方箋的」参照

(2) 第2態—「官庁とマスコミの結びつき」効果

QMS規制の迷走と同時期の出来事である。

事実関係

2002年、東京電力のトラブル隠しが露見し、2003年に前記QMS迷走が始まり、2007年、経済産業大臣は、発電設備の総点検として、過去のデータ改ざん等の内容と再発防止対策とを総括した（表9.1参照）。

表9.1 電力企業のデータ改ざん等（新聞記事による）

日　付	事業者	事　象
02年08月	東京電力	福島・新潟の原発13基で、自主点検記録をごまかし、ひび割れなどのトラブルを隠す。
06年02月	東京電力福島第一・柏崎刈羽	東芝が、給水流量計試験データ改ざん。
06年03	東京電力福島第二	3号機の検査で、主要配管のひびが配管を一周していたのを溶接跡と誤認。
06年04月	東北電力東通原発	東芝が、給水流量計試験データ改ざん。
06年10月	中国電力土用ダム	堤の高さの「沈下量」の測定値を改ざん。
06年11月	経済産業省の原子力安全・保安院は、全電力会社に対し、すべての発電設備について、過去に遡りデータ改ざんや必要な手続きの不備その他同様な問題がないかの総点検を行うよう指示。	
06年11月	東京電力／関西電力／北陸電力	3社計80の水力発電所で、河川法の許可を得ずに、関連施設を改修していた。
06年12月	電力各社	68のダムで、河川法による定期報告のデータ不正、520の水力発電所で、河川法上の許可を得ずに改修工事をしていた。
07年04月	経済産業省の原子力安全・保安院は、電力企業からの報告にもとづき、報告「発電設備の総点検に関する評価と今後の対応について」において、過去のデータ改ざん等の内容と再発防止対策とを総括した。	

この総点検は「事実を隠さずに出すように」との方針を貫き、事業者の姿勢を正した。その反面、規制機関の権威のもとに事業者の法令違反を列挙したから、国民は、これほどひどいのかと事業者に対する信頼を下げた[15]。
　その影響は大きく、発電施設におけるデータ改ざん等の総点検の作業等のため、平成18（2006）年11月から平成22（2010）年9月までの約4年間、審議中断を余儀なくされた（政府事故調報告、356頁）。
　当時、「トラブル隠し」、「隠ぺい」、「改ざん」などを責めるのは、原子力にとどまらず、日本の規制行政にその傾向があったとみられる（コラム9.1「データ改ざんなどの構造」参照）。
　2007年、郷原信郎は「官庁とマスコミが結びついた圧倒的なプレッシャー」が、「時として企業や団体を社会的な抹殺に等しいところまで追い込んでいく」として、問題を提起した[16]。不二家、「白い恋人」の石屋製菓、「赤福餅」の赤福などの問題は、一般国民にも知られた[17]。

論点
　これらの出来事には、以下の論点がある。

①国民の信頼
　規制機関と事業者は、ともに国民に信頼され、その信頼に応えて説明責任を果たす立場にある。規制行政は、法律上は、規制機関と事業者の二者間で完結するはずのところ、規制機関が違反を公表し、それがマスメディアで増幅されて国民に伝わり、事業者が国民の非難を受け、信頼を損ねる結果になる。仮に、違反の重みと非難の程度とが釣り合っていればよいが、マスメディアや国民の反応を、規制機関がコントロールできるだろうか。
　規制機関は、こうして事業者の不正を正すことが、国民の信頼に応えるとみたのだろうが、規制機関と事業者の双方に、国民の信頼がなくてはならない。

---

[15] 杉本泰治「倫理の目で見ると何が見えるか——身近な規制の法令に目を向けよう」日本原子力学会誌、vol.50、no.9、pp.540-541（2008）
[16] 郷原信郎『「法令遵守」が日本を滅ぼす』新潮新書（2007）
[17] 郷原信郎『思考停止社会——「遵守」に蝕まれる日本』講談社現代新書（2009）

②価値観と平衡感覚の混乱

データ改ざん等が、政府によって最高の関心事として取り上げられ、繰り返しマスメディアに乗って周知された。安全確保のために何が重要かの価値観が混乱した可能性があり、人々の平衡感覚が揺らいだことがありえよう。

技術者が現場に立つとき、どの瞬間にも、繊細で、鋭敏な警戒がなくてはならず、人の感覚や意識は"踏んでも叩いても壊れない"頑丈なものではなく、揺らぎやすいものである。

INSAG-4 に「規制当局の運営形態では、規制当局と運転組織とで安全に対して共通の認識を持ち、これによって運転組織との関係でも、オープンで協力的ではあっても、明らかに異なる責任を有する組織間にあるべき、適度な節度と隔たりを確実に保持するようにする」（段落 68 参照）、とある。ここにはキメの細かい配慮がうかがえよう。

(3) 第 3 態——「規制当局が事業者の虜」

国会事故調報告で、福島原子力事故の原因とされた事象である。

事実関係

国会事故調報告は、事実関係を次のように認定している。

　政界、官界、財界が一体となり、国策として共通の目標に向かって進む中、複雑に絡まった『規制の虜 (Regulatory Capture)』が生まれた。そこには、ほぼ 50 年にわたる一党支配と、新卒一括採用、年功序列、終身雇用といった官と財の際立った組織構造と、それを当然と考える日本人の「思いこみ（マインドセット）」があった（同報告、はじめに）。

　規制当局は、事業者への情報の偏在、自身の組織優先の姿勢等から、事業者の主張する「既設炉の稼働の維持」、「訴訟対応で求められる無謬性」を後押しすることになった。このように歴代の規制当局と東電との関係においては、規制する立場とされる立場の「逆転関係」が起き、規制当局は電気事業者の「虜（とりこ）」となっていた。その結果、原子力安全についての監視・監督機能が崩壊していたと見ることができる（同、12 頁）。

　規制される側とする側の「逆転関係」を形成した真因である「組織的、制度的問題」が、このような「人災」を引き起こしたと言える（同、17 頁）。

　専門性の欠如等の理由から規制当局が事業者の虜となり、規制の先送りや事業者の自主対応を許すことで、事業者の利益を図り、同時に自らは直

接的責任を回避してきた」（同 18 頁）。

日本の原子力業界における電気事業者と規制当局との関係は、必要な独立性及び透明性が確保されることなく、まさに「虜」の構造といえる状態であり、安全文化とは相いれない実態が明らかとなった（同 42 頁）。

論 点
規制機関と事業者の間の協働関係には、このような負の面がありうる。
規制の政治学理論で通説とされる囚虜（キャプチャ）理論は 1950 年代から存在し、1970 年代になって G.J. スティグラーが「政治家や規制機関が収益率を上げたい民間の生産者により囚われてしまうため、社会全体にとって有効な規制を課すことができなくなる」と唱えた[18]。同様の構図である。

(4) 総 括
これらの 3 態ともに、このような規制行政のあり方が、安全確保の基盤を掘り崩す要因となったことを示している。

9.5 根本原因 2 ——経営者・技術者の相反の解決

根本原因 2 は「リスクアセスメント担当の技術者の努力がとりで（砦）となるところ、技術者と経営者の関係においてそれが機能せず」である。「とりで（砦）」は、リスクアセスメントにもとづき技術者が提案した津波対策である。津波対策を二つの観点から検討する。

9.5.1 観点 1 ——大きな津波対策

福島第一原子力発電所に到達すると予想される大津波に対し、防潮堤を建設するという大きな津波対策である。
2008 年 7 月の会議で、担当者らが防潮堤の許認可や工程表、概算費用の説明をしたのに対し、経営者は対策を保留にする決定をした。

---

[18] 村上裕一『技術基準と官僚制——変容する規制空間の中で』岩波書店、32 頁（2016）

第9章 福島原子力事故の構造

事実関係

政府事故調報告は、次のように記している。

　政府の地震調査研究推進本部の長期評価の中で、福島県沖でも津波地震の発生を否定できないという見解が出されたことを受けて、平成20（2008）年5月から6月にかけて、明治三陸地震クラスの地震が福島県沖で発生したという想定で津波の波高を計算したところ、福島第一原発の敷地内で9.3〜15.7mという極めて高い数値を得た。さらに、同年10月頃にも、別の専門家の貞観津波シミュレーションに関する論文を参考に、津波の波高を試算したところ、福島第一原発で8.6〜9.2m、福島第二原発で7.7〜8.0mというやはり高い数値を得た。

　しかし、東京電力の幹部は、平成14（2002）年の長期評価による福島県沖を含む日本海溝付近の地震予測にしても、新しい貞観津波シミュレーション研究にしても、単に可能性を指摘しているだけで、実際にはそのような津波は来ないだろうと考えた。そして、すぐに新たな津波対策に取り組むのではなく、土木学会に検討を依頼するとともに、福島県沿岸部の津波堆積物調査を行う方針を決めるだけにとどめた（政府事故調報告、422頁）。

事故後の強制起訴による裁判の2019年の判決に関して、この関係のことが、次のように報道されている[19]。

　武藤栄・元副社長が出席した2008年7月の会議。担当者らは対策に進む判断をしてもらおうと臨んだ。防潮堤の許認可や工程表、概算費用の説明を一通り聞いた武藤氏が発した言葉は、意外なものだった。「研究しよう。頼むとすればどこか」。対策を保留にし、土木学会に想定法の検討を委ねることが決まった。年単位の時間がかかることは明らかだった。「予想していなかった結論で力が抜けた」と担当者は証言した。だが誰も異論は唱えなかった。「経営判断。従うべきだと思った」と別の担当者は語った。
　予測のあいまいさを理由に、組織の動きは鈍った。担当者らは対策不可避と考え続けていたものの、事故への切迫感はなかった。

論点

担当者らは、多分、技術者だろうが「対策不可避と考え続けていた」

---

[19] 朝日新聞、2019年9月21日30面「問われぬ責任［上］津波予測 伏せられた15.7メートル」

ものの、武藤副社長の判断に「誰も異論は唱えなかった。『経営判断。従うべきだと思った。』」。経営者と技術者の関係として、これでよいのだろうか。あとの節で取り上げるが、ここに問題がある。

9.5.2 観点2——非常用ディーゼルエンジン津波対策

この事故では、地震とそれにともなう津波によって全電源を喪失して原子炉が制御不能となり、事故が起きた。その傍らで、非常用電源によって一部原子炉の制御が維持されていた。以下は、そのことを踏まえての著者らの想定シナリオである。

事実関係

現場には3対（計6基）の原子炉があり、全電源喪失は1号機～4号機であって、1基の非常用ディーゼル発電機が5号機と6号機を守った（IAEA報告、53頁）。

　6号機の非常用ディーゼル発電機のうちの1台は洪水を乗り切り、動作可能であった。従って、運転員には対応する時間がより長くあり、両機の冷却系は1台の残存した非常用ディーゼル発電機によって電力を供給された。この電力供給は、炉心の冷却を維持し、後には5、6号機の使用済燃料プールへの冷却を提供するために使用され、両機とも安全状態まで冷却することに成功した。

この非常用ディーゼル発電機（非常用DG）について、次の記述がある（政府事故調報告、86頁）。

　6号機のDG建屋は、6号機の非常用DG増設に伴い、O.P.+13m盤の6号機T/B北側に設置されたものであり、非常用DG1台及びこの作動に必要な設備が設置されている（政府事故調中間報告、資料Ⅱ-4）。
　運転開始時、非常用DGについては、5号機に1台（5A）、6号機に2台（6A及び6H）設置されており、その他に5号機及び6号機共用の非常用DGが設置されていた。平成10年5月頃に非常用電源を強化する観点から、共用の非常用DGを5号機専用（5B）とし、6号機に非常用DG（6B）を1台増設した。なお、6号機非常用DG（6B）は、空気冷却式であり、海水系ポンプを必要としない。

非常用DGに浸水対策がなかったことを、IAEA報告は次のように記している。

　2009年に東京電力は、最新の海底地形データと潮位データを使用して、最大津波高さとして6.1mの値を評価した。…一部の設計変更が行われ、特に残留熱除去に使用するポンプのモータを高くした。事故時に、この措置だけでは不十分なことが判明した。非常用D/E（＊非常用DG）の浸水を回避する措置など、洪水防護を強化するためのその他の安全措置は実施されていなかった（IAEA報告、46頁）。

考察――想定シナリオによる検討
　5号機・6号機以外の各号機の非常用DEに、浸水による障害を回避する措置があれば、事故は防げた。技術の通常の知識から、次のシナリオが想定される。
　① 東京電力では、リスクマネジメントが実施されていた。「東京電力のリスクマネジメントに関する意思決定は――より具体的には、確率が低くて結果が重大な事象に関しては――十分に評価して行動することはなされなかった」（IAEA報告、技術文書Ⅱ）という。
　② しかし、仮定として、非常用DEの系統にもリスクアセスメントが実施されたならば、リスクアセスメント担当の技術者は、1～4号機の非常用DEに浸水のリスクがあることに気づき、浸水を避ける対策に向かっただろう。

　担当技術者はそのリスクと対策を上司に報告し、経営者の承認を求める。津波対策のコストを比較すると「大きな津波対策」は防潮堤を建設するなど膨大な額になるのに比べ「非常用ディーゼルエンジン津波対策」のほうは低額だから承認されたかもしれず、そうであれば事故は防げたはずであった。ともかく、対策の成否は前記「大きな津波対策」と同様、技術者と経営者の関係にかかる。

　つまり、技術者によってリスクアセスメントを含む有効な対策が立案されれば、経営者と技術者の関係が成否のカギをにぎる。専門技術を担う技術者の主張が、経営者によって受け入れられるような、合理的な仕組みが必要である。

9.6　事故構造の同定——チャレンジャー事故との比較

　上の津波対策をめぐる経営者と技術者の関係は、スペースシャトルのチャレンジャー打ち上げの際の出来事を思い起こさせる。そこから両事故を比較すると、事故の構造が、原理的に同じであることがわかる。

9.6.1　経営者と技術者の関係
　まず、事業者における経営者と技術者の関係を比較する。

表9.2　事故比較——事業者の経営者と技術者の関係

事業者		サイオコール社	東京電力
当事者	上級経営者	上級副社長メーソン	勝俣会長、清水社長
	技術担当経営者	技術担当副社長ルンド	武藤副社長
	専門職	技術者のボイジョリーとトンプソン。連絡担当マクドナルド	「担当者」（技術者だろう）
専門技術		Oリングのシール機構	津波の予測と対策
事業的背景		・サイオコール社はNASAとの新しい契約を必要とし、打上げに反対する勧告がその契約獲得の見込みを大きくするはずはない。	（著者らの推定による） ・大きな津波への対策は、防潮堤建設のコストを含めて、膨大な負担となる。
経営者の判断		・打上げ反対に技術者が全員一致ではなく、気温とOリングのシール時間の関係が数値で特定できていない。 ・それでも決断しなければならない。	・地震予測も津波シミュレーション研究も、単に可能性を指摘しているだけだ。 ・「研究しよう、頼むとすればどこか」。
技術者の行動		・ボイジョリーは、気も狂わんばかりに経営陣の説得に努めた。 ・マクドナルドは、NASAの現場職員に直接に訴えた。	・「予想していなかった結論で力が抜けた」。だが誰も異論は唱えなかった。

チャレンジャー打上げの前夜、打上げを請負ったサイオコール社の上席副社長メーソン、技術担当副社長ルンド、技術者ボイジョリーがかかわり、経営者と技術者間の対立（相反）があった。それとの比較で、上記事実の要素を示す（表9.2参照）。

こうしてみると、二つの事故の経営者と技術者の関係は、同じといえよう。

9.6.2 事故全体の構造

二つの事故はそれぞれ、ある技術を利用する事業の当事者間の関係において起きた。事故の要素を、その観点から比較する（表9.3参照）。

権力・権限を持つ者が思いのままに行使しがちな傾向は、発注者と請負者の契約関係においても、あるいは、規制行政における規制者と被規制者の関係においても、常にありうることであり、それがときに事故原因に結びつく。

この観点からすれば、福島原子力事故には、前例として、チャレンジャー事故があり、この事故史上の重大な事故は、西洋では徹底的に研究され、対策が実務に展開されていた。

表 9.3 事故比較——事故の全体的な構造

事故要素		チャレンジャー事故	福島原子力事故
技術		スペースシャトル	原子力発電施設
当事者	政府機関（官）	NASA	規制機関
	事業者（民）	サイオコール社	東京電力
かかわる制度		請負契約	規制行政
権力・権限が関係する構造		NASAは契約上、発注者の優越的な地位にあり、サイオコール社に新しい契約を懸念させる立場にあった。	規制機関は規制制度上、事業者を規制する地位にあり、事業者はその規制に従う立場にあった。

9.6.3 対策——経営者・技術者の相反の解決

チャレンジャー事故の際の、経営者と技術者の関係と、福島原子力事

故に先立つ津波対策の際の、経営者と技術者の関係とは、上記のとおり、目標の相反が関係する同じ類型であり、いずれの場合も、そこでの意思決定が、事故抑止がなるか否かのカギだった。

科学技術のリスクを探知し、対策を立案するのは、科学技術の専門職である技術者の役割である。それを経営者の意思決定に結びつけ、統合することによって、事故は抑止される。

チャレンジャー事故の原因究明が提起した、経営者と技術者の目標の相反による対立には、2011年、NRCの安全文化方針表明が、実務的な解決策を提示した（前出104頁参照）。

NRCは「あらゆる組織体が、コスト／スケジュール／安全（または品質）の目標間の相反の解決に、たえず直面する」ことに着目した（図9.3参照）。技術者

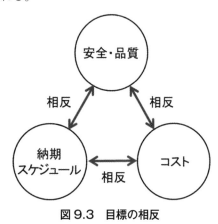

図9.3　目標の相反

が目標とする「安全（または品質）」を実現しようとすると、経営者が目標とする「コスト」を越えてしまう。「コスト」を経営者の目標以内に抑えれば「安全（または品質）」を確保できない、という目標の相反である。

そこで、経営者も技術者もともに、公衆の安全、健康及び福利を保護するという目標を、最高の優先度で受け入れることを前提に「積極的安全文化の特性（traits）」9項目（表4.2参照）に、次の2項目を示した。

・すべての個人は、安全について個人として責任を持つ（第3項）。
・安全を意識する作業環境を維持し、要員が安全の懸念を、報復、脅し、嫌がらせ、または差別のおそれなしに、自由に提起できると感じる（第6項）。

このように、目標の相反による対立を、組織体において自主的、自律的に解決する方針である。

相反解決の意思決定の手続きを、このように定型として確立した。定

型という「型通りの計画や硬直的な手続きは批判を受けやすいが、組織を効率的に運営するには欠かせないものである」[20]。

9.7　福島原子力事故からの課題

福島原子力事故の構造を、ここまで確かめたことの範囲において、少なくとも次の二つの課題があるとみられる。
　・重大事項の意思決定――経営者と技術者の課題
　・国民の信頼と安全文化

9.7.1　重大事項の意思決定――経営者と技術者の課題

科学技術には、危害が潜む。福島原子力事故の構造は、上で見たように、解明されてみればすでに知られた要素からなり、対策は西洋ですでに研究され開発されて、実務に展開されている。そこで、西洋で知られた定型が、そのまま日本に当てはまるかというと、日本ゆえの課題がある。NRCによる上記「積極的安全文化の特性（traits）」9項目の定型を、日本の現場にも周知徹底し"これでやれ"という形式的な運用では、事故を防ぐには足りない。

(1)　意思決定の重大性への対応

津波対策の「担当者」は、武藤副社長の判断に「予想していなかった結論で力が抜けた」まま、誰も異論を唱えなかった（表9.2参照）。事故を防ぐためには、それで職務を十分に果たしたことにならない。

1962年の「キューバ・ミサイル危機は、将来的に大きな影響力を及ぼす一大事件であった」として、次のように記されている（アリソンら、35頁）。

> 米ソが核戦争の瀬戸際で踏みとどまった1962年10月の13日間に匹敵するほどの出来事は、これまでの歴史には見当たらない。多くの人命が突然失われる可能性がこれほど高かったことはかつてなかったことだ。実際に戦端が開かれていたら、1億人のアメリカ人、1億人以上のロシア人、

---

[20] アリソン、グレアム＆ゼリコウ、フィリップ（津嶋 稔訳）『決定の本質――キューバ・ミサイル危機の分析 第2版 I』日経BP社、326頁（2016）

そして数百万人のヨーロッパ人も死に、過去に起きた自然災害や残虐な事件などは遠くに霞んでみえたことであろう。犠牲者の割合はケネディ大統領が「3人に1人かそれ以上」と予測したのであるから、核戦争を回避できたことに祈りを捧げたくなる。この事件は、核時代におけるわれわれの生存に関して、重要かつある程度「予測可能」な事実を象徴している。

ケネディ大統領は犠牲を予測し、核戦争を回避する判断をした。

福島県の事故地周辺だけでなく、全国民に将来にわたり計り知れない負担を及ぼすという重大性は、キューバ・ミサイル危機で予測された被害と、規模の差こそあれ、性格は同じである。

ケネディ大統領が直面したキューバ・ミサイル危機と、武藤副社長が「担当者」とともに直面した津波対策とは、同じようなリスクがともに「これまでの歴史に見当たらない」重大なものであった。

(2) 技術者の責務／経営者の責務

東京電力の武藤副社長にも技術者たちにも、ことの重大性の認識はあったであろう。問題はそこからである。

①技術者の責務

専門技術を担う技術者の立場では、専門技術に関する判断をすること、そして、その重大性の判断によって、経営者に対し、提案し、熟慮を促し、再考を申し立てることは、してよいことというよりも、職務上の責務とみるべきではないだろうか。

②経営者の責務

経営を担い、組織としての意思決定をする経営者の立場では、専門技術に関する限り、経営者の面前にいる技術者とのコミュニケーションによって、方策を見いだすのが、実現可能な最善の方策であろう。技術者に対し、誠実に職務を遂行してくれるようにとの期待をもって、その提案を受け止める姿勢で、納得のいく提案を要求することは、してよいことというよりも、職務上の責務とみるべきではないだろうか。

(3) 倫理の限界／法への期待

日本では2000年ごろから、大学・高専などの技術者教育に、技術者倫理の科目が取り入れられた。チャレンジャー打上げの前夜、技術者ロ

第9章 福島原子力事故の構造

ジャー・ボイジョリーの「気も狂わんばかりに経営陣の説得に努めた」倫理的な行動が、教材に登場する。

倫理では、ボイジョリーの行動を前向きにとらえても、法に制約がある。日本では、技術者は労働者として「使用者に使用されて労働する」消極的な人とされ、経営者の意向に逆らって積極的に発言するのは一般的ではない。NRCの「積極的安全文化の特性」（表4.2参照）は「すべての個人は、安全について個人として責任を持つ」とするが、日本では、「個人として責任を持つ」ことが、可能なようになっていない。

倫理に依存するのではなく、法の対策が必要である。日本の民法には、積極的に「働く人」に適する雇用契約の規定があるのに、そのあたりが学問上の空白になっている（前出236頁以下参照）。

「働く人」には、労働法による保護の一方で、積極的な行動を奨励し、かつ経営者との関係を適切に処理する合理的なルールがなくてはならない。大きな未解決の課題である。

9.7.2 国民の信頼と安全文化

NRCの「安全文化方針表明」（付録2参照）は、原子力の安全文化という課題について、米国の規制機関の指導方針である。米国のそれが、方針表明の文字どおり

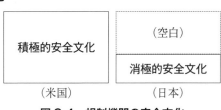

図9.4 規制機関の安全文化

「積極的安全文化」なら、日本の規制機関の指導方針は「消極的安全文化」という関係にあるようだ（図9.4参照）。

(1) 日本の指導方針

2007年、経済産業大臣は、発電設備の総点検として、過去のデータ改ざん等の内容と再発防止対策とを総括した（表9.1参照）。この総点検は、事業者のデータ改ざん等の「事実を隠さずに出すように」との方針を貫き、事業者の姿勢を正した。事業者側もこの方針に従い「事実を隠さずに」自主的に報告し、自ら姿勢を正した。

この総括以降、これが規制機関の指導方針となったようだ。事業者が自主的にデータ改ざんなどの不正を調査し、自主的に表し、(国民に向かって) 陳謝するやり方が、慣例として定着した。

ところで、この総括以降の指導方針は、日本の産業の秩序を正し、軌道に乗せるのに成功したといえるだろうか。福島原子力事故を経験し、本書で安全文化に取り組んだところからは、別の面が見えてくる。

①消極的安全文化と積極的安全文化

事業者が、データ改ざん等の不正を調査・公表するのは、過去の不正を認識して反省する、いわば消極的な安全文化であって、それのみでは安全確保にならない。安全確保に向かう積極的な安全文化がなくてはならない。図9.4 (右側図参照) は、そのことを示している。このあと、米国の指導方針と比べると、そのことがより明瞭になる。

②国民の信頼

国民の信頼という観点からすると、事業者が自主的にデータ改ざん等の不正を調査・公表するのは、正直に公表することが評価され、事業者に対する国民の信頼を高めるだろうか (コラム9.1「データ改ざんなどの構造」参照)。それとも、まだ不正をやっていたと評価され、低めるだろうか。これは、どちらともいえない。

ただいえることは、国民の信頼は、そういう効果のほどがあいまいな、際どいやり方で高まるものではない。事業者は、原子力発電所を運営し、国民の信頼の確保の最前線にあり、地元住民やマスメディアとの対応に、精いっぱいの努力をしていた (コラム9.2「事業者の説明責任」参照)。2007年の上記総括は、そういう事業者に対する国民の信頼を引き下げ、回復のいとまのないままに福島原子力事故となった、という見方がありえよう。

コラム9.1 データ改ざんなどの構造

安全性を担保するには規制が不可欠だが、実際的でない形式だけの規制が残っていると、現場は次第に軽んじるようになる。

当時は、届け出をしても受理されるかどうか、いつ受理されるかわからない。認可の基準が明確でないので、認可されるかどうか、

いつ認可されるかわからないなどの問題があった.

2007年5月、近藤駿介原子力委員長（当時）は「不合理な制度の改善の遅延は不正の温床を用意するとの反省が身に染みている…」と「規制法体系の全面的改定のための検討」を呼びかけた[1]。

そういう実情にもかかわらず、事業者が一方的に不正をしたかのように、強く印象づける総括だった。

倉田は次のように記している[2]。

東京電力の自主点検記録不正問題は、東京電力の問題ばかりがクローズアップされているが、根底にあるのは規制の問題である。東京電力が記録を書き換えたり試験の方法で不正をしたりした理由の一つは、規制機関の検査官の技術レベルが低かったことであると筆者は考えている。安全性にほとんど関係しない細々とした指摘をするため、それに対応して検査期間が延びるようなことを防ぎたかったのである（中略）。

常に規制機関が電力会社よりも上位にあり、東京電力は検査官の機嫌を損ねることがないように戦々恐々としていた……。つまらないことで検査が一日延びれば数億円の損失が生じる。理不尽な要求や過度の要求に対しても議論することなくすべて受け入れるという態度であったと考える。

[1] 近藤駿介「原子力学会の当面する重要課題」。日本学術会議総合工学委員会『原子力総合シンポジウム2007講演論文集』（2007）
[2] 倉田 総（日本品質管理学会監修）『安全文化——その本質と実践』日本規格協会、30頁（2014）

コラム 9.2　事業者の説明責任

電力企業はどこも、同様の状況だっただろう。データ改ざんなどの事態のなかで、事業者にはマスメディア対応が大仕事であった。事業者とマスメディアの間には、一定の信頼関係といえるかどうかはともかく、一定の関係が形づくられていたとみられる。2003年の記録である[1]。

4月18日午前1時すぎ、敦賀半島、日本原子力発電（原電）の敦賀発電所事務棟で仕事をしていた総務課渉外広報担当の丸山堯久に、地元記者の1人から電話がかかる。「こんな深夜まで、何やっ

てんだ。まだ何か隠してんだろ」。いきなり電話口から怒声が、これが原発事故報道史上、最も激しかったといわれる「仁義なき戦い」の幕開けだった。

18日午前5時、丸山が敦賀市役所会見場のドアを開けると、テレビカメラが7、8台、ライトがぱっと向けられる（あっ、まずいな）。記者30〜40人で会見場はあふれていたが、地元の記者はほとんどいない（発電所周辺で取材しているのかな）。目の前にいるのは関西などからの応援部隊のようだった。原発とはなじみのない記者たちがどう報道するか。丸山は心配になってきた。「早く発表しろ」、会見はけんか腰の言葉で始まった。発表文を読み、記者から質問を受ける。「放射能はどっから漏れた」「まだ放射能が出てるんやないのか」。追及が続く。（中略）19日になって、その年の3月8日に大量の放射性廃液があふれたことを報告していなかった事実が発覚。事故隠しへの批判の高まりと、漏れた廃液がどのようなルートで一般排水路に流れたのかという原因究明で、原電と報道陣のせめぎ合いはエスカレートしていった。

電力企業の経営トップは、技術者の説明責任を、次のように認識していた[2]。

技術屋は、どちらかといえば、いままでは人に接しない。技術屋というのは、ご存じのとおり機械が相手ですからね。人に接しない職場であったところが、原子力のエンジニアは、人に接する、人にうまく説明する技術が求められる。

その対人関係をいかにうまくするか、うまくすると言うと語弊があるのでしょうが、そうは言ってもですね、人間というものは感情がありますから、お互いの感情がありまして、説明する人にも感情があるし、受ける人にも感情がある、従って、感情をいかにうまくコントロールしながら説明するかというのが、一つの大きなウエイトだと思います。

---

[1] 中日新聞福井支社・日刊県民福井編『神の火はいま』中日新聞社、106頁（2001）
[2] NPO法人科学技術倫理フォーラム編『説明責任・内部告発——日本の事例に学ぶ』、「インタビュー記録、鷲見禎彦氏、日本原子力発電株式会社社長」、丸善、87頁（2003）

(2) 米国の指導方針

米国の規制機関 NRC による「積極的安全文化方針表明」(付録 2 参照) を読んで考えさせられることは、福島原子力事故が起きる前の数年間の、米国と日本の違いである。

米国でも、不正行為はあった。「原子力発電プラントの交代勤務におい

表9.4 規制機関の指導方針

日付	米国のNRC	日本の規制機関
07年04月		原子力安全・保安院は、電力企業からの報告にもとづき、報告「発電設備の総点検に関する評価と今後の対応について」において、過去のデータ改ざん等の内容と再発防止対策とを総括(表9.1参照)
09年02月	安全文化について、ステークホルダーの組織の会合、ニュースレター、電話会議に情報を提供し、NRC本部においてパブリック・ワークショップ開催	上の総括以降、事業者側が、自主的にデータ改ざんなどの不正を調査し、自主的に公表し、(国民に向かって)陳謝する慣行が定着した。
09年11月	「草案安全文化方針表明の発行およびパブリック・コメントの機会の告示」	
10年	提出されたパブリック・コメントをレビューし、さまざまな産業フォーラムで発表しステークホルダーに情報を提供	
10年02月	第2回のワークショップを開催。パネリストは広い範囲のステークホルダーから参加	
10年07月	第2回ワークショップのパネリストと電話会議	
10年09月	追加の電話会議開催「修正草案安全文化方針表明」	
11年03月		福島原子力事故
11年06月	「最終安全文化方針表明」	

て、セキュリティ担当スタッフが『交代待機室』で寝ていた」。そこから出発した活動である。NRCの活動（表9.4参照）のとおり、事業者をはじめステークホルダーと交流し、共通の理解を図りながら、積極的安全文化を実行可能になるよう、わかりやすくする努力をしていた。

9.7.3　小さな正義／大きな正義

　1986年のチェルノブイリ事故から2011年の福島原子力事故までの25年間に、西洋は何をし、日本は何をしていたか。特に福島原子力事故の直前の数年間、米国は何をし、日本は何をしていたか。

　西洋や米国は、積極的な姿勢の安全文化を築き、安全確保の実務に役立つようにした。

　日本は、事業者が自主的にデータ改ざん等の不正を調査・公表する慣行を確立した。

　こうして並べてみると、データ改ざん等の不正を正すのは、正義には違いないが、小さな正義ではなかろうか。それはそれで行えばよいが、原子力を含む科学技術の安全確保のための安全文化という、大きな正義がなくてはならない。

　本書では、日本が明治期に西洋に学び西洋の原理による法制を創設して、独立国としての地位を確立した歴史を見た。それから、日本は失敗をした。そして第二次大戦の敗戦の廃墟から立ち上がり、科学技術利用の産業の発展によって、先進国の先頭に並ぶ、国際的地位を確かなものにした。それらは、日本の「働く人」の努力の成果にほかならない。そういう日本人の可能性を、自ら求めて小さくするようことは、決してしてはならない。

9.8　科学技術の安全確保のために

　本書は、安全文化に取り組んだうえで、福島原子力事故の構造の解明をこころみた。それには、以下のような意味があることを記しておきたい。

9.8.1 "世紀の難問"

1986年のチェルノブイリ事故では、IAEAは安全文化に原因があるとしたのに対し、ソ連側は運転員のエラーと規則違反といい切ったが、のちにレガソフの死の証言が終止符を打った（前出86頁参照）。

レガソフの「何年もの間続いてきた我が国の経済政策の貧困がこの事故を引き起こした」との証言は、つまり、経済政策の貧困ゆえに、不合理な設計の原子炉を使い続けたというのは、安全文化の問題として説得力がある。この日本語で僅か33文字の証言とレガソフの死とが、事故原因が安全文化にあったことを決定づけた。

福島原子力事故の場合は、簡単ではない。そこに大きな違いがある。

IAEAは、安全文化に原因があるとみたが、日本の文化事情について十分な知識がなく、立ち入れない。日本政府は、日本の文化事情の知識はあるが、IAEAのいう安全文化がよく理解できていなかったし、安全文化の観点から事故分析する方法も知らなかった。この事故の原因が、安全文化にあるとされながら、IAEAにもわからない、日本にもわからない状況だっただろう。

福島原子力事故の原因は、チェルノブイリ事故よりもはるかに複雑であり、事故調査の"世紀の難問"といえるかもしれない。日本は、そういう事故に出会ったのである。事故の究極の原因を知るには、結局、IAEAのINSAG-4「安全文化」を理解し、事故分析に利用する方法を開発するほかはない。それが、本書となった。

INSAG-4の安全文化の解明は、福島原子力事故の当事国ゆえに、日本に可能なことである。本書による安全文化の解明は、十分なものではなくても、福島原子力事故の当事国、日本が、事故原因究明の責任を果たす努力をしたものであり、組織で行われる事業や業務で起きる事故の分析方法として今後さらに発展するようになるとよい。

9.8.2　手がかりは社会に——西洋と日本

安全文化の理念の一つとして、本書では「社会に自生し伝承されることの尊重」があるとみる。人間は、本性として安全を求め、自ずと努力し、

社会におけるその蓄積が、安全文化といわれるものになる。そのことは、西洋も日本も同じである。日本は明治期に西洋に学び、西洋の原理による法律をつくり、それ以来、日本人は、西洋と共通の法のもとで生活している。社会の規律をつかさどる法は、西洋も日本も、基本的に共通している。日本は特殊な国ではないのである。本書でこころみたことは、西洋のやり方を見習って、日本の社会にあるものを掘り起こす努力といえる。

手始めは、INSAG-4 を読むことだった。安全文化の実務の体系であることはわかるが、日本人に理解困難とか、日本の実情に合わないところがある。原理が書かれていないので、迫りようがない。これが根本の1番目の問題意識だった。

それまでに著者らは、ハリスら著、日本技術士会訳編による 1998 年出版の『科学技術者の倫理』で、チャレンジャー事故のことを学んでいた。やがて知るロムゼックらの論文が、チャレンジャー事故の原因究明に社会学の理論を応用していた。その考え方を、INSAG-4 の実務の体系に応用して見いだしたのが、安全文化モデル（図 9.1 参照）だった。これで INSAG-4 の理解が一気に進み、同時に、スペースシャトルと原子力発電所という、異なる技術に同じモデルが当てはまることの発見だった。

それまでの知識では、チャレンジャー事故と福島原子力事故は、互いに別ものだった。このモデルの 5 要素でみると、前者は打上げ請負の契約、後者は規制行政で、ともに「制度」という共通項がある。そうして、両事故の類似性から、福島原子力事故の原因が解けていった。

チェルノブイリ事故の機会に、IAEA が INSAG-4 によって、安全文化の実務の体系を明らかにした。福島原子力事故の機会に、本書でこうして、その実務の体系を分析して、原理的な解明を進めた。科学技術の安全確保は、こうした絶え間ない努力によって着実に進歩している。将来にわたり、さらなる発展が期待できよう。

INSAG-4 からの 2 番目の問題意識は、規制行政の官民関係が、INSAG-4 では対等のように書かれているが、日本は上下関係であって、大きな開きがあることがある。これでは日本のやり方が正しいとは、い

えそうもない。

この問題を解くベースとして、道路交通の規制の経験がある。そこへ、1997年に北村喜宣が指摘し、2009年に平田彩子が追認した「学問上の『エア・ポケット』」説に啓示を受け、村上裕一の報告に啓発され導いたのが、規制行政の枠組みの概念図（図6.1参照）である。日本は、いわゆる警察的規制だったが、被規制者の自主的な自己規制が、前提とならなくてはならないとの考え方は、1972年、英国のローベンス報告に前例がある。

3番目の問題意識は、コロナ禍の折から、医師・看護師ら医療の専門職の活躍に見てその社会的役割が明確であることに気づかされたが、それと比較するに、技術者の社会的位置づけが不明確なことである。近年、国際社会と日本に共通の動向として、弱者保護の展開がある。それはもちろん大切だが、この国を支える「働く人」がいる。日本の法や法学では「働く人」が不明である。弱い立場の労働者を保護する労働法（学）が進む一方で、明治期以来の西洋の原理による雇用契約の規定があるが、ここにやはり前章で示した「雇い主と使用人の関係」の学問上の「エア・ポケット」がある。

以上、三つの問題意識を上げたが、うち二つは法の問題である。福島原子力事故のようなケースは、技術だけでは解決できないことを、思い知るのである。

法の上記2点を追究して思うのだが、明治期以来、前記のとおり、日本人は西洋の原理による法のもとで生活しており、日本の問題点を正せば、西洋が育てた安全文化と整合でありうる。日本が適法に安全文化を受け入れることは、可能なのである。

福島原子力事故によって、日本の科学技術の安全への国際社会の信頼が、揺るがなかったはずはない。西洋と文化が異なるのは、日本だけではない。福島原子力事故を機会に、こうして日本が取り組んだことが、他の国・地域の参考になることもあろう。科学技術は国境を越え、科学技術の危害もまた、国境を越える。科学技術の安全確保のあり方について、日本は国際社会に貢献し、国際社会の信頼につなげる余地がある。福島原子力事故の構造の解明を試みて、そう信じるのである。

第 10 章
防災と災害復興の文化（防災文化）

第 10 章　防災と災害復興の文化（防災文化）

　前章まで、IAEA が INSAG-4 で掲げた安全文化が、なぜ日本に根づかなかったか、科学技術発展のかげで起きた重大な事故への対応を積み重ねてきた経験を顧みないで、リスクの高い原子力発電所の建設や運営において、安全文化への取り組みが疎かであったことを解明している。

　2011 年の東日本大震災は、溯れば 869 年に起きた貞観地震からおよそ一千年後に起きた大津波を伴った自然災害であり、日本史上最大級の災害となった。過去の自然災害と区別される特徴として、続いて起きた福島原子力事故による人工災害が加わったことがある。原子力災害は、自然災害と違って「放射性物質又は放射線の異常な放出」（原子力災害特別措置法第 2 条 2 号）により生じる被害がある。ただ本章では、著者らが参加した自然災害の復興が主となる。

　本章の前段は、東日本大震災の復興である。

　日本は、数多く自然災害を経験し、得た教訓を活かして災難を克服し、災害と復興を伝承してきた。東日本大震災の復興はその延長上にあり、本章では、公益社団法人日本技術士会東北本部「東日本大震災復興 10 年事業」（第 1 章）の 2022 年シンポジウムでの討論を題材とし、東日本大震災後の復興に従事した経験をまとめ、復興の主な論点を明らかにする。

　本章の後段は、防災文化についてである。

　「防災文化」の語は、遠藤信哉前副知事が言及されるなど（第 1 章）、近年、使われるようになった。技術者たちは困難な災害復興に従事し、「防災」の重要性を身に沁みて知った。その認識が、これまで防災、減災、災害復興の三つに分けられていたものを合わせて「防災」とみて、「防災文化」としたのだろう。まだ一般的な定義や概念は形づくられていないが、意味がイメージできて、わかりやすい用語である。我が国の災害問題の重要性に鑑み、今後、主要なキーワードとして定着するであろうことは疑

いない。本書では、安全文化の枠組みを明らかにしているので、その観点から、防災文化といわれるものが、どのようなものか、防災文化の概念形成に寄与するようにしたい。

　1990年代より大規模な災害が多発する事態となり、これまでこの列島で、どのように災害に対応してきたか、災害の発生と、災害対策関連の法律の制定との関係を見る。行政機関（官）が主導する災害対策行政である（10.1）。

　「東日本大震災復興10年事業2022年シンポジウム」の講演と討論から、建築士、弁護士、技術士ら専門士業による災害対応の活動と、災害対応のあり方についての意見を知る（10.2）。

　災害への対応には、自助、共助・互助、公助がある。自分自身の身の安全を守る（自助）をベースに、公的機関による救助・援助（公助）があり、そこへ社会のメンバーによるさまざまな組織（社会組織）による「共助」の台頭が注目される（10.3）。

　防災・災害復興について知られたことに、安全文化の枠組みを当てはめると、防災文化には、安全確保一般の安全文化と共通性があり、安全文化に、防災・災害復興に特有の要素が加わったのが防災文化という関係が見えてくる。防災文化がどのようなものか、生活者や消費者が一読すればわかるように示す（10.4）。

　本書は、二重の難問に取り組んだ。一方は、安全文化を日本人にわかるように解明すること、他方は、安全文化の考え方を応用して防災文化を現世代の日本人に、そして次世代以降の日本人にわかるように解明することである（10.5）。

10.1 これまで行われてきた災害対策

これまでこの列島で、どのように災害に対応してきたか、概観する。

10.1.1 災害列島といわれる日本

　日本は、災害大国と呼ばれるようになり久しい。四季があり、世界が羨む美しい自然を持つ日本の国土は、一方で地形・地質・気象等の特性により災害に対し脆弱で、極めて厳しい自然条件にある。例えば、細長い国土のなかに2,000mを超える山々が連なり、国土の70%を占めるといわれるこれらの山岳地帯は崩落しやすい地質等で構成されている。そこから流れ出る河川は急勾配で洪水を起こしやすい。

　また、降雨は梅雨時期から台風期に集中。さらに東京をはじめとするほとんどの大都市は河川の氾濫区域に存在し、その多くが軟弱地盤の上にある。加えて世界のマグニチュード6超の地震の約2割は日本で発生し、活火山の約1割が日本に集中している。

　このような「脆弱国土」である日本は、さらなる危機を迎えようとしている。今後30年の間に約70%の確率で発生するとされている、南海トラフ地震と首都直下地震だ。南海トラフにおいて想定される最大クラスの地震では、太平洋沿岸の広範囲において強い揺れが発生し、巨大な津波が短時間で沿岸に襲来。最大で死者は約32万人、経済的な被害は約220兆円にのぼり、交通インフラの途絶や沿岸の都市機能の麻痺等の深刻な事態も想定される。

　また、首都直下地震では、首都圏全域に強い揺れが発生し、最大で死者は約2万3千人、被害額は約96兆円になるなど、甚大な被害の発生が予想されている。このような災害が起これば、経済の機能は麻痺し、国家的危機に陥ることは必至だ。脆弱な国土を有する日本において、河川、道路、海岸、港湾など多岐にわたるインフラを最大限活用し、自然災害の脅威から国民の命と暮らしを守ることが求められている[1]。

---

[1] 国土交通省 HP https://www.mlit.go.jp/saiyojoho/manifesto/manifesto10.html 2023年8月10日

10.1.2　日本の災害と関連法律・制度

日本国内における主な災害の発生と、災害に関する法律や制度との関係をみる（表10.1参照）。1990年代より大規模な災害が多発する事態となっていることがわかる。

災害対策関連の法律は、災害救助法（1947年）、建築基準法（1950年）に始まり、災害対策基本法（1961年）が1958年に発生した伊勢湾台風の復旧のため制定されたほか、豪雪・豪雨、土砂災害、地震、津波といった災害ごと法律や制度が整備されてきた。法律にもとづき、行政機関（官）が主導する災害対策行政である。

表10.1　主な災害の発生と法律・制度との関係 [2]

年代	主な災害	制定・改訂された主な法律や制度
1940	枕崎台風　南海地震　カスリーン台風　福井地震	災害救助法
1950	伊勢湾台風	災害対策基本法　建築基準法
1960	豪雪　新潟地震　羽越豪雨	地震保険に関する法律
1970	桜島噴火　浅間山噴火　宮城県沖地震	災害慶弔金の支給等に関する法律
1980	日本海中部地震　長野県西部地震	建築基準法施行令改正（新耐震設計基準）※宮城県沖地震を受けて
1990	阪神・淡路大震災　広島豪雨　JCO臨界事故	被災者生活支援法　密集市街地における防災地区の整備の促進に関する法律　ボランティアや自主防災活動の環境整備
2000	東海豪雨　新潟・福島豪雨　新潟県中越地震　岩手・宮城内陸地震	水防法　土砂災害警戒区域等における土砂災害防止対策の推進に関する法律
2010	東日本大震災　豪雪　広島土砂災害　御岳山噴火　房総半島台風　東日本台風　7月豪雨	津波防災地域づくり法　原子力規制委員会設置法　大規模災害からの復興に関する法律

---

[2] 内閣府政策総括官（防災担当）『日本の災害対策』（内閣府）https://www.cao.go.jp/en/doc/saigaipanf.pdf（2023年8月10日）にもとづき著者ら作成

災害対策関係の法律を、災害の類型の別に、三つの時系列（予防、応急、復旧・復興）で関連づけたのが表 10.2 である。

表 10.2　主な災害対策関係法律の類型別整理表[3]

類型	予防	応急	復旧・復興	
地震津波	・大規模地震対策特別措置法 ・津波対策の推進に関する法律 ・地震財特法 ・地震防災対策特別措置法 ・南海トラフ地震に係る地震防災対策の推進に関する特別措置法 ・首都直下地震対策特別措置法 ・日本海溝・千島海溝型地震に係る地震防災対策の推進に関する特別措置法 ・建築物の耐震改修の促進に関する法律 ・密集市街地における防災街区の整備の促進に関する法律 ・津波防災地域づくりに関する法律	・災害救助法 ・消防法 ・警察法 ・自衛隊法	〈全般的な救済援助措置〉 ・激甚災害法 〈被災者への救済救援措置〉 ・中小企業信用保険法 ・天災融資法 ・災害弔慰金の支給等に関する法律 ・雇用保険法 ・被災者生活再建支援法 ・株式会社日本政策金融公庫法 〈災害廃棄物の処理〉 ・廃棄物の処理及び清掃に関する法律 〈災害復旧事業〉 ・農林水産業施設災害復旧事業費国庫補助暫定措置に関する法律 ・公共土木施設災害復旧事業費国庫負担法 ・公立学校施設災害復旧費国庫負担法 ・被災市街地復興特別措置法 ・被災区分所有建物の再建等に関する特別措置法 〈保険救済制度〉 ・地震保険に関する法律 ・農業災害補償法 ・森林保険法 〈災害税制関係〉 ・災害被害者に対する租税の減免、徴収猶予等に関する法律 〈その他〉 ・特定非常災害法 ・防災のための集団移転促進事業に係る国の財政上の特別措置等に関する法律 ・借地借家特別措置法	大規模災害からの復興に関する法律
火山	活動火山対策特別措置法			
風水害	河川法	水防法		
地滑り崖崩れ土石流	・砂防法 ・森林法 ・地すべり等防止法 ・急傾斜地の崩壊による災害の防止に関する法律 ・土砂災害警戒区域等における土砂災害防止対策の推進に関する法律			
豪雪	・豪雪地帯特別措置法 ・積雪寒冷特別地域における道路交通の確保に関する特別措置法			
原子力	・原子力災害特別措置法			

[3] 参議院常任委員会・特別調査室『立法と責任』No.404、99-104頁、(2018.9)
西田 玄「災害対策関係法律をめぐる最近の動向と課題― 頻発・激甚化する災害に備えて―」を参考に著者作成

これで災害の種類に応じて法律が定められていることがわかる。ひとたび災害が発生すると、被災した地域の自治体は、災害の類型に沿って復旧・復興に関する事業に取り組むことになる。

　法律は表10.2のとおり災害の類型の別など、かなりきめ細かく制定されているように見える。しかし、河川の氾濫（内水）による対策は表10.2で見る限り河川法、水防法しか該当せず、内水で浸水した家屋に救済援助措置がとられるかといえば直接的にはわからないし、この表にない災害である突風や竜巻に関する被害の対策は明解でない。

　また、著者らが携わった東日本大震災の復旧・復興の業務では、被災者の生活再建を支援する相談窓口が開設されたが、被災家屋の程度（全壊、大規模半壊、半壊、一部損壊）、被災家屋の位置による復興の方向性（災害危険区域に指定され移転が必要とか、被災市街地復興推進地域に指定され復興まちづくりに参加）や、移転を余儀なくされた場合の住まいの選択（防災集団移転促進事業による自力再建や復興公営住宅への入居など）をはじめとして、まさに住宅再建が一筋縄では動きがとれないことが問題とされている。

　ここで、災害対策の実状が、制度に人を合わせる傾向がある。人に制度を合わせるようにすべきではないか。災害復興の手法は法や制度に胡坐をかいた紋切り型になっていないか。このような問題の解決に、すでに「士業」の専門家たちが取り組んでいる。

10.2　「士業」専門家の災害対応

　東日本大震災が起きて10年、技術者たちはこの震災や2019年の東日本台風などの困難な災害復興に取り組み、防災・減災・災害復興における自助、共助・互助、公助の展開を経験した。2022年には、特に「士業」と呼ばれる専門家の役割に注目し、同年の前記シンポジウムの主題とした。次に挙げるのは士業のうち、建築士、弁護士、技術士の3者の意見の記録である（文責は本書著者らにある）。

第 10 章　防災と災害復興の文化（防災文化）

＜その 1 ＞　建築士の意見
大災害に学び・備える（髙橋清秋建築士[4]）

(1)　宮城県災害復興支援士業連絡会[5]

　当会は 2005（平成 17）年 3 月設立の災害対応連絡会がベースで「宮城県における地震等の大規模災害に対し、専門的知識及び経験を有効かつ機能的に活かし、防災活動並びに災害復興及び被災地域・被災住民の復興支援活動を遂行することを目的としている」[6]。設立時、加盟団体は 8 団体で 2022 年 4 月時点では 13 団体で構成されている。一士業では解決できない部分は士業の連携が必要である。

　宮城県内では、21 世紀になって 2003 年北部連続地震に始まり岩手宮城内陸地震等、6 ～ 7 年に 1 度、震度 6 弱以上の地震が発生し、2021 年 2 月から 22 年 3 月まで 13 か月間に、震度 6 弱以上の地震が 4 回と、異常な状況となっている。

　宮城県は、台風常襲地と比べて被害が少なかったため、台風の災害復興支援士業連絡会の活動は今までなかった。

(2)　東日本台風の被災住宅再建支援

　2019 年 10 月 12 日来襲の東日本台風（台風 19 号）の際には、国土交通省指導のもとで、住宅再建支援は建築士事務所協会、建築関係 13 団体で研修会を開催して地震のマニュアルを修正し、相談対応を開始した。

　丸森町庁舎ホールで各士業が相談会を開催したが、車が流されたり道路の寸断、情報の途絶で庁舎まで辿り着けないので、行政区長等の案内のもとプッシュ式の支援にきりかえ、弁護士会、ボランティア団体の協力のもと被災地へ入ると、その現場に相談者が多くいることが判明した。半壊以上で居住が難しい在宅避難者が、床や壁が破損した状態で寒さの中で生活した。

---

[4] 宮城県災害復興支援士業連絡会会長・宮城県建築士事務所協会会長。基調講演「大災害に学び・備える」と発言の要旨
[5] 1995 年の阪神淡路大震災を契機として 2004 年に開催された「全国まちづくり専門家フォーラム」（阪神地区、宮城県地区、静岡県地区及び東京地区の各地専門家職能団体、研究者及び各行政担当者が神戸市で開催）を契機として結成された災害まちづくり復興支援機構などとともに 2005 年、宮城県に設立された。
[6] 宮城県災害復興支援士業連絡会ホームページ（http://miyagi-hukkousien.jp/）上記目的のもと、「被災地域の調査、復興支援計画の策定・実施等の要請、官公署等各団体との情報交換、被災住民に対する相談等を通した復興支援活動を行う」

住宅復旧に向け、国土交通省の補助金及び宮城県からの支援のもと、住宅相談体制を整備し、約1か月後の11月11日に勉強会を行い、11月12日から被災地窓口相談、現地派遣相談、電話相談を実施した。相談件数は、2022年6月15日現在、電話相談418件、現地派遣相談284件である。

(3) 震災への備え

　応急危険度判定士は、大地震や余震により被災した建築物を調べ、その後に発生するさらなる余震による二次災害をなくすために、国土交通省が制度化したものだ。

　2004年の中越地震で長岡市への支援に学び、早速、応急危険度判定後も支援が必要だと宮城県と関係団体がワーキンググループを設けて、平均37年間隔で発生している宮城県沖を震源とするマグニチュード7.5程度の地震に備えた組織の構築と、住宅被災調査、修理費、復旧再建案作成につき、担当者間でばらつきや報告書に差が出ないようマニュアル化した。

(4) 住宅の復興なくして生活再建は進まず

　2004年10月の中越地震に、宮城県の要請で国土交通省北陸地方整備局に集合、会員29人で長岡市余震二次災害防止応急危険度判定を3日間行った。同じ地域で1か月後、東北工業大学と宮城県建築士事務所協会、宮城県建築士会で応急危険度判定後の状況確認に訪れ、町内会長の案内で被災住宅の再確認を行った。

　その時、被災程度が軽い住宅でも心配で避難所から帰れないでいる多くの住民がいることを知り、被災後の相談窓口が必要とワーキンググループを立ち上げ検討を始めた。これが災害時支援活動の原点「大規模災害時に住宅の復興なくして生活再建が進まない」という経験則である。

(5) 大災害復興の学びから伝えるべきこと

　河北新報の記事[7]で、東京直下地震や東南海トラフ地震が発生した際に、都道府県から2年程度にわたって被災自治体に、建築士や技術者の支援人員を何人出せるかという調査をしたという紹介があった。千人規模を

---

[7] 2022年7月18日の河北新報記事

想定したが、調査結果は200名程度だったという。

石巻市にある宮城県仙台東部土木事務所では、東日本大震災復興の際、担当職員70人を150人に増やして対応した。石巻市は15万人の都市で80人増やしたのに、都道府県から200人しか派遣できないのであれば民間に頼らざるをえなくなる。そうした意味でも士業連絡会や技術士会の役割は重要で、人員派遣では建築士も体制づくりを進めていく。

さらに、若手の技術者が増えないなか、65〜70歳の技術者が支援できる体制が必要である。

＜その２＞　弁護士の意見
被災者支援制度の課題と災害ケースマネジメントの提案（宇都彰浩弁護士[8]）

(1)　災害と被災者

災害とは「暴風、竜巻、豪雨、豪雪、洪水、崖崩れ、土石流、高潮、地震、津波、噴火、地滑りその他の異常な自然現象又は大規模な火事もしくは爆発その他その及ぼす被害の程度においてこれらに類する政令で定める原因により生ずる被害をいう」（災害対策基本法第2条1号）。国際的には新型コロナウィルス感染症の蔓延も災害である。

防災用語集では「コミュニティまたは社会の機能の深刻な混乱であって、広範な人的、物的、経済的もしくは環境面での損失と影響を伴い、被害を受けるコミュニティまたは社会が自力で対処する能力を超えるもの」[9]をいう。

法律に「被災」や「被災者」の定義はない。災害に遭遇して、生命、身体への影響を受けた人、あるいは生活基盤に被害を受け、自立して生活することが困難となり、心に影響を受け支援を必要とする人と広く解釈するべきである。「被災」とは、一人ひとりの人権が損なわれること、一人ひとりの人権が危機にさらされることだ。

---

[8]宮城県災害復興支援士業連絡会副会長。基調講演「被災者支援制度の課題と災害ケースマネジメントの提案」と発言の要旨
[9]国連国際防災戦略（UNISDR）『防災用語集』用語Disaster（2009年版）による。

東日本大震災では、被災者は、避難所に避難した人、仮設住宅にいる人、そして災害公営住宅にいる人と考えられ、被災者支援はこれらの人を対象に行われた。これ以外の人は、被災者と考えられなかった。

(2) 復興の目的と被災者支援について

復興の目的は、被災者ができるだけ早期に、可能な限り震災前の持続可能な生活を取り戻すこと（非日常から日常へ）で、災害により損なわれた一人ひとりの人権を回復することである。

被災者支援の目的は、被災者の持続可能な生活を取り戻すことを支援すること、被災し自分が怪我や病気になったり、家族や大切な人を失ったり、住まい、仕事を失った被災者の生活再建を支えることである。

インフラの復旧は人々がその地域で生活するための条件に過ぎない。

(3) 被災者支援制度の課題～取り残された在宅被災者～

東日本大震災から11年を経過し、被災者の多くは新たに住宅を購入または建築し、あるいは災害公営住宅や賃貸住宅に入居し、住まいの再建を果たした。しかし、現在でも在宅被災者が多数存在する。

在宅被災者の公的調査はなされていないため、実数は不明である。東日本大震災以前にも在宅被災者は存在していたが「在宅被災者」という言葉は存在しなかった。熊本地震以降の災害では、在宅被災者も支援の対象となっている。

(4) 災害ケースマネジメントの提案

災害ケースマネジメントとは、被災者一人ひとりに（世帯ではない）、必要な支援を行うために、被災者に寄り添い（伴走型）、個別の被災状況・生活状況などを把握し（申請主義のみでなくアウトリーチ（訪問支援）が必要）、それに合わせて様々な支援策を組み合わせた計画を立てて（ケース会議）、連携して（行政、福祉事務所、医療関係者、NPO、ボランティア、民間基金、専門士業、近所や地域の人々等）支援する仕組みをいう。

被災者は、災害により、住家の被害だけでなく、仕事（失業や収入の減少等）、災害による家族の死亡、受傷、病気や介護の発生、家財や自動車など動産類の損害を被る。被災前の生活状況も人それぞれであり、抱える事情も異なっており、被災の程度も異なっていることから、必要な支

援も多様である。

現状の被災者支援制度は、住んでいた家の被害、すなわち、罹災証明を基準として支援制度が設計されている。

被災者一人ひとりの個別状況に合わせた必要な支援を実施するために、被災自治体が被災者台帳（災害対策基本法第90条の3）を作成・活用するなどし、被災者一人ひとりの個別の被災の影響を把握し、それに合わせた支援策をパッケージし、各種専門家と連携して、支援を実施していく仕組みを構築することが可能となっている。

(5) 災害ケースマネジメントの整備

誰一人も取り残さないためには、平時の福祉制度に加え災害時特有の法律や支援制度を活用した被災者支援が求められるが、災害法制や被災者支援のノウハウの蓄積は、市町村だけでは難しいことから、県や国の果たす役割は大きい。

(6) 大災害復興の学びから伝えるべきこと

弁護士法では、弁護士の責務として、人権擁護と社会秩序の維持及び法律制度の改善に努力しなければならないとされている。そのため、被災者支援制度の運用改善の提言を行っている。人権を保障する社会の形成で、平時も災害時も人が大事にされていることが重要だ。国家資格者はそのなかで社会貢献が求められる。

官民連携により、民主主義は健全化される。平時から人を大事にする社会をつくって、災害が起きてもその仕組みの中で活動ができるようにすることが重要だ。

＜その3＞　技術士の意見
専門技術を担う技術士の立場から（齋藤明技術士）

基調講演に続き、パネリストとして登壇した佐藤真吾技術士[10]、佐々木源技術士[11]、齋藤明技術士の震災復興における技術士の取り組み、レ

---

[10] 建設コンサルタントに勤務する傍ら、一般社団法人地盤品質判定士会 東北支部長に就任している。
[11] 宮城県に入庁して建設行政に従事後、宮城県環境事業公社を経て現職に就任している。

ジリエンスの考え方など、シンポジウムを通した発言をとりまとめる。

技術者は、科学技術を人間生活や産業に利用する、専門技術の担い手である。なかでも、専門職の技術者がプロフェッショナルエンジニア（professional engineer）であって、日本では、技術士法にもとづく国家資格の技術士（英語でのタイトルは「PE, Japan」）が、それである。産業経済、社会生活の科学技術に関する、ほぼすべての分野（21の技術部門）をカバーしている（科学技術のなかでも建築は建築士法による）。

(1) 佐藤真吾技術士
①震災復興における取り組み

三つの大地震で甚大な宅地被害を受けた都市、2011年東北地方太平洋沖地震（東日本大震災）における仙台市、2016年熊本地震における益城町、2018年北海道胆振東部地震における札幌市において、被災宅地を公費（公共事業）で復旧した。アドバイザー兼プロジェクトマネージャーとして、公共事業の導入を図り、被災宅地の復旧・救済に従事した。

特に、本宅地災害復旧事業（大規模盛土造成地の滑動崩落防止事業）では、公共事業で一般的に行われる原形復旧（壊れる前の状態に戻す復旧）ではなく、再度災害防止を目的とした耐震強化復旧を行っていることに大きな意義がある。

②防災への取り組み

土砂災害のリスクとされる盛土の危険性については、専門家としてきちんとアドバイスできる技量が必要だ。

建物は地震保険があるが、地盤に対する補償はない。地盤の復旧には公費が費やされるが、大規模災害時の被災想定も必要である。

(2) 佐々木源技術士
①震災復興における取り組み

東日本大震災発生時は、事業管理課長を務めていた。7月には石巻の東部土木事務所の所長に就任し復旧最前線で9か月を過ごし、翌年3月から廃棄物処理、ガレキ担当として4年間従事した。

建設業協会、建築士、解体、下水・し尿関係の各種団体、産業廃棄物協会に緊急要請して復旧に取り組み、津波被害の建設機械の補償、通行

許可証の発行、救援物資の集配、タンカーによるガソリン調達に奔走した。

東部土木事務所では、1,700億円の復旧費用は通常の20年分くらいの予算規模で3〜5年かけて復旧していった。

②防災への取り組み

県庁では砂防課に勤務したこともあり、急傾斜地、地滑り対策では柔軟な対応として、宅地造成規制法以前の法面などを人工がけとして扱った。法指定による危険区域の指定を行うと地価・税金が下がるが、予防保全的な考えでリスクを考え指定が受け入れられたこともあり、現場からの柔軟な提案力が必要であると感じた。

(3) 齋藤明技術士

パネルディスカッションのまとめとして、本シンポジウムの開催地である仙台市にちなみ、第3回国連防災世界会議での仙台枠組に照らすと、仙台防災協力イニシアティブでは、基本的な考え方として、あらゆる政策、計画に防災の観点を導入する「防災の主流化」を提唱している。市民、学術界、専門家、メディアの連携を束ねるプラットフォームの形成が必要だ。

技術士は、東日本大震災の復興に携わった知見・経験を国内外と共有していくことにより、国土形成、レジリエントな社会の構築に貢献する責務があり、日本技術士会は「防災の主流化」を担う人材や組織づくりを目指している。

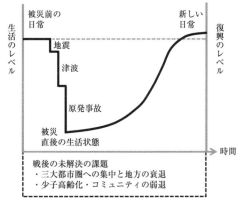

図10.1 レジリエンスな回復と潜在する未解決の課題

宇都彰浩氏は、レジリエンスは被災者ができるだけ早期に、可能な限り震災前の持続可能な生活を取り戻すこと(非日常から日常へ)で、災害により損なわれた一人ひとりの人権を回復することであるとして、対象

は人権としている。

　つまり、レジリエンスで回復する新しい日常の価値観とは何かということである。人口縮減化に向かう中、よりコンパクトな復興まちづくりを目指すべきだというのが都市計画的な見地からいえることだ。

　レジリエンスとは震災前の状態まで早く回復すると考えがちであるが、東日本大震災復興構想会議では、戦後からの地方が抱えた課題を克服した創造的な地域社会の姿を目標とし、東日本の復興なくして日本の再生はないと唱えている。その後の西日本豪雨災害では平時の地域社会の問題（社会への不参加など）が復興の大きな妨げとなっているとの指摘があるといわれている。これは東日本大震災復興構想会議でも指摘しているように、戦後の課題、すなわち大都市への一極集中、地方の衰退、コミュニティの分断などで失ってしまった「地域力」の低下ともいえよう。それを含めて復興の目標とした「日常を取り戻すこと」の日常をよく考える必要がある。

10.3　防災組織——自助、共助・互助、公助

　災害への対応は、自分自身の身の安全を守ること（自助）をベースとして、地域やコミュニティの人たちが協力して助け合うこと（共助・互助）、そして、公的機関による救助・援助（公助）がある（前出6頁参照）。そのうち「共助」の台頭が注目される。社会のメンバーによるさまざまな組織（社会組織）が形づくられるようになった。

10.3.1　共助の台頭

　災害が多発していくなか、防災のキーワードとして自助、共助・互助、公助が唱えられるようになった。それぞれの言葉はわかりやすいが、共助に関しては、隣近所や地域コミュニティによる助け合いという範疇を超えている。

(1) 三つの段階

これまで災害対応に当るのは、自衛隊・消防・警察・医療・行政らであった。これを第一段階としよう。

1995年1月17日、阪神淡路大震災が発生し、早朝の悲惨な出来事がまざまざとテレビに映されて、この状況から被災者を救い出そうとする精神のあらわれがボランティアである。全国的な規模で災害の復旧支援に携わる活動は、ボランティア元年といわれている。

ボランティアは個人からNPOなどに組織が発展し、社会福祉協議会などとともに自らが活動をコントロール（多様な困りごとにプッシュ支援する）できるまでに至っている。これが第二段階である。

そこへ、災害の復旧にいち早く登場すべき「新たな公」として活動を進めたのが「士業連絡会」だ。弁護士、建築士、司法書士、行政書士、技術士など、士業といわれる専門家による組織体である。

これまでは、災害が起きれば建築士は建物の応急危険度判定を行うし、被災建物の復旧相談も行う。他の士業も豪雨災害で水没した自家用車の処分に関する相談対応や、裏山の土砂崩れや被災した宅地に関する安全の確保対策など、被災者の心配事に専門知識を活かして対応してきた。その士業が連携して活動を行うようになったのである。これが第三段階である。

(2) 士業組織の支援活動

大規模災害における緊急・応急対策や、復興対策を迅速かつ円滑に進めるには、行政のみならず、数多くの専門知識を有する民間の個人・団体等の支援を欠かすことはできない。一方専門的資格を有する者といえども、災害時における専門的活動は平常時におけるそれとは異なり、各災害時特有の条件の下での活動が要求される。また、個別的・断片的に対応するのではなく、相互に連携調整を図りつつ、継続的かつ柔軟に対応する必要がある。

以上から、このような専門家個人や団体が、平常時から連携を密にし、いざというときの活動の仕組みをつくるとともに研さんを重ねていく必要があると考え、関係各位及び諸団体に広く呼びかけ2004年11月30日、

東京に「災害復興まちづくり支援機構」が設立されている[12]。

宮城県では、これに合わせ、2005年に「宮城県災害復興支援士業連絡会」が設立されている。

10.3.2　防災と災害復興のグローバル化

災害が地域や国のみならず、地球規模の災害が現実のものとなり、防災や災害復興がグローバルなものになってきている。

2015年3月の第3回国連防災世界会議で採択された「仙台防災枠組2015-2030」[13]では、防災と技術者の役割を図10.2のようにしており、それに照らしてとりまとめた「仙台防災協力イニシアティブ」[14]の基本的考え方として、あらゆる政策、計画に防災の観点を導入する「防災の主流化」を提唱している。

国土交通白書2023では、気候変動の影響等により激甚化・頻発化する

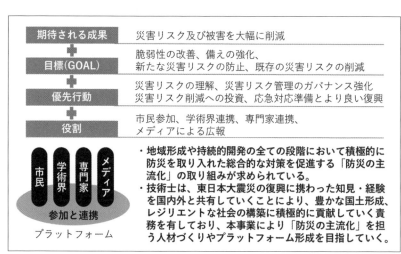

図10.2　仙台防災枠組2015-2030と技術者の役割

---

[12] 災害復興まちづくり支援機構 HP：http://www.j-drso.jp
[13] 国連防災世界会議は、国際的な防災戦略を策定する国連主催の会議である。第1回世界会議は1994年に神奈川県横浜市で、第2回世界会議は2005年に兵庫県神戸市で開催され、国際的な防災の取組指針である「兵庫行動枠組（HFA）」が策定した。第3回世界会議は、2015年以降の新たな国際防災の枠組みを策定するため、2015年3月に東日本大震災の被災地である宮城県仙台市で開催され、その成果として、兵庫行動枠組みの後継となる新しい国際的防災指針である「仙台防災枠組2015-2030」と今次会議の成果をまとめた「仙台宣言」が採択された。
[14] インターネット「仙台防災協力イニシアティブ」https://www.bousai.go.jp/kokusai/kaigi03/pdf/14sendaibousai_zenbun.pdf

水災害、切迫する地震災害、火山災害などあらゆる自然災害に対し、国民の命と暮らしを守り、持続可能な経済成長を確実なものとするためには、抜本的かつ総合的な防災・減災対策を早急に講じ「防災・減災が主流となる社会」を構築することが必要不可欠である。国土交通省では、『防災・減災が主流となる社会』を「災害から国民の命と暮らしを守るため、行政機関、民間企業、国民一人ひとりが、意識・行動・仕組みに防災・減災を考慮することが当たり前となる社会」[15]ととらえて、各種の防災・減災対策を推進している。

仙台では、「仙台防災枠組 2015-2030」、「SDGs」、「パリ協定」を世界の三大アジェンダと称している。災害の発生要因とされる地球温暖化では、パリ協定[16]にもとづく気候変動抑制に関する多国間の国際的な行動が必要だし、災害の発生を防ぐ、災害による被害の最小化では SDGs[17] にもとづく行動目標が必要である。

東北大学では、この理念をいち早く取り入れ、東北大学グリーン未来創造機構（Green Goals Initiative）[18] を設置している。

三大アジェンダで興味深いのは、それぞれが枠組み、GOAL といった目標を見すえた構造となっていること、SDGs が主張する「誰一人残さないこと」を標榜していることであろう。

10.4　防災文化

当初、「防災文化」があり、「減災文化」があり、「復興文化」があると

---

[15] 国土交通白書 2023。第Ⅱ部国土交通行政の動向　第 7 章安全・安心社会の構築
[16] 2015 年 11 月 30 日から 12 月 13 日までフランス・パリにおいて開催された 国連気候変動枠組条約第 21 回締約国会議（COP21）では、新たな法的枠組みとなる「パリ協定」を含む COP 決定が採択された。パリ協定は、「京都議定書」の後継となるもので、2020 年以降の気候変動問題に関する国際的な枠組みである。
[17] SDGs（Sustainable Development Goals：持続可能な開発目標）とは、2001 年に策定されたミレニアム開発目標（MDGs）。2015 年 9 月の国連サミットで加盟国の全会一致で採択された「持続可能な開発のための 2030 アジェンダ」に記載された、2030 年までに持続可能でよりよい世界を目指す国際目標。17 のゴール・169 のターゲットから構成され、地球上の「誰一人取り残さない（leave no one behind）」ことを誓っている。SDGs は発展途上国のみならず、先進国自身が取り組むユニバーサル（普遍的）な目標である。
[18] 東北大学がこれまでに推進してきた東日本大震災からの復興及び日本の新生に寄与するプロジェクトや、東北大学が掲げる SDG s である「社会にインパクトある研究」の 30 プロジェクト等をさらに発展させ、新たに「Green Technology」、「Recovery & Resilience」、「Social Innovation & Inclusion」の三つの柱のもと大学の総合力をもって全学組織的に社会課題の解決へ挑み、グリーン未来社会の実現に貢献することを目的として、2021 年 4 月に設置された。

みたが（前出9頁参照）、減災といい復興というのも、災害を減じ、事前に復興のイメージを持っておくことも必要なことから、総称として「防災文化」と呼ぶことにした。従って、この語の「防災」は、一般にいわれる防災と災害復興を意味し、減災を含む（以下「防災と災害復興」または「防災・災害復興」という）。

ここまでに、防災・災害復興についてわかったことがあり、安全文化の枠組みを適用すると、防災文化は、安全確保一般の安全文化と、共通性があり、安全文化に、防災・災害復興に特有の要素が加わったのが防災文化という関係が見えてくる。

10.4.1 防災文化と安全文化の関係

安全文化のモデル上に、防災・災害対策の要素を置く（図10.3）。これで、安全確保一般の安全文化と、防災・災害復興の防災文化との関係が読める。

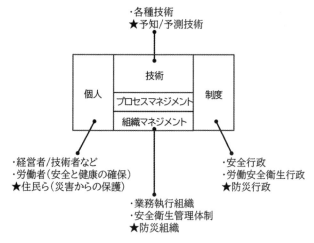

図 10.3 防災文化と安全文化の関係

(1) 安全文化（安全確保一般）

安全文化は、チャレンジャー事故のスペースシャトル、チェルノブイリ事故の原子力発電施設の例のとおり、事業や業務に応じてさまざまに利用される「技術」に焦点を合わせ、「技術」の安全確保を図る。それが、

図に示した「各種技術」である。そして「技術」を運用する「プロセスマネジメント」、その運用を担う「組織マネジメント」には、「個人」の「経営者/技術者など」で構成される「業務執行組織」があり、そこへ「制度」として安全確保の規制行政（安全行政）がかかわる。

安全文化は、このように「技術」に焦点を合わせ、他の要素を統合して「技術」の安全確保を図るものである。

他方、安全文化とは別に発達したのが、労働安全である。「個人」のうち「労働者」に焦点を合わせ、他の要素を統合して「労働者」の安全と健康の確保を図る。図の「組織マネジメント」に「安全衛生管理体制」とあるのがその組織であり、「制度」として、労働安全衛生法にもとづく労働安全衛生行政がかかわる。

(2) 防災文化

防災にせよ災害復興にせよ、多くの場合、災害現場では土木、建築、設備の工事が行われる。それらの工事は、一般の宅地造成や住宅建築と実質的に共通し、安全文化の枠組みが適用される。

例えば、谷地にある土砂災害警戒区域付近に住宅地があったとする。ある季節、雨が長い時間降り続き、土の中に水分が蓄積され、ついに土石流となって住宅地を飲み込み、被害が拡大し、やがて災害復旧工事となる。

宅地造成工事と災害復旧工事とでは、利用される「技術」、その「プロセスマネジメント」、それを担う「組織マネジメント」、その組織を構成する「個人」は基本的に共通であろう。安全文化と同じ枠組みとみてよい。

つまり、防災文化の一端は安全文化であり、そこへ、防災・災害復興に特有の要素（図10.3の★印参照）が加わり、合わせて全体が防災文化となる。

10.4.2 防災文化の特質

防災文化の特徴を、安全文化と比較して上記したが（図10.3参照）、防災文化には、以下、二つの特質があるとみられる。

(1) 予知/予測の技術

防災文化では、「技術」に地震などの自然災害を予知し、被害を予測する、

自然科学を基礎とする「予知／予測技術」がある。「各種技術」とは別の体系のものである。

予知／予測技術には、その性格上の困難な問題がある。

駿河湾から日向灘にいたる南海トラフ沿いに予想される大規模地震の対策は、1978（昭和53）年に発しながら、2017（平成29）年になって、「現在の科学的知見からは、確度の高い地震の予測は難しい」とされ、対策の抜本的な転換となった[19, 20]。

2011年の東日本大震災が想定外だったこと、2016年、確率がはるかに低いとされた熊本地震が発生したことから「予測は無意味」とされ、2017（平成29）年、「前兆をつかみ警戒宣言を出す直前予知の仕組みは、事実上廃止され」[21]、次の対策となった。

> 確度の高い地震予知は困難であるものの、地震計やひずみ計等で観測される何らかの異常な現象がある。そこで、異常な現象の観測時に速やかに防災対応を実施するためには、南海トラフ沿いの地殻変動や地震活動等を常時観測するとともに、観測データを即時的に分析・評価する体制を構築して、起こっている現象とその変化を把握し続けること、その上で、この分析・評価結果を防災対応に活かすことができるような適時的確な情報の発表に努めることとされた。

すなわち「異常な現象の観測時に速やかに防災対応を実施する」ことになる。防災・災害救助は、このような不確実性のもとで、観測時に緊急に即時に対応しなければならないという難しさがある。

(2) 災害からの住民らの保護

「個人」のうち「住民ら」に焦点を合わせ、「住民ら」を災害から保護するには自助、共助・互助、公助があり、行政からボランティアまでがかかわるさまざまな寄与は、全体として、社会規模の「防災組織」であり、それを災害の不確実性のもとで適切に対応する「組織マネジメント」が必要とされる。

なお、保護の対象を、ここでは「住民ら」としている。法律では、災

---

[19] 中央防災会議 防災対策実行会議、南海トラフ沿いの地震観測・評価に基づく防災対策検討ワーキンググループ「南海トラフ沿いの地震観測・評価に基づく防災対策のあり方について（報告）（2017年9月）
[20] 朝日新聞、2017年9月27日1面「南海トラフ 情報発信へ」
[21] ロバート・ゲラー「予測は無意味 現実を見よ」朝日新聞、2018年3月2日15面「私の視点」

害対策基本法は「国民の生命、身体及び財産を災害から保護する」（同法第1条）、すなわち、保護の対象を「国民」としている。しかし、実際の保護の対象は、国民に限られない。国民ではない在留者や旅行者などを除外するわけにはいかない。

災害救助法は「災害により被害を受け又は被害を受けるおそれのある者の保護」（同法第1条）、すなわち保護の対象を「被害を受け又は被害を受けるおそれのある者」と、完璧な規定をしているが、一般的な呼称には向かない。

安全文化や倫理の領域では、保護の対象を、「公衆（public）」という。しかし、これは日本人には親しみがないので「住民ら」とし、旅行者や通行人も含まれる。

10.4.3　防災文化の枠組み

防災文化という語はわかりやすくて、その重要性を訴えるにはこの一語でよい。しかし、実務に役立てるには、より分析的に管理可能な要素に分けたい。安全文化の技術・プロセスマネジメント・組織マネジメント・個人・制度の5要素の区分を応用し、新たな見方を提供する。

この見方は、防災や災害復興の対策を立て、モニタリングし、成果を

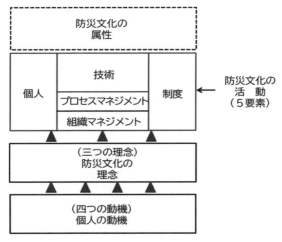

図10.4　防災文化の枠組み

評価するのに有効である。前章で福島原子力事故の構造を分析したが、在来の事故調査の方法ではあいまいだったものが、安全文化の5要素の見方によって解明が進んでいる。防災文化についても、同様の効用が期待できる。

安全文化の場合と同じ原理の図にする（図10.4参照）。防災文化の活動（5要素）を支える「防災文化の理念」と「個人の動機」があり、そして結果として「防災文化の属性」がある。

(1) 防災文化の理念

安全文化の場合と同じ考え方で、三つの理念があるとみる。

①社会に自生し伝承されることの尊重

伝承の必要性は「防災教育と災害伝承の活動を一層強化すること」（今村教授、前出5頁参照）。「災害の記憶や教訓等を次世代へ確実に伝えるため」、産学官連携で「事前防災や伝承に取り組むことが『未来への礎』に繋がる」（遠藤副知事、前出6頁参照）と強調されている。

なぜかというと、「われわれは備え以上のことはできない。（発災直後の）不確実な状況下での判断」には、伝承で身につけた素養により、レジリエンスな回復に向けた行動の最適化・効果の最大化を見極めていく必要がある（今村教授、同前参照）。

②完全性への指向

本書では、「完全性」の表題のもとに、インテグリティとレジリエンスがあるとみている（コラム5.2「インテグリティとレジリエンス」参照）。防災・災害復興の関係では、従来もっぱらレジリエンスが重視されてきたが、インテグリティをも視野に入れ、並べて扱うのがレジリエンスの意味をより明瞭にすることにもなるのではなかろうか。両語とも、実務上、重要であることに疑いはない。

③他律よりも自律

1990年の阪神淡路大震災、2011年の東日本大震災をはじめ、多くの自然災害の復旧・復興でまず被災者そして活動したボランティアの行動発意は、全くの自律である。

大きな震災などで被害を受けた地域は、支援を受ける側にあるが、見

方を変えれば、受援の仕組みを自律的にとらえ行動する役目を担う。何を助けてほしいのか、明確に支援する側にきちんと伝えなければならない。被災者にとって、他律を引き込むための自律も必要である。このような関係性をコーディネートする役割も必要だ。

(2) 個人の動機

これは安全文化の場合と同じで、次の4要素からなる。
1　未知への警戒
2　活性化されたモラルの意識（倫理）
3　法令にもとづく職務上の責務の認識（法）
4　専門的な知識・経験・能力（技術者においては科学技術）

(3) 防災文化の属性

防災文化とは、2022年シンポジウムの開催に当り今村教授が示唆したことを、本書の用語によって要約した下記5点が、確実に実行される社会ではなかろうか。

・連続的に災害が発生する中、災害ケースマネジメントをはじめとした被災者支援が制度化されている。
・支援活動の中で、何がボトルネックになっているのかを判明させて次の支援に活かされている。
・支援する側のプラットフォームが形成されている。
・こうした経験を、レジリエンスすなわち、あきらめないで粘り強く取り組む努力によって、さまざまな制度が改善されている。
・安全文化の5要素（「技術」、「プロセスマネジメント」、「組織マネジメント」「個人」、「制度」）それぞれの課題に工夫をこらし、継続研さんを通してソリューション技術につながっている。

10.4.4　防災文化の定義

防災文化について、共通の理解を図るには、合理的な定義があるとよい。ここまでにわかったことから、安全文化の場合と同じ要領で、防災文化の性格を描写すると、次のようになろう。比較すれば、安全文化と同じところ、異なるところが見える。

> 　防災文化は、安全を求める人間の本性に発し、社会に自生し伝承され、自然災害の新たな局面の展開及び科学技術の進歩とともに、限りなく発展するものである。自然災害を予知し被害を予測する自然科学を基礎とする技術を前提に、住民らの保護・救助・支援及び被災環境の回復を目的として、防災・減災・災害復興の活動は、他律よりも自律を基本とし、インテグリティとレジリエンスを心がけて、技術、プロセスマネジメント、組織マネジメント、個人、制度（防災・減災・災害復興行政）の5要素を適切に管理し、かつ全体を統合することにより、その目的を達する。

安全文化の場合と同様、IAEAのINSAG-4「安全文化」の様式によって、防災文化を定義する。

> 　防災文化とは、組織と個人の性格と姿勢を結集し、住民らの保護・救助・支援及び被災環境の回復が最高の優先度をもって、その重要性にふさわしい注目を受けるようにするものである。

10.4.5　生活者／消費者の目からの防災文化

本章ではここまで、防災・災害復興の支援に携わる技術者の目で見てきた。見方を変えて、災害の被災者になるかもしれない生活者や消費者の目から再考する。防災文化がどのようなものか、生活者や消費者が一読すればわかるように、安全文化の5要素によって示すこととする。

(1)　個人

住民は、日ごろから自然災害への備えが十分なされているかといえば、そうではない。何も起こらないのが安全という意識が根強いのではないだろうか。それでも、対策の基本は「自分自身の身の安全を守る（自助）」にある。特別警報を発表する気象庁の係官は「重大な災害の起こるおそれが著しく高まっています」として、「ただちに身の安全を確保してくだ

さい」(大雨)、「ただちに高台や避難ビルなど安全な場所へ避難してください」(津波)、「周囲の状況に応じて、あわてずに、まず身の安全を確保してください」(地震)[22]、などと呼びかける。

呼びかけの相手は、被災者となるおそれのある人たちである。それらの人は、自助すなわち「自分自身の身の安全を守る」能力のある人である。被災者は、ただ保護される消極的な存在ではない。被災者の標準像は、安全文化の関係での「働く人」標準(前出241頁参照)に当てはめると、次のようにいえよう。

> **被災者標準**
> 　自らの身の安全を確保したい動機により、モラルに従い、法律を守り、自らの知識・経験・能力を生かして、自身や近隣の復興のために行動する個人

被災者には、もちろん高齢者、障がい者などがいて、弱者の保護の問題があることはいうまでもない(災害対策基本法第8条2項15号)。

(2) 組織マネジメント

社会には、防災と災害復興の大きな構造の組織が形づくられている。

昔から個人の「津波てんでんこ」とともに、「稲むらの火」で広く知られた集落コミュニティの共助と地域リーダーの存在があった。個人の自助と、地域コミュニティの共助とが、防災と災害復興の根幹だったといえよう。その後、一方で、法律にもとづく行政や自衛隊・消防・警察などの、公助の活動がある。他方に、自発的なさまざまな共助の活動、つまり、ボランティアやその組織の活動、士業連絡会の活動などがある。さらに災害は国境を越えて広がることがあり、地球規模の災害が現実のものとなり、防災や災害復興がグローバル化し、地球上の「誰一人取り残さない」ことが国際間の合意になっている

---

[22] 気象庁ホームページ「特別警報について」https://www.jma.go.jp/jma/kishou/know/tokubetsu-keiho (令和5年8月10日)

問題として、住民は自治会や町内会といった地域単位の自治会に属する。また高齢者や障がい者を支援する社会福祉協議会などの組織もある。しかし、単身世帯や集合住宅の住民は、こういった社会コミュニティへの参加意識が薄いといわれる。

もう一つの問題として、今後さらに進む情報をうまく活用した社会生活の中で、コミュニティよりも情報への依存が強くなり、さらに高齢者などの孤立が懸念される。

(3) 技術

科学技術の発達とともに、災害発生の予知が可能になり、災害時の救助や復興が進んだ。自然の猛威にまかせるほかなかった時代を想像すると、いかに科学技術が寄与しているかがわかる。災害復興の技術は、幾多の震災など災害を受けて形成されている。防災文化には、技術の進歩への期待がある。

住民は、災害への備えとしての「技術」を取り扱う立場にはなく、行政や事業者を信頼してまかせるほかはない。断水、停電やガスの途絶に対して、住民自身はほとんど何もできず、行政や事業者の準備の万全を期待している。

住民が、人生の多くを過ごす住宅の立地上の安全確認（河川氾濫の影響はないか、軟弱地盤等による液状化の懸念はないか）を見極める技術も、住民は十分ではなく、専門の技術者に依存することになる。

(4) プロセスマネジメント

防災や災害復興の「技術」には、その技術を運用する「プロセスマネジメント」がある。土砂災害の防御や津波被害による高台移転や多重防御の「技術」を、目的に応じて運用するプロセスである。

技術の種類によって異なるが、共通事項として、リスクアセスメントがある。防災や災害復興の現場にある危険性や有害性を特定し、リスクの見積り、その評価と優先度の設定、リスク低減措置の決定という一連の手順がリスクアセスメントであり、リスク低減措置の実施のマネジメントを含めて、リスクマネジメントという。防災や災害復興に不可欠なものである。

(5) 制度

 安全文化では、「制度」として、安全確保の規制行政（安全行政）がかかわる。同様に、防災文化では、防災・減災・災害復興の行政（防災行政）がかかわる（図10.3参照）。国や地方自治体のあらゆる政策、計画に防災の観点を導入する「防災の主流化」により、防災行政の地位は、いよいよ高まっている。

 安全確保の規制行政の枠組みの図（図6.1参照）を利用して、防災行政のうち、災害復興の場合を図にする（図10.5参照）。図にして目に見えるようにするのは、厳密ではなくても、全体的な枠組みについて共通の理解の助けになろう。

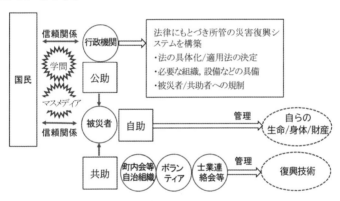

図10.5　災害復興の枠組み（概念図）

 災害復興には、法律にもとづく国の制度があり、行政機関と被災者が当事者である。まず、公助を担う行政機関は、法律にもとづき災害復興のシステムを構築し、これが当該災害復興の大枠を示し、自助、共助・互助を含む災害復興の全体を主導することになる。

 この図にあらわれていないが、行政機関との契約によって、建設業などの事業者が、復興技術を管理し、復興に従事する。

 被災者は、自らの生命/身体/財産を有し管理していて、それらを利用する自助による復興を担う。

 町内会などの自治組織、ボランティア、士業連絡会は、それぞれ性格

は異なるが共助を担うものであり、共通するのは復興技術を有し管理していることである。ボランティアには、自分の手足を使う単純な労働がありうるが、それも技術に数えられよう。

　そのほか学術界、専門家、メディアの参加があり、それら主体間の連携を促すプラットフォームの形成が必要だ。東北弁護士連合会では、支援体制確立のために努力することを宣言するとともに、国や地方自治体に対し、必要な法改正を求めている[23]。

---

[23] 東北弁護士連合会決議声明（2019年7月12日）。法律問題の専門家集団として、自らもその支援体制の一部として被災者に寄り添った支援を継続しつつ、多機関連携による支援体制確立のために努力することを宣言するとともに、「災害ケースマネジメント」の制度化を実現するため、国や地方自治体に対して、次のとおり必要な法改正等を求める。
　(1)　災害対策基本法を改正し、国及び地方公共団体に対して、ボランティアとの連携のみならず、弁護士等専門士業団体を含む各種の民間団体との連携の強化を義務づけ、多機関連携による被災者支援の仕組みを策定すること。
　(2)　国は防災基本計画に、都道府県及び市町村は、地域防災計画に、弁護士等専門士業団体を含む各種の民間団体の連携による支援策を計画・記載し、その体制づくりに努力すること。
　(3)　災害救助法を改正し、同法の救助の一つとして、被災者のニーズ調査及び生活再建支援のための情報提供業務を定めること。
　https://www.t-benren.org/statement/263（2023年8月10日）

第 10 章　防災と災害復興の文化（防災文化）

10.5　結　語

　東日本大震災から 10 年になる 2021 年、この東北の被災地で復興に従事してきた技術者たちの集団が「東日本大震災復興 10 年事業」を始めた。この 10 年間、復興の実務に携わる立場ゆえに、観察し、知りえたことがあり、考えてきたことがある。それは、これから先、将来にわたる災害復興のあり方や、災害復興を担う技術者のあり方にかかわるが、10 年経った時点でも、まだ漠然としたイメージのままである。それをしっかりととらえて次世代へ伝えようという意図が、本書の出発点だった。今村教授と遠藤前副知事に導かれ、伝承すべきものが「文化」であることがわかってきた。

　ところが、次世代へ伝承するためには、次世代の人々にわかるように、伝承したい文化、つまり防災文化がどのようなものか、われわれ現世代が説明できなくてはならない。「文化」の語は、伝承したいことの総体を示す、ぴったりの語ではあるが、「文化」が何ものかわからなくては、意味をなさない。

　そこで気づいたのは、東日本大震災がもたらした津波によって引き起こされた福島原子力事故の原因が、日本の原子力関係者の安全文化の不足にあったとされていることだった。安全文化の「文化」と、防災文化の「文化」とは、共通性があるのではないか。

　しかしここで、決定的な問題にぶつかる。1986 年に起きたチェルノブイリ事故を機に IAEA が提唱した安全文化が、日本ではほとんど理解されていなかったことである。

　これには、二つの難題がある。第 1 の課題は、安全文化を日本人にわかるように解明すること、そのうえで第 2 の課題は、安全文化の考え方を応用して、防災文化を現世代の日本人に、そして次世代以降の日本人にわかるように解明することである。

　第 1 課題の安全文化の解明は、結局、学問上の「エア・ポケット」とされているところを埋め、これまでは実務の体系として知られた安全文化の原理を解き、原理を理解して安全文化に取り組む道筋を示した。

このことは、一方で、日本における科学技術利用の安全確保を、国際共通の路線に乗せることになる。他方で、福島原子力事故の原因をあいまいなまま放置しないで、一応妥当とみられる解を示したことになる。
　第2課題の防災文化の解明は、安全文化と共通のもので、安全文化に防災・災害復興に特有の要素が加わったのが防災文化ということを、理解を助けるために図解で示した。決して十分な解ではないが、これまで漠然としていた防災文化について、討論の手がかりにはなりえよう。我が国は、今後30年の間に南海トラフ地震、首都直下地震と日本海溝・千島海溝周辺海溝型地震があるとされ、防災対策の確立に向けての一石としたい。

以上

付録 1
IAEA 安全文化 INSAG-4
解　　説

付録1　IAEA 安全文化 INSAG-4　解　説

安全文化を理解するには欠かせない資料 INSAG-4 を、日本語で読めるように、原文と訳文を対訳で収めてある。

1　INSAG-4 の訳文

日本では長い間、INSAG-4 の訳文が公表されず、国民は、原子力の安全について INSAG-4 が存在すること、そしてその重要性に気づかなかった。

1.1　訳文掲載についてのいきさつ

本書の付録に INSAG-4 の対訳を収めるについて、英語の原文は IAEA（国際原子力機関）が公表しているが、公表された訳文はなかった。

われわれの安全文化との取り組みは、INSAG-4 の解読から始まった。INSAG-4 を読み、英文を日本文に直し、幾度となく、英文と日本文を照らし合わせて修正を重ね、納得のいく英和対訳をこころみた。その成果としての訳文（以下「筆者訳」という）を、出版原稿として準備した。

いよいよ出版の段となり、日本技術士会東北本部として IAEA に翻訳出版に関する許諾を申請した。それが結局、2024 年 6 月末、日本の原子力規制委員会（NRA）が、IAEA からの通知により、同委員会のホームページに訳文「セーフティ・カルチャ　国際原子力安全諮問グループ報告」（以下「NRA 公表訳」という）を新たに掲載したので、その利用につき同委員会の許可を取る必要があることになった。同委員会に許可を申請したところ、原子力規制庁から同年 7 月 11 日、ホームページに掲載している内容は、「原子力規制委員会の利用規約」に従い、出典の記載で利用してよいとの連絡を受けた。

これにより、INSAG-4 の訳文として NRA 公表訳を利用し、原文については別途、IAEA の許諾を得て、対訳の掲載となった。

ここに、INSAG-4 の対訳を掲載するについて、原文は、IAEA が 1991 年に公表している英語版を利用すること、そして訳文は、原子力規制委員会が 2024 年に公表したもの（NRA 公表訳）を利用することを確認し、今回、日本技術士会からの掲載許諾の申請に対し、IAEA 及び原子力規制委員会が迅速に対処せられたことに感謝する。

顧みると、安全文化は日本でこれまで理解が進まず、共通の理解を図ろうにも、手がかりがなかった。

日本では、「安全文化」の語は知られるも、安全文化の"醸成"とか"安全・安心"とか"企業風土"とか、日本独自の用語とイメージが普及したが、そもそも、安全文化とは何かがあいまいだから、論議が始まらなかった。
　今回、IAEAと原子力規制委員会が連携して、INSAG-4の訳文を公表したことは、安全文化をIAEA提唱の路線において推進する方針を示すものであろう。NRA公表訳は、英語が不得手な日本人が日本語で読めるもので、行政機関と国民の間に、共通の理解を見いだす糸口となるものである。ここに、その方針により、解説を試みる。
　筆者らが技術者としての立場から懸念するのは、原子力プラントの安全性だけではない。危険なのは原子力だけではない。科学技術そのものが危険なのである。科学技術の安全確保は、人類の将来にわたる課題であり、安全文化はその中核となるものとの認識がある。

1.2　安全文化の理解のために
　INSAG-4は、訳文を一読するだけで十分に理解できる内容ではないことは確かだ。そこで、読者の参考のために、要点とそのあとに「対訳説明」を収める。

NRA公表訳と筆者訳の関係
　NRA公表訳の一方で、われわれの手元には、自ら仕上げた筆者訳がある。当然のことながら、二つの訳文の間には、訳語に違いがある。
　原子力規制委員会は日本の行政機関であり、その権威あるNRA公表訳の訳語に従うべきものだとの意見があるかもしれない。しかし、IAEAと原子力規制委員会は、そのような方針ではないようだ。
　原子力規制委員会が発表したのは、INSAG-4の「日本語版」であり、「正式版は、IAEA又はその正規代理人により配布された英語版である」と明示されている（INSAG-4訳文、「注意」のB項参照）。
　このことは、英語版から日本語への翻訳には、翻訳者によって訳語・訳文に違いがありうること、そしてその違いが問題になる場合には、正式版の英語版に遡（さかのぼ）って検討するようにとの方針といえよう。
　そうであれば、筆者訳の訳語もありうる選択肢の範囲にあるとみてよい。NRA公表訳を基準として尊重し、他の選択肢を考慮して、将来に向けて、できるだけ最適訳に近づける努力がなされる、ということではないだろうか。

NRA 公表訳の性格

　NRA 公表訳は 2024 年 7 月に公表され、「本翻訳版は、2001 年以前に、科学技術庁原子力安全局原子力安全調査室が企画し、(財)原子力安全研究協会が作成したものである」(INSAG-4 訳文、「注意」参照)。

　2011 年の福島原子力事故後、政府はすぐに原子力規制組織の改革に着手した。それまでの規制組織に問題があったとの認識にほかならない。NRA 公表訳は「2001 年以前に……作成したものである」ということは、福島原子力事故が起きるまでの時代の、旧来の規制行政の考え方の影響を受けていることがありえよう。

　日本の規制行政は、道路交通規制のような成功例があり、一概にはいえないが、かつて、明治憲法下では、天皇のための政府は"無謬"、すなわち政府は"誤りをしない"が建前で、政府による規制を絶対視し、そのまま従うことを求めるものだったようだ。日本国憲法になっても、この傾向が払拭されず、国の規制に沿った我が国の原子力発電所ではシビアアクシデントは起こりえないといった安全神話が広く浸透していた時代に、NRA 公表訳は作成されている。

　ここで、原子力規制員会は 2024 年に、「2001 年以前」の訳文を公表したのだが、2024 年時点で最新のものを公表すべきだ、といった意見がありえよう。

　実際には、INSAG-4 の安全文化は、日本では理解困難であった。本書本文で述べたように、学問の空白、その他の要因が関係していて、原子力規制委員会のみの手に負えるはずはない。行政機関は、万能でもなければ、無謬でもないのである。

　むしろ、「2001 年以前」の旧体制下での訳文を、読者は現代の感覚で読み、旧体制下で行われていたことを理解し、国際共通の合理的なあり方を考えるようになるとよい。後掲の「対訳説明」には、その趣旨が含まれている。

1.3　訳文について

　科学技術や法律の領域では、単語一つごとに、一定の意味があることが多いので、意訳を避け、できるだけ逐語訳にしたほうがよい。そのために、読みにくくなることはあるが、日本の日本語による法律でさえ、エンジニアがすらすら読めるものばかりではない。ひっかかりながら読んで、意味がわかる、という程度でよいと思われる。

　もう一つのこととして、日本における用語を、機械的に当てるのは適当ではない。用語を同じにし、意訳して"こなれた日本文"にすれば、抵抗なくすらすら読める反面、日本の文化や制度と同じものが西洋にも存在する、という誤った印象を与える。それでは、西洋と日本の違いが見えなくなる。INSAG-4 の安全文化と、日本の実状とでは、違うところがある。その違いがわかるように訳語・訳文を工夫する必要がある。

1.4 訳語について

　NRA 公表訳の訳語と、筆者訳の訳語との間に違いがあり、主要な語については、後掲の「対訳説明」に示す。

　ここで例として、INSAG-4 の安全文化の定義の訳語を検討しよう。定義は大事だから、少々我慢して読んでいただきたい。

　NRA 公表訳と筆者訳を示す（傍点は筆者による）。読めば、だいたい同じ内容ということが感じられようが、問題は characteristics の訳語である。なお、後掲の「対訳説明」では、訳語の対比を、「特性（*性格）」というふうに表す。「特性」は NRA 公表訳であり、括弧内の * 付きの「性格」は筆者訳である。

原文
Safety culture is that assembly of characteristics and attitudes in organizations and individuals which establishes that, as an overriding priority, nuclear plant safety issues receive the attention warranted by their significance.

NRA 公表訳
　セーフティ・カルチャとは、すべてに優先して原子力プラントの安全の問題が、その重要性にふさわしい注意を集めることを確保する組織及び個人の特性と姿勢を集約したものである。

筆者訳
　安全文化とは、組織および個人の、性格と姿勢を結集し、原子力プラントの安全問題が最高の優先度をもって、その重要性にふさわしい注目を受けることを確保するものである。

　INSAG-4 より 20 年後、2011 年の米国 NRC 安全文化方針表明（付録 2 参照）は、INSAG-4 を継承するものであるが、安全文化の「特性」をいうのに当初、characteristics を用い、その後、trait に変更している。つまり、「特性」には characteristics よりも trait が適当とみている。従って付録 2 では、trait に「特性」の訳語を当てている。また令和元年（2019 年）に NRA が制定した「安全文化ガイド」では安全文化 10 特性と表記し、米 NRC の「10 Traits」に対応させている。

　そうすると、characteristics に適する日本語は何だろうか。英和辞書の知識だけでは判断できそうにない。

　そこで、筆者らは考えた。

　上の原文で、characteristics and attitudes とあり、この 2 語が複数形になっている。ということは、単数形は characteristic である。そうすると、character が「性格」なら、characteristic は "性格的なもの" というような意味になり、広い意味での「性格」といえよう。それが筆者訳である。

こうすることで、上の定義の論理がはっきりする。Traits（特性）とcharacteristic（性格）との訳語を分けることもできる。

人（個人）は、組織のなかで働く。個人たちの働きが統合されて、組織の性格と姿勢となる。組織全体としてみると、組織と個人の性格と姿勢を結集し、原子力プラントの安全問題が最高の優先度をもって、その重要性にふさわしい注目を受けるようにする、ということだろう。

ちなみに、"個人の性格"、というのは普通の日本語だが、"個人の特性"は、性格を形づくっているいくつかの性質があり、そのうち代表的な特定の性質に注目するものだろう。

2 INSAG-4 を収める意義

INSAG-4 の全文を、訳文とともに、本書に収めることの意義を述べておきたい。

2.1 科学技術一般への普遍性

安全文化の INSAG-4 の定義は、原子力プラントについて書かれているが、「原子力プラント」を"製造業"や、"建設業"や、あるいは広く"科学技術"に置き換えても、そのまま通用する。INSAG-4 は、原子力に限らず、組織で行われる科学技術の安全確保一般の行動に応用可能な、広い普遍性がある。

安全文化は、本書で明らかにしたように、「技術」「プロセスマネジメント」「個人」「組織マネジメント」「制度（規制行政）」の5要素からなる（図1、本書第4章図4.3参照）。

INSAG-4 が対象にしているのは、「原子力発電プラント」であり、これは「技術」に該当する。ところが、INSAG-4 は、「原子力発電プラント」という名称を示すのみで、それを構成している特定の施設、設備、機器などにはふれていない。

つまり、「技術」の内容はブランクであり、INSAG-4 は、技術の種類を問わずに適用できる普遍性がありうる。

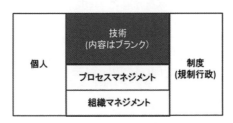

図1　INSAG-4 の構成

表1 INSAG 安全シリーズ

番号	発行	表題
INSAG- 1	1986	チェルノブイリ事故についての事故後審査会議の要約報告
INSAG- 2	1987	軽水炉原子力発電プラントの重大事故からの放射性核種源条件
INSAG- 3	1988	原子力発電プラントの基礎的安全原理
INSAG- 4	1991	安全文化
INSAG- 5	1992	原子力発電の安全性
INSAG- 6	〃	確率的安全評価
INSAG- 7	〃	チェルノブイリ事故：INSAG-1 のアップデート
INSAG- 8	1995	初期の基準により建設された原子力発電プラントの安全性を判断するについての共通の基礎
INSAG- 9	〃	原子力安全における潜在的被爆
INSAG-10	1996	原子力安全における深層防御
INSAG-11	1999	放射源の安全マネジメント：原理と戦略
INSAG-12	〃	原子力発電プラントの基礎的安全原理：INSAG-3 修正
INSAG-13	〃	原子力発電プラントにおける運転安全マネジメント
INSAG-14	〃	原子力発電プラントの運転寿命期間の安全マネジメント
INSAG-15	2002	安全文化の強化における主要な実務上の問題点
INSAG-16	2003	原子力安全における研究開発の知識、訓練およびインフラストラクチャーの維持
INSAG-17	〃	規制行政上の意思決定における独立性
INSAG-18	〃	原子力産業における経営の変化：安全への影響
INSAG-19	〃	原子力施設の運転寿命期間にわたる設計の完全性の維持
INSAG-20	2006	原子力問題へのステークホルダーの関与
INSAG-21	〃	グローバルな原子力安全体制の強化
INSAG-22	2008	IAEA の基本的安全原理が支える各国の原子力発電プログラムの原子力安全インフラストラクチャー
INSAG-23	〃	運転経験のフィードバックについての国際システムの改善
INSAG-24	2010	原子力発電プラントにおける安全とセキュリティの接面
INSAG-25	2011	リスクを知らされた意思決定プロセスの統合的枠組み
INSAG-26	2012	最初の原子力発電プラントの免許
INSAG-27	2019	頑強な国家原子力安全システム——制度の深層強化

　INSAG-4 の安全文化が、実際に、スペースシャトル（前出 99 頁参照）や製油業（同 101 頁参照）など、他の種類の技術分野での利用へ広がっているのは、その普遍性によるものとみてよいようだ。
　そのことの意義は大きい。そのような資料が、ほかにあるだろうか。科学技術の安全確保における、INSAG-4 の重要性を、改めて認識すべきことを、強調したい。1986 年のチェルノブイリ事故の機会に、IAEA の英知と進取の姿勢が、INSAG-4 を生んだ。2011 年の福島原子力事故の機会に、当事国日本のわれわれは、何をするべきか。考えさせるものがある。

2.2 IAEA 資料中ただ一つ

　安全文化を提唱した IAEA は、安全文化の重要性から、安全文化について多くの資料を発行している。そのなかでも、安全文化の実務の全体を体系的に示すのは、ただ一つ、INSAG-4 である。

　チェルノブイリ事故が起き、その 1986 年のうちに、IAEA の国際原子力アドバイザーグループ（INSAG）は、最初の報告 INSAG-1 を発表した。以後、今日にいたるまでの報告を一覧表に示す（表1参照）。

　4番目が、INSAG-4 である。その後、INSAG-7 が INSAG-1 のアップデート、INSAG-12 が INSAG-3 の修正である。そのほか、2019 年の 27 番目まで、標題に「安全文化」の語があるのは INSAG-15「安全文化の強化における主要な実務上の問題点」のみだが、どの報告も原子力の安全を扱い、直接・間接に安全文化にかかわる。

　INSAG 以外の IAEA 資料で、安全文化を扱っているものがある。中でも注目されるのが、IAEA による福島原子力事故調査報告（本書第9章参照）に、安全文化の参考文献として、INSAG-4 とともに示されている2点である（表2参照）。つまり、IAEA は、INSAG-4 を含む3点が、福島原子力事故との関係で安全文化を知るには、十分とみている。

表2　IAEA 福島原子力事故調査報告の「安全文化」資料

① IAEA: Developing Safety Culture in Nuclear Activities -Practical Suggestions to Assist Progress（原子力活動における安全文化の展開——進歩を助けるための実務的な示唆）、Safety Report Series No.11（2001）
② IAEA: Management System for Nuclear Installations（原子力施設のためのマネジメントシステム）、IAEA Safety Standard, Safety Guide No.GS-G-3.5（2009）

　なかでも、安全文化の実務の全体を体系的に示しているのは INSAG-4 のみゆえに、INSAG-4 を選んだ。

　参考までに、他の2点の資料（表2参照）は、一つは、INSAG-4 の 10 年後、もう一つは 18 年後のものである。2点ともに、INSAG-4 の内容の繰り返しではなく、理解を助ける補足的な解説といえる。

(1) Safety Report Series No.11

　安全文化の概念も、安全文化に良い影響を与えるために必要な行動についての理解も、組織によってかなり異なる。初歩段階から、より進んだ段階へ、その発達には3段階があるとみて、それを図に示し（図2参照）、各段階の特徴を、次のように記している。

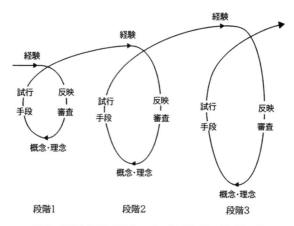

図2 組織的学習の単純なモデル（IAEA: No.11, Fig.1）

段階1
　安全は、単に技術問題であるとされ、規則や規制を遵守するだけで十分とみなされる。
段階2
　この段階の組織では、経営層が、規制の圧力がなくても、安全実行を重要なものと認識している。
段階3
　安全実行は常に改善可能であって、強調されるのは、コミュニケーション、訓練、マネジメントのスタイル、および効率と有効性の改善である。組織内のだれもが貢献でき、人々は行動上の問題が安全に与える影響を理解している。

(2)　Safety Guide No.GS-G-3.5

　強力な安全文化を達成するために不可欠とされている属性（attribute）37項目が性格（characteristics）5グループに分類され（表3参照）、その全体が図に示されている（図3参照）、全ての個人にその共通の理解が必要であり、これにより、だれもが長所と短所を探し出し、安全文化を強化することができる、とする。
　この資料は、INSAG-4より18年後に、別のメンバーによって作成されている。属性37項目（表3参照）の多くは、INSAG-4にあるものと同じないし類似であり、INSAG-4にはないグループ分けをしていて、安全文化の属性を理解するのに有用と思われる。

付録1　IAEA 安全文化 INSAG-4　解説

表3　強力な安全文化の5性格と37属性

性格	属性
安全は明瞭に認識された価値である	・安全に高い優先度が与えられていることが、文書化、コミュニケーション、および意思決定に示されている。 ・資源の割当てにおいて、安全が第一義的に考慮される。 ・安全の戦略的な事業上の重要性が、事業計画に反映されている。 ・個人が、安全と生産は密接に関係していると確信している。 ・安全問題に対する前向きで長期的なアプローチが、意思決定に示されている。 ・安全を意識した行動が、社会的に受け入れられ、支持されている（公式にも非公式にも）。
安全に向けてのリーダーシップが明瞭である	・上級経営層は、明瞭に安全にコミットしている。 ・安全へのコミットメントが、経営層のすべてのレベルで明らかである。 ・経営層の安全関連活動への関与を示す、目に見えるリーダーシップがある。 ・リーダーシップのスキルが、体系的に展開されている。 ・経営層は、十分に力量のある個人がいることを確実にする。 ・経営層は、個人が安全の改善に活発に関与することを求める。 ・安全上の意味が、マネジメントプロセスの変更において考慮される。 ・経営層は、組織全体を通じてオープンであって、良好なコミュニケーションが維持されるよう、継続的な努力を示す。 ・経営層は、必要に応じて相反を解決する能力がある。 ・マネジャーと個人の関係が、信頼のうえに築かれている。
安全に対する説明責任は明瞭である	・規制機関との適切な関係が存在し、安全に対する説明責任が免状保有者の手中にあることを確実にする。 ・役割および責任が、明瞭に定義され、理解されている。 ・規制および手続きに、高いレベルの遵守がある。 ・経営層は、適切な権限のある責任を委任し、明瞭な説明責任が確立されるようにする。 ・安全の「持ち主」ということが、すべての組織レベルおよびすべての個人にとって明白である。

表3 強力な安全文化の5性格と37属性（続き）

性格	属性
安全はすべての活動に組み込まれている	・信頼が組織に浸透している。 ・産業安全および環境安全を含む、あらゆるタイプの安全、ならびにあらゆるタイプのセキュリティへの配慮が、明白である。 ・文書および手続きの質は良好である。 ・計画から実行および審査にいたるまで、プロセスの質は良好である。 ・個人は、作業プロセスについて必要な知識と理解がある。 ・作業のモチベーションと仕事の満足度とに影響を与える要因が考慮される。 ・時間的プレッシャー、仕事量、およびストレスに関して、良好な作業条件が存在する。 ・機能横断的かつ学際的な協力およびチームワークがある。 ・整理整頓および物的状態は、卓越性へのコミットメントを反映している。
安全は学習主導である	・問いかける姿勢が、すべての組織レベルに行き渡っている。 ・逸脱や誤りをオープンに報告することが奨励される。 ・内部および外部評価が、自己評価を含め、利用される。 ・組織の経験および運転の経験（施設の内部と外部の両方）が利用される。 ・学習は、逸脱を認識して診断すること、解決策を策定して実行すること、および是正活動の効果をモニタリングすること、を通じて促進される。 ・安全行動指標が追跡され、傾向が分析され、評価され、それにもとづいて行動する。 ・個人の力量の体系的な開発がある。

対訳説明

　INSAG-4対訳を読むための案内として、要点について説明を試みる。文中に、たとえば「特性（*性格）」とあるのは、「特性」はNRA公表訳の訳語であり、括弧内の「*」を付けた「性格」は、筆者訳の訳語である。

〔説明1〕事務局長序文

　セーフティ・カルチャを、付録1のこの説明では、安全文化ということにする（以下同じ）。

　事務局長序文は、INSAG-4が作成されたいきさつを述べている。1986年にチェルノブイリ事故が起き、その年のうちに出た報告書INSAG-1で、初めて安全文化の語が導入され、1988年の報告INSAG-3で広く使用された。「しかしながら．こ

の言葉の意味するところは説明されないままであり、セーフティ・カルチャをどう評価するかというガイドもなかった」というわけで、INSAG-4 が作成された。

つまり、安全文化を理解するには、そのような工夫と努力が必要なのである。その INSAG-4 が、日本ではほとんど読まれなかったから、日本で安全文化が理解されるはずはないのである。

INSAG-4 は西洋のセンスで書かれていて、文化の違う日本ではわかりにくいところがある。しかし、西洋と文化が違うのは、日本ばかりではない。安全文化は、原子力ないし科学技術の安全確保には、永遠の課題である。日本が福島原子力事故を忘れずに、その経験を生かして、安全文化に国際共通の理解を確立するなら、国際社会に貢献することになると思われる。

〔説明2〕要約

要約は、INSAG-4 には、三つの命題(*提案)があるとする。第1の命題(*提案)は、安全文化の定義である。この定義については、すでに本書第5章で述べた（前出 127 頁参照）。このあと「要約」と段落6とに、定義が出てくる。

第2の命題（*提案）は、上の定義の要素は、「概ね目に見えないものだが、目に見える形になって現れる」、それを利用して検証する方法である。「性格」や「姿勢」は、通常「目に見えない」。「それでも目に見える形になって現れるもの」があり、それを利用して、正しい方向かどうかを分析し評価することができる。

日本では、いわゆる「見える化」が重用される傾向があるが、それとは本質的に異なる。いわゆる「見える化」では、すべて見える化し、見えないものをゼロにしたい。マニュアル、規格などの定型的な知識が、この系統である。

他方、INSAG-4 では、「概ね目に見えない」が前提であって、そこに「目に見える形になって現れる」ものをとらえる。この考え方は、シャインの組織文化のモデル（前出 68 頁参照）と同じである。シャインの原書の初版は 1985 年なので、1991 年発表の INSAG-4 はそれを踏まえて書かれた可能性がある。

ちなみに、「見える化」によって作成されるマニュアル、規格などの定型は、必要であり重要なものではあるが、日本では偏重され、何ごとにも目に見えないものがあることが、なおざりにされてきた。日本では安全文化が理解困難ということにも、それがあると思われる。

INSAG は、「健全な手続きや良き慣行（*優良実務）を、単に機械的に実施するだけでは、完全に適切なものではない」とみる。ここで、practice を、NRA 公表訳は「慣行（プラクティス）」としているが、技術者の感覚では、「実務」のほうがよいと思われる。

第3の命題（*提案）は、「安全上重要なすべての任務は……責任を以て遂行

することを要求している」。その遂行に、次の修飾語が連ねられている。

  correctly 正確に
  with alertness 油断なく（*警戒して）
  due thought しかるべき考え方で（*正当な考え方で）
  full 十分な
  sound 適性な（*健全な）

 これらの語は、人間がすることに完全はありえないが、完全にできるだけ近づける行動のあり方の表現であり、後出のインテグリティにつながると思われる。
 INSAG-4の「第1章から第3章までは、ポリシー・レベル（*方針レベル）及び管理職レベル（*マネジャーレベル）で決められる枠組みと、個人の対応についての補足的な考え方を示している」。
 一方に、「組織のポリシー（*方針）と管理者（*マネジャー）の行動とによって決まる枠組み」があり、他方に、「その枠組みの中で働く……個人の対応」がある。つまり、安全文化における組織は、次の三つの階層からなり、このあと第1図に示されるとおりである。

  policy level　ポリシー・レベル（*方針レベル）
  managerial level　管理職レベル（*マネジャーレベル）
  individual response　個人の対応

 しかし、成功するかどうかは、公約（*コミットメント）と能力にかかっている。
 さらに、「仕事に実際に役立てるには、より実質的内容である必要がある」ので、INSAG-4の「後半で、さまざまな組織内での満足すべきセーフティ・カルチャの目に見える特質を、より詳細に示す」と記されている。

〔説明3〕職務・機関などの訳語

 明治憲法下では、天皇のための政府は"無謬"、すなわち政府は"誤りをしない"が建前で、政府による規制を絶対視し、そのまま従うことを求めるものだった。日本国憲法になっても、この傾向が払拭されず、規制側（官）が上で被規制側（民）が下の上下関係において、官が民に対し一方的に警察的規制をするとされてきた。NRA公表訳は、そういう時代に作成され、訳語にその影響がみられるようだ。
 もう一つ、NRA公表訳の傾向として、日本の制度における用語を、機械的に当てているところがある。そうすると、日本の制度と同じものが西洋にも存在する、という誤った印象を与える。それでは、西洋と日本の違いが見えなくなる。INSAG-4の安全文化と、日本の実状との違いがわかるように訳語・訳文を工夫する必要があると思われる。

 ① manager 管理職（*マネジャー）
 カナ書き語の「マネジャー」は、すでに普通の日本語になっている。「管理職」

は、労働法関係の用語として使われてきた。「マネジャー」の職務は、労務管理だけでなく、事業の経営ないし業務執行という全体的な役割があるから、訳語としては「マネジャー」が向いているかと思う。このあと、次の語がある。

　　　management 管理職者（*経営層、*マネジメント）
　　　senior management 上級管理者（*上級経営層）
　　　senior manager 上級管理職者（*上級マネジャー）

② regulator 規制官（*規制者）
　regulatory agency 規制当局（*規制機関）

この2語は、このあと段落68に出てくる。

regulator は、道路交通規制の場合でいうと、道路交通法に出てくる公安委員会、警察署長、警察官など（同法第5条）が、それであり、それらの総称だから、「規制者」とするのがよいようだ。"官"を際立たせて「規制官」といい、「規制当局」というのは、官が上で民が下の上下関係の時代の用語であり、官を高いところに位置づけて、上からの目線で民を見る姿勢が感じられよう。

③ commit(ment) 公約（*コミットメント）

「公約」は、選挙の公約のように、公開的に約束する。本来、公開的に約束するだけでなく、実行する決意がなくてはならないが、しばしば約束にとどまる。INSAG-4 の趣旨は、日本語のそういう「公約」ではない。

「コミットメント」は、自らの心のうちで誓約し、相手方に約束して、そのとおり実行する、というもののようである。INSAG-4 の趣旨は、それだろう。

〔説明4〕段落1「神の御業」

段落1の表現は、安全確保に必要なことの核心を、簡潔かつ適切に説いた、まさに秀作ではないだろうか。

個人に重い責任があることをいうのに、「神の御業（みわざ）」と呼ばれることがあるような場合を除けば、「神」を持ち出すのはなぜか。

西洋の人たちに、チェルノブイリ事故の衝撃は大きかった。この文章には、安全を求めて、神を信じ、同胞である人間を信じて祈り、決意する姿勢が感じられないだろうか。

チェルノブイリ事故（のような事象）は、絶対に許容できない、絶対に起こしてはならない。しかし、絶対に起きないようにするのは、神の御業であり、人間がすることに絶対や完全はありえない。それでも、人間は、絶対安全を目標に、限りなく近づける努力をすることはできる。それゆえ、個人には重い責任がある。

人間が絶対ないし完全を目指す資質は、完全指向であり、「完全性（インテグリティ、integrity）」といわれるもので、「レジリエンス（resilience）」も、粘り強く、めげないで、完全を目指す、同様の趣旨とみられる（前出59頁参照）。インテグ

リティもレジリエンスも、古い言葉だが、チェルノブイリ事故以後、安全確保の実務で使われることになったようだ。

安全文化の「理念」を、本書で取り上げている (前出118頁参照)。その一つが、この「完全性への指向」である。

「神」への言及は、もう一つの理念、「社会に自生し伝承されることの尊重」を思わせる。将来の世代が危害にさらされることがないよう、伝承されることを願い、それが次世代以降の人々によって尊重され、安全確保の実務に生かされる。

なお、段落1に、安全文化を「醸成させなければならない」とあるが、to develop Safety Culture の「醸成」の語は、安全文化の誤解につながる可能性がある。「醸成」といえば、お酒などの、発酵させ熟成させる工程を連想するが、安全文化にもそういう要素があるかもしれないが、それだけではないのだ。

〔説明5〕「良き慣行」/「優良実務」

段落9に、「良き慣行(プラクティス)」の語があり、原語は best practice である。practice を「慣行」とするか、「実務」とするかだが、「良き慣行」の代わりに、「優良実務」とする選択肢がありうる。

「慣行」は、法学では、「慣習として行われている事項」(我妻栄『新法律学辞典』)として知られる。INSAG-4 が論じるのは、社会的な規範として慣習ではなく、原子力発電プラントの現場で実際に行われていることを対象にしていることから、「実務」のほうが向いていると思われる。

段落9は、優良実務それ自体は、安全文化の「不可欠の要素ではあるというものの、それが単に機械的に適用されると、それだけでは十分ではなくなってしまう」。優良実務を「厳格に実施するだけでなく、安全にとって重要な任務を、正確に、油断なく、当然あるべき思考力と十分な知識、健全な判断と適切な責任感をもって遂行することが求められている」とする。

現場で育った実務から、一定の実務を取り上げて、これが優良実務だよ、と推奨されると、それが定型的な知識になってしまう。だから、優良実務を、「単に機械的に適用されると、それだけでは十分ではなくなる」。

上の、重要な、正確に、油断なく、当然あるべき、十分な、健全な、適切な、という一連の語は、単なる修飾語の羅列ではない。「完全性の指向(インテグリティとレジリエンス)」をもって遂行するとき、その行動の様の表現である。

〔説明6〕安全確保の組織

安全確保の行動は、組織で行われる。第1図 (FIG.1) は、その組織の構成を示している。INSAG-4 のたった1枚の図であり、それゆえに強く印象づけられるのだが、この図によって組織の構成を理解するとよい。本書では、社会学の

理論を応用し、5要素からなる安全文化モデルを導いているが（前出116頁参照）、そのうち「組織マネジメント」に関することである。

組織の説明の仕方

第1図は、3段階からなる階層構造の組織図であり、「ポリシー・レベル（*方針レベル）」が方針を決め、その方針にもとづいて「管理職者（*マネジャー）」が指揮して、「個人」が行動する、ということだろう。

ところが、この図では、個人は最下段のみである。実際には、「ポリシー・レベル（*方針レベル）」も「管理職者（*マネジャー）」も、そこにいるのは個人である。

したがって図の3段目の「個人」は、メンバー（あるいはスタッフ）とするのが適当と思われる。「ポリシー・レベル（*方針レベル）」での方針に従い、「管理職者（*マネジャー）」の指揮のもとでメンバーが行動する関係である。

この図は、個人の位置づけが不明で、個人の重要性が見えにくい。図に改良の余地があると思われる。IAEAの課題といえよう

組織原理

INSAG-4の考えでは、この図は、規制側（官）の組織と、被規制側（民）の組織とに共通である。つまり、官と民とで職名は違うが、ともに同じ組織原理のものとみている。そのことが、日本の常識では、想定外といってよい。

日本では、官の組織は、行政組織法や国家公務員法があり、学問としては行政法学の領域で扱われる。民の組織は、会社法があり、会社法学の領域で扱われる。このように制定法（法律）による区別があるのみで、全体を通じる組織一般の考えがない。いわば団体法や組織論といった学問の空白であり、将来に向けての課題と思われる。

〔説明7〕安全確保の規制行政の仕組み

政府による規制（規制行政）は、原子力の安全確保を左右する最重要の制度である。段落16及び段落17は、その規制行政の根本に関する。本書の安全文化モデルの5要素のうち、「制度」の問題である。

福島原子力事故は、日本独自の規制行政の結果だった。日本が、国際共通の規制行政を理解し、国際共通の安全文化を理解するには、段落16及び段落17を、謙虚に受け入れることが前提といえよう。

段落16は、「原子力プラントの安全性に影響を及ぼす最も高いレベルは法令のレベル（legislative level）であって、このレベルにおいて」安全文化の「国家的基礎が定まる」とする。この legislative level は、「立法のレベル」である。立法は、国民の代表からなる議会の議決を経てなされる。ゆえにそれが、安全文化の「国家的基礎（*国民的基礎）」となる。

その基礎のうえに、段落17のとおり「政府には、個人及び広く一般公衆、

並びに環境を保護するために、原子力プラント、その他災害を及ぼす潜在的可能性のある施設及び活動の安全を規制する、という責任がある」。

そして、規制機関には「その義務の遂行のために十分なスタッフが与えられ、十分な資金が有り、権限が有るうえに、不当な干渉を受けることなく、義務を遂行できるという自由が与えられている」。「このようにして、安全に注意することが、日々の関心事であるという国家的気風が育成される。」

日本でも「法律による行政原則」が知られる。行政は、法律にもとづいて行われなければならないとの原則である。政府や行政機関は、権力による優越的地位があって規制するのではなく、法律にもとづく規制である。

これが民主主義のもとでの行政原則であるが、日本では、明治憲法下での権力的な行政が根強く残っているところがある。その一つに、"公定力"問題がある。明治時代に、行政行為は権力によるもので、人民に対し効力を持ち、裁判所がその違法性を認定して取り消さない限り人民を拘束する、とされた。行政機関による行為のこの優越性が「公定力」と名づけられた（本書本文165頁参照）。

どのような行政をしても、裁判所が取り消さない限り有効というのは、いわば行政機関にとっては"天国"である。

いまでは、行政法学は、おおむね公定力論を認めないようだ。しかし、国家試験向けの行政法の参考書には、公定力が無条件で紹介されていたりする。そのように信じる公務員が、世に送り出されることになっていないだろうか。

〔説明8〕 安全方針表明

安全ポリシー声明（*安全方針表明）とそのあり方である。本書の安全文化モデルの5要素のうち、「組織マネジメント」の問題の一つに相当する。

段落20は、「原子力プラントの安全性に責任を負って活動しようとする組織」は、安全ポリシー声明（*安全方針表明）を出すものとし、「スタッフに対する手引き」となり、組織の目的と経営陣の公約（*コミットメント）を宣言するものである、とする。

安全方針表明のあり方について、段落21は「原子力プラントを運転する組織」について、段落22は「規制当局」について、それぞれ規定している。つまり、規制される側も、規制する側も、安全方針表明を出すのである。

規制する側（官）と規制される側（一般に民）とが、対等に扱われている例である。民主国では、政府や行政機関が、民よりも上位にある上下関係ということはありえない。ただ規制の制度上、官が規制し民がそれに従う、それが上下関係のように見えるだけである。

米国では、規制機関NRCが、1991年にIAEAがINSAG-4を発表して以来、安全文化への期待を、1989年、「原子力発電プラント運転の行動に関する方針表明」に、1996年、「原子力産業の被用者が報復の恐れなしに安全への懸念を

付録 1　IAEA 安全文化 INSAG-4　解説

提起する自由」に、それぞれ定めた。2001 年 9 月 11 日のテロリスト攻撃により、安全文化の脆弱性が判明した。検討を経て、2008 年に安全文化の方針表明に向けての作業を開始し、2011 年の「安全文化の方針表明」となった。「付録 2 NRC 安全文化方針表明」は、規制する側の安全方針表明の好例といえよう。

〔説明 9〕作業実務と日本の品質文化

3.2 節は、管理職者（＊マネジャー）への要求である。その内容は、やり方に違いはあっても、日本でも同様のレベルのことが行われてきたのではないだろうか。

日本は、第二次大戦後、連合軍の指導で品質管理（QC）を学び、そこから育った TQM（全体的品質マネジメント）とともに、現場における QC サークル活動から、経営トップに及ぶ全社的な組織マネジメントが育った。そのいわば品質文化を応用した安全マネジメントがあり、内容に違いはあっても成果において、西洋のそれに勝るとも劣らないものだったようだ。

3.2.2 節は、作業慣行（＊作業実務）の明確化と管理であり、品質保証手段を利用している。

段落 40 では、管理職者（＊マネジャー）は、原子力安全に関連する事項に対する作業が厳密に行われていることを確認する。

段落 41 では、指令書から詳細な作業手順書に至るまで、最新の文書類で体系付けておく、そして段落 51 では、管理職者（＊マネジャー）の責任には、一連の監視が含まれ、品質保証のための対策の実施だけではなく、例えば訓練計画、スタッフの任命手続き、作業慣行、文書管理、品質保証システムなどを定例的に見直すことが含まれる。

〔説明 10〕安全確保への対応の二つの手法

段落 59 は、「原子力安全に影響する事項について、優れた成果を上げようと努力しているすべての人々の対応を特徴付けると、次のようになる」として、原文および訳文のとおり、二つの plus（＋）を挟む表現を掲げている。

安全確保への対応の成果を、このように個人について表現するのは、個人を重視する INSAG-4 ならではのことである。安全確保の実務における個人の行動のあり方が、明瞭に、一目でわかる優れた表現である。

この二つの plus（＋）を挟む表現は、原子力に限らず、安全一般に当てはまる。安全に限らず、何かを目的に人々の組織が行動する場合に当てはまるとみられる。INSAG-4 の普遍性である。

INSAG-4 の特長として、このように、実務における個人（＊メンバー、スタッフ）の行動に着眼して、成果との関係をとらえる。他方、本書では、実務の代わりに、原理に着眼し、個人の代わりに組織全体に目を向ける（図 3 参照）。

このINSAG-4の手法と、本書の手法とは、両方とも必要である。

実務をつかむと同時に原理をつかみ、個人に目を向けると同時に組織全体に目を向けることによって、INSAG-4の理解が深まる。実務そのままのINSAG-4は、文化の違いなどで日本人にわかりにくくても、原理を知れば、理解が進む。

本書の手法では、図3において、組織の責任・管理（安全文化モデル）に示される活動がある。これは5要素からなり、「技術」があって、それを運用する「プロセスマネジメント」、その運用を担う「個人」と「組織マネジメント」があり、そこへ「制度」がかかわる。

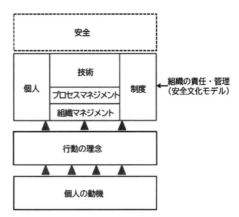

図3　安全文化の枠組み

それに plus（＋）、「安全文化の理念」であり、次の3要素からなる。
・社会に自生し伝承されることの尊重
・完全性への指向（インテグリティとレジリエンス）
・他律よりも自律が基本

さらに plus（＋）、「個人の動機」があり、次の4要素からなる。
・未知への警戒
・活性化されたモラルの意識（倫理）
・法令にもとづく職務上の責務の認識（法）
・専門的な知識・経験・能力（技術者においては科学技術）

以上の成果として、図の最上段の「安全」が達成される。

安全文化を理解し身につけるには、実務を理解し、原理を理解するという両面が有効と思われる。

(説明11) 規制者と被規制者の関係

段落67は、「原子力安全に向けて政府がとる実際的なアプローチには、原子力安全に関わるすべての組織に大きな影響力がある」と、政府のアプローチの影響力が大きいことを示す。

段落68は、規制官（*規制者）には、「原子力安全に関する事項に関して、相当に自由裁量的な権限が与えられる」こと、そしてその「権限は、規制当局の活動の基礎となる法令と詳細な規定に基づいたもの」である。

付録1　IAEA 安全文化 INSAG-4 解説

　注目願いたいのは、「幾つかの一般的な方法で明示される」、その1番目、「規制当局の運営形態では、規制当局と運転組織とで安全に対して共通の認識を持ち、これによって運転組織との関係でも、オープンで協力的ではあっても、明らかに異なる責任を有する組織間にあるべき、適度な節度と隔たりを確実に保持するようにする」ことである。
　このことは、規制当局（*規制機関）と、規制される側の運転組織との関係を、巧妙に表現している。上下関係ではなくて、対等に互いに尊敬し合う関係である。
　次いで4番目に、規制官（*規制者）は「安全に対する第一の責任は規制官でなく、運転組織にあることを認識している」とある。この「第一の責任（primary responsibility）」は、「一義的責任」ともいわれる。
　ここでも、規制当局（*規制機関）と、規制される運転組織との関係がある。上下関係ではなくて、対等に互いに尊敬し合う関係である。
　従来、規制行政の仕組みがよくわかっていなかったが、本書で、規制行政の枠組みを、共通の理解のために、概念図（図6.1、166頁参照）に示した。同図に見るように、規制行政における規制は、単なる政府規制ではなく、次のとおり、自己規制を中心に、3種類の規制が重なり合っている。
　・規制者による被規制者に対する規制（政府規制）
　・被規制者による自己規制（自己規制）
　・業界団体などによる自主規制（自主規制）
　このうち、「自己規制」が第一の、一義的な責任を負い、「政府規制」は第二の、二義的な責任を負うものである。
　道路交通規制の場合、規制対象の「自動車を運転するシステム」は、被規制者である運転者が自動車を所有するとかレンタカーを借りるなどしてその管理下にある。規制対象の状態を知り、制御できるのは被規制者であり、安全確保という目的に直接に寄与するのは、被規制者による自己規制である。
　安全文化の「理念」の一つは、「他律よりも自律が基本」とする。政府規制が二義的というのは、政府規制を軽んじるのではなく、直接に責任を負うのは被規制者、ということである。

〔説明12〕現地での規制者と被規制者の関係

　前記段落67及び段落68はともに、規制者と被規制者の、互いに接する人間の心理にかかわる微妙なところをとらえている。
　段落79は、「プラントの管理部門と、規制当局及びその現地駐在官との関係は、オープンであり、原子力安全に関して共通した認識に基づいたものであるが、一方でそれぞれの異なる責任について、互いに理解する必要がある」。
　現場における、発電プラントの管理部門（*経営層）と、規制当局（*規制権限

及びその現地駐在官（*現地代表者）との関孫は、オープンで、原子力安全に関して共通の認識にもとづきながら、それぞれ異なる責任を負うことを、互いに理解する必要があるとする。

　「異なる責任」とは、例えば、発電プラントが、民営で株式会社なら、会社上層部や株主に対する責任があり、規制の現地代表者は、規制権限者、政府や議会に対する責任がある。

付録1
IAEA 安全文化 INSAG-4
対　　訳

付録1　IAEA 安全文化 INSAG-4
対　　訳

　IAEA（国際原子力機関）の文書、INSAG-4「安全文化」の原文及び訳文を、対訳の形で収めてある。
　原文は、IAEA, Safety Culture, Safety Series No. 75-INSAG-4, IAEA, Vienna (1991) であり、IAEA のホームページ、
https://www-pub.iaea.org/MTCD/Publications/PDF/Pub882_web.pdf
による。ただし、訳文が対応していない部分は省略してある。
　訳文は、国際原子力機関（IAEA）、IAEA 安全シリーズ No.75-INSAG-4 セーフティ・カルチャ国際原子力安全諮問グループ報告（1991）であり、原子力規制委員会のホームページ、
https://www.nra.go.jp/data/000473263.pdf
による。

SAFETY SERIES No. 75-INSAG-4

SAFETY CULTURE

A report by the
International Nuclear Safety Advisory Group

INTERNATIONAL ATOMIC ENERGY AGENCY
VIENNA, 1991

付録1　IAEA安全文化 INSAG-4　対訳

IAEA 安全シリーズ　N0.75-INSAG-4

セーフティ・カルチャ

国際原子力安全諮問グループ報告

国際原子力機関（IAEA）
1991年

注意

A：本翻訳版は非売品である。
B：本翻訳版は、Safety Culture, INSAG Series No.4 ©lnternational Atomic Energy Agency, 1991 の日本語訳である。
　本翻訳版は、2001 年以前に、科学技術庁原子力安全局原子力安全調査室が企画し、（財）原子力安全研究協会が作成したものである。本翻訳版に係る国際原子機関（IAEA）出版物の正式版は、IAEA 又はその正規代理人により配布された英語版である。IAEA は、本翻訳版に係る正確性、品質、真正性又は仕上がりに関して何らの保証もせず、責任を持つものではない。また、IAEA、原子力規制庁及び原子力安全研究協会は、本翻訳版の利用により生じるいかなる損失又は損害に対して、これらが当該利用から直接的又は間接的・結果的に生じたものかを問わず、何らの責任を負うものではない。
C：著作権に関する注意：本翻訳版に含まれる情報の複製又は翻訳の許可に関しては、オーストリア国ウィーン市 1400 ウィーン国際センター（私書箱 100）を所在地とする IAEA に書面により連絡を要する。

SAFETY SERIES No. 75-INSAG-4

SAFETY CULTURE

A report by the
International Nuclear Safety Advisory Group

INTERNATIONAL ATOMIC ENERGY AGENCY
VIENNA, 1991

IAEA 安全シリーズ　N0.75-INSAG-4

セーフティ・カルチャ

国際原子力安全諮問グループ報告

国際原子力機関（IAEA）
1991 年

FOREWORD

by the Director General

With the intention of strengthening the IAEA's contribution to ensuring the safety of nuclear power plants, leading experts in nuclear safety were invited by the Agency to form the International Nuclear Safety Advisory Group (INSAG). This group serves mainly as a forum for the exchange of information on nuclear safety issues of international significance and formulates, where possible, common safety concepts.

The term 'Safety Culture' was first introduced in INSAG's *Summary Report on the Post-Accident Review Meeting on the Chernobyl Accident,* published by the IAEA as Safety Series No.75-INSAG-1 in 1986, and further expanded on in *Basic Safety Principles for Nuclear Power Plants,* Safety Series No.75-INSAG-3, issued in 1988. Since the publication of these two reports, the term Safety Culture has been used increasingly in the literature in connection with nuclear plant safety. However, the meaning of the term was left open to interpretation and guidance was lacking on how Safety Culture could be assessed. The present report deals with the concept of Safety Culture as it relates to organizations and individuals engaged in nuclear power activities, and provides a basis for judging the effectiveness of Safety Culture in specific cases in order to identify potential improvements.

The report is intended for use by governmental authorities and by the nuclear industry and its supporting organizations. Prepared by a highly authoritative body, it should help to promote Safety Culture. It is intended to stimulate discussion and to promote practical action at all levels to enhance safety.

セーフティ・カルチャ

事務総長序文

　原子力発電所の安全確保に対するIAEAの寄与を強化することを意図して、原子力安全の指導的専門家を招集して国際原子力安全諮問グループ(INSAG)が結成された。このグループが主として行うことは、国際的に重要な安全問題についての情報を交換し、さらに可能な場合には共通した安全概念を形成することである。

　「セーフティ・カルチャ」という言葉は、1986年にIAEAの安全シリーズNo.75-INSAG-1として公刊された「チェルノブイリ事故の事故後検討会議の概要報告」の中で、初めてINSAGによって導入されたものである。そして、1988年に発行された安全シリーズNo.75-INSAG-3「原子力発電所の基本安全原則」においてさらに広く使用されたものである。これら2つの報告書の刊行以来、セーフティ・カルチャという言葉は、原子力プラントの安全に関連する文献の中でますます使用されるようになってきた。しかしながら、この言葉の意味するところは説明されないままであり、セーフティ・カルチャをどう評価するかというガイドもなかった。この報告書は、セーフティ・カルチャという概念が、原子力に携わる組織と個人にとって身近なものであることを示し、改善すべき点を摘出するのに役立つように、具体的な場合におけるセーフティ・カルチャの有効性を判断する基礎を与えるものである。

　この報告書は、政府機関、原子力産業界及びこれを支援する組織において使用されることを意図したものである。INSAGという高い権威のある集団が作成したものであるから、これはセーフティ・カルチャを推進するのに役立つはずである。その意図するところは、安全性の向上を図るために、すべてのレベルでの議論を喚起し、行動に移ることを推進することである。

CONTENTS

SUMMARY
1. INTRODUCTION
2. DEFINITION AND CHARACTER OF SAFETY CULTURE
3. UNIVERSAL FEATURES OF SAFETY CULTURE
3.1. REQUIREMENTS AT POLICY LEVEL
    3.1.1. Statements of safety policy
    3.1.2. Management structures
    3.1.3. Resources
    3.1.4. Self-regulation
    3.1.5. Commitment
3.2. REQUIREMENTS ON MANAGERS
    3.2.1. Definition of responsibilities
    3.2.2. Definition and control of working practices
    3.2.3. Qualifications and training
    3.2.4. Rewards and sanctions
    3.2.5. Audit, review and comparison
    3.2.6. Commitment
3.3. RESPONSE OF INDIVIDUALS
4. TANGIBLE EVIDENCE
4.1. GOVERNMENT AND ITS ORGANIZATIONS
4.2. OPERATING ORGANIZATION
    4.2.1. Corporate policy level
    4.2.2. Power plant level
    4.2.2.1. The working environment
    4.2.2.2. Individual attitudes
    4.2.2.3. Plant safety experience
4.3. SUPPORTING ORGANIZATIONS
5. CONCLUDING COMMENTS
Appendix: SAFETY CULTURE INDICATORS
    A.1. Government and its organizations
    A.2. Operating organization
    A.3. Research organizations
    A.4. Design organizations

MEMBERS OF THE INTERNATIONAL NUCLEAR SAFETY
ADVISORY GROUP

付録1　IAEA 安全文化 INSAG-4　対訳

目　次

要約
1. はじめに
2. セーフティ・カルチャの定義と特質
3. セーフティ・カルチャの普遍的特徴
3.1　ポリシー・レベルへの要求
　　3.1.1　安全ポリシー声明
　　3.1.2　管理機構
　　3.1.3　人材・資材などの資源
　　3.1.4　自己規制
　　3.1.5　公約
3.2　管理職者への要求
　　3.2.1　責任の明確化
　　3.2.2　作業慣行の明確化と管理
　　3.2.3　資格認定及び訓練
　　3.2.4　賞罰
　　3.2.5　検査、見直し、比較
　　3.2.6　公約
3.3　個人レベルでの対応
4. 目に見える証拠
4.1　政府とその機関
4.2　運転組織
　　4.2.1　企業のポリシー・レベル
　　4.2.2　発電所レベル
　　　　4.2.2.1　作業環境
　　　　4.2.2.2　個人の姿勢
　　　　4.2.2.3　プラントの安全実績
4.3　支援組織
5. 結論
付録　セーフティ・カルチャの指標
Ａ1．政府及びその機関
Ａ2．運転組織
Ａ3．研究機関
Ａ4．設計組織

国際原子力安全諮問グループ構成員

SUMMARY

The response to a previous publication by the International Nuclear Safety Advisory Group (INSAG), No. 75-INSAG-3, *Basic Safety Principles for Nuclear Power Plants*[1], indicated a broad international interest in expansion of the concept of Safety Culture, in such a way that its effectiveness in particular cases may be judged. The present report responds to that need. It is directed especially to the senior management of all organizations whose activities affect nuclear plant safety.

In embarking on a report on Safety Culture, INSAG was faced with the fact that the concept has not been fully charted in previous studies, and there is no consensus on the meaning of Safety Culture. In seeking to develop views that will be commonly shared and have important value in application, INSAG found it necessary to explore deeply the general factors which contribute to a satisfactory nuclear safety regime. The outcome is a document which represents the common view of INSAG members.

The first proposition presented by INSAG is the definition of Safety Culture:

Safety culture is that assembly of characteristics and attitudes in organizations and individuals which establishes that, as an overriding priority, nuclear plant safety issues receive the attention warranted by their significance.

This statement was carefully composed to emphasize that Safety Culture is attitudinal as well as structural, relates both to organizations and individuals, and concerns the requirement to match all safety issues with appropriate perceptions and action.

The definition relates Safety Culture to personal attitudes and habits of thought and to the style of organizations. A second proposition then follows, namely that such matters are generally intangible; that nevertheless such qualities lead to tangible manifestations; and that a principal requirement is the development of means to use the tangible manifestations to test what is underlying.

INSAG takes the view that sound procedures and good practices are not fully adequate if merely practised mechanically. This leads to a third proposition: that Safety Culture requires all duties important to safety to be carried out correctly, with alertness, due thought and full knowledge, sound judgement and a proper sense of accountability.

---

[1] INTERNATIONAL NUCLEAR SAFETY ADVISORY GROUP, Basic Safety Principles for Nuclear Power Plants, Safety Series No. 75-INSAG-3, IAEA, Vienna (1988).

付録1　IAEA 安全文化 INSAG-4　対訳

要　約

　国際原子力安全諮問グループ（INSAG）が、No.75-INSAG-3「原子力発電所の基本安全原則」[1]を出版した際、様々な場合にセーフティ・カルチャの有効性を判断できるように、セーフティ・カルチャの概念を敷衍(ふえん)することに国際的な関心が集まった。本報告書はこの要望に応えるものである。本報告書は、特に原子力プラントの安全に影響を与える活動に従事するすべての組織の上級管理者を対象としている。

　セーフティ・カルチャに関する報告書を作成するに当たって、INSAG はセーフティ・カルチャの概念がこれまで十分明示されておらず、セーフティ・カルチャの意味についてのコンセンサスが得られていなかった事実に直面した。共通性を有し、かつセーフティ・カルチャを適用する上で重要な価値を有する見解を作ろうとしている間に、INSAG は、満足すべき原子力安全に関連する一般的な要因について、深く探求する必要性に気づいた。その結果、INSAG メンバーの共通の見解を表現した文書が作られたのである。

　INSAG は、次のようなセーフティ・カルチャについての定義を最初の命題とした。

セーフティ・カルチャとは、すべてに優先して原子力プラントの安全の問題が、その重要性にふさわしい注意を集めることを確保する組織及び個人の特性と姿勢を集約したものである。

　この文章は、セーフティ・カルチャが、組織と個人の双方に関連する構造的なものであるばかりでなく姿勢を表すものであり、適切な認識と行動によってすべての安全問題に対処することを求めるものであることを強調するように、注意深く記述されている。

　この定義は、セーフティ・カルチャを個人の姿勢と考え方、並びに組織のあり方に関連づけるものである。これに続く第二の命題は、次のようなものである。このような事柄は概ね目に見えないものであるが、それにも拘らず、このような特質は目に見える形となって現れるようになるということである。そして、この目に見える形となって現れたものの背後にあるものを検証するための方法を作り上げることが、主として求められている、ということである。

　INSAG は、健全な手順や良き慣行（プラクティス）を、単に機械的に実施するだけでは、完全に適切なものではないという見解を持っている。この見解から、次のような第三の命題が導き出される。セーフティ・カルチャは、安全上重要なすべての任務を正確に、油断なく、しかるべき考え方、十分な知識、健全な判断及び適正な責任を以て遂行することを要求している、というものである。

---

1) INTERNATIONAL NUCLEAR SAFETY ADVISORY GROUP, Basic Safety Principles for Nuclear Power Plants, Safety Series No. 75-INSAG-3, IAEA, Vienna (1988).

In its manifestation, Safety Culture has two major components: the framework determined by organizational policy and by managerial action, and the response of individuals in working within and benefiting by the framework. Success depends, however, on commitment and competence, provided both in the policy and managerial context and by individuals themselves.

Sections 1 to 3 of the report develop the complementary ideas of the framework provided at the policy and managerial level and of individual responses. This is done in a general way so that the views expressed are applicable in any organization with responsibilities affecting nuclear safety.

To make practical use of the work towards improving nuclear plant safety requires more substance. All those engaged in matters touching on nuclear safety are likely to insist that what is described is entirely characteristic of their own approach. All will say: "But this is what we do already". INSAG therefore judged it right to go further, and so the latter part of the report provides more detail on the tangible characteristics of a satisfactory Safety Culture in different kinds of organizations. In the main text this is in the form of statements of what should be expected. In the Appendix it is in the form of a series of questions, provided as an aid to selfexamination by organizations rather than as a Yes/No checklist.

Finally, in preparing this report, INSAG took care to avoid merely listing sound practices and requirements for satisfactory individual behaviour which, while no doubt worth restating, take matters little further. Instead, INSAG sought by way of propositions to analyse and illustrate the topic in more general ways, and to provide means by which organizations may examine and improve their own practices, performance and working methods. On this basis, INSAG offers the report as a contribution to the further enhancement of nuclear plant safety.

セーフテイ・カルチャが目に見える形になるには、次のような二つの主要な要素を有する。すなわち組織のポリシーと管理者の行動によって決定される枠組み、及びこの枠組みの中で働き、かつこの枠組から利益を受ける個人の対応である。しかしながら成功するかどうかは、公約と能力にかかっている。そして、その公約と能力は、ポリシーと管理の背景に表されており、個人自身によって与えられるものである。

本報告書の第1章から第3章までは、ポリシー・レベル及び管理職レベルで決められる枠組みと、個人の対応についての補足的な考え方を示している。本書で示した見解が、原子力安全に影響を与えるような責任を有するすべての組織に適用できるように、一般的な方法を用いている。

原子力プラントの安全性を向上させるための仕事に実際に役立てるには、より実質的内容である必要がある。原子力安全に関連する事柄に従事している人々は誰でも、ここに述べられていることはまったく自分自身のアプローチの特徴そのままだと主張するであろう。誰もが「でもこれは我々がとっくにやっていることだ」と言うであろう。それゆえ、INSAG はさらに一歩進めるべきと判断し．本報告書の後半で、さまざまな組織内での満足すべきセーフティ・カルチャの目に見える特質を、より詳細に示すことにした。本文中では期待されるべき姿を記述する形をとり、付録に質問リストを提示した。各組織はこのリストをイエス／ノー的なチェックリストとしてではなく、自己検証に役立てられるようにしている。

最後に、本報告書を作成している間、INSAG は、明らかに述べる価値はあるがそれ以上の意味のないような健全な慣行や満足すべき個人の行動への要求などを、単にリストアップするだけにならないように注意した。その代りに、INSAG は命題という形でより一般的に問題点を分析し説明するとともに、各組織が自らの慣行、実績、作業方法を見直し改善する手段を提供しようとしたのである。これに基づいて、INSAG は、原子力プラントの安全性の更なる向上に役立つものとして、本報告書を提供するものである。

1. INTRODUCTION

1.   Except for what are sometimes called 'Acts of God', any problems arising at a nuclear plant originate in some way in human error. Yet the human mind is very effective in detecting and eliminating potential problems, and this has an important positive impact on safety. For these reasons, individuals carry heavy responsibility. Beyond adherence to defined procedures, they must act in accordance with a 'SafetyCulture'. The organizations operating nuclear plants, and all other organizations with a safety responsibility, must so develop Safety Culture as to prevent human error and to benefit from the positive aspects of human action.

2.   The substance of Safety Culture is the means by which close attention to safety is achieved for both organizations and individuals. INSAG introduced the term Safety Culture in its Summary Report on the Post-Accident Review Meeting on the Chernobyl Accident[2]. In its subsequent report, Basic Safety Principles for Nuclear Power Plants[3] referred to in the following as INSAG-3, Safety Culture was highlighted as a fundamental management principle. The present report responds to comments received after publication of INSAG-3 proposing that the concept of Safety Culture be clarified and so defined that its effectiveness could be confirmed in specific instances.

3.   This report gives particular attention to operating organizations, because the link between human performance and plant safety is closest there. Yet the discussion extends to Safety Culture in all concerned, because the highest level of safety is achieved only when everyone is dedicated to the common goal.

4.   The safety of the plant also depends critically on those who previously designed, constructed and commissioned it. A partial list of other contributors includes the background community of science and engineering, the governmental bodies responsible for regulation and those responsible for the underlying research.

5.   INSAG-3 identified particular aspects of Safety Culture. It also dealt with matters not so identified but which represent practices important for achievement of the required human responses. What follows treats these practices as an essential component of Safety Culture.

---

[2] INTERNATIONAL NUCLEAR SAFTY ADVISORY GROUP, Summary Report on the Post-Accident Review Meeting on the Chernobyl Accident, Safety Series No.75-INSAG-1, IAEA, Vienna (1986).
[3] INTERNATIONAL NUCLEAR SAFETY ADVISORY GROUP, Basic Safety Principles for Nuclear Power Plants, Safety Series No.75-INSAG-3, IAEA, Vienna (1988).

1. はじめに

1. 「神の御業」と呼ばれることがあるような場合を除けば、原子力プラントで起こるかもしれない問題は何らかの意味で人間の過ちがその発端である。とはいっても、人間の理性は、潜在的な問題を摘出し解消するのに極めて有効であって、安全に対して重要で建設的な影響も有しているといえよう。このような理由から、個人には重い責任がある。個人はそれぞれ、定められた手順書に従うだけでなく、「セーフティ・カルチャ」に従って行動しなければならない。原子力プラントを運転する組織だけでなく、安全に責任を有するその他のすべての組織も、人間の過ちを防止し、人間の行動の建設的な面を活用するようにセーフティ・カルチャを醸成させなければならない。
2. セーフティ・カルチャの本質は、組織と個人が共に、安全に対してきめの細かい注意力を生み出す手段にある。INSAGは、「チェルノブイリ事故の事故後検討会議の概要報告」[2] においてこの言葉を初めて使用した。これに続く報告書「原子力発電所の基本安全原則」[3]（以後この報告書の番号を用いてINSAG-3と呼ぶ）において、セーフティ・カルチャという言葉は、原子力発電所の基本的な管理の原則として脚光を浴びた。INSAG-3の発行後には、セーフティ・カルチャの概念をより分かりやすく説明し、その有効性を様々な状況において確認できるように定義すべきであろうと言うコメントが寄せられた。本報告はこれらのコメントに応えるものである。
3. 本報告書は、原子力プラントを運転する組織に特に注目している。というのは、原子力プラントの運転においてこそ、人間の行動とセーフティ・カルチャが最も密接に結びついているからである。しかしながら、セーフティ・カルチャについての議論は関係者全員に及んだものである。当然ながら、最高レベルの安全は、すべての人が共通の目標に向かって献身するときにのみ達成されるからである。
4. 原子力プラントの安全は、以前にこれを設計、建設、試験した人々にも極めて強く依存している。その他にも、関連する人々としては、背景となる科学技術界の人々、規制を行う政府機関の人々、そしてこれらの根底にある研究に責任を有する人達も含まれるが、これも全体の一部に過ぎない。
5. INSAG-3には、セーフティ・カルチャの特徴的な側面が示された。INSAG-3では、明示されていないけれども、必要な人間の対応を達成するのに大切な慣行を表す事柄についても触れている。以下では、これらの慣行がセーフティ・カルチャにとって不可欠な要素であるとして取り扱っている。

---

2) INTERNATIONAL NUCLEAR SAFTY ADVISORY GROUP, Summary Report on the Post-Accident Review Meeting on the Chernobyl Accident, Safety Series No.75-INSAG-1, IAEA, Vienna (1986).
3) INTERNATIONAL NUCLEAR SAFETY ADVISORY GROUP, Basic Safety Principles for Nuclear Power Plants, Safety Series No.75-INSAG-3, IAEA, Vienna (1988).

2. DEFINITION AND CHARACTER OF SAFETY CULTURE

6. **Safety Culture is that assembly of characteristics and attitudes in organizations and individuals which establishes that, as an overriding priority, nuclear plant safety issues receive the attention warranted by their significance.**

7. In INSAG-3 it was stated that Safety Culture "refers to the personal dedication and accountability of all individuals engaged in any activity which has a bearing on the safety of nuclear power plants". It was further stated to include as a key element "an all pervading safety thinking", which allows "an inherently questioning attitude, the prevention of complacency, a commitment to excellence, and the fostering of both personal accountability and corporate self-regulation in safety matters".

8. Attributes such as personal dedication, safety thinking and an inherently questioning attitude are intangible. Yet it is important to be able to judge the effectiveness of Safety Culture. INSAG has addressed this problem by starting from the perception that the intangible attributes lead naturally to tangible manifestations that can act as indicators of Safety Culture.

9. Good practices in themselves, while an essential component of Safety Culture, are not sufficient if applied mechanically. There is a requirement to go beyond the strict implementation of good practices so that all duties important to safety are carried out correctly, with alertness, due thought and full knowledge, sound judgement and a proper sense of accountability.

10. Thus what follows presents the relevant good practices, provides comments on the less tangible individual attitudes necessary and identifies characteristics that may be considered as measures of the effectiveness of Safety Culture.

2. セーフティ・カルチャの定義と特質

6. セーフティ・カルチャとは、すべてに優先して原子力プラントの安全の問題が、その重要性にふさわしい注意を集めることを確保する組織と個人の特質と姿勢を集約したものである。
7. INSAG-3 では、「セーフティ・カルチャとは、原子力発電所の安全を担う活動に従事するすべての人々の献身と責任感のことである」と述べている。さらに INSAG-3 では、重要な要素として「広く浸透する安全意識」が含まれると述べ、これは「常に問いかける姿勢、自己満足の防止、向上への意欲、及び安全に関することに対する個人の責任感と組織の自己規制の育成」をもたらすものである、と述べている。
8. 個人的献身とか、安全意識とか、常に問いかける姿勢というような特質には、形がない。しかし、セーフティ・カルチャの有効性について判断できるということも重要なことである。INSAG は、この問題に取り組むのに当たって、まず、形のない特質も自ずと形のあるものとなって現れ、その顕在化したものがセーフティ・カルチャの指標となり得る、と言う考えから出発した。
9. 良き慣行(プラクティス)それ自体は、セーフティ・カルチャの不可欠の要素ではあるというものの、それが単に機械的に適用されると、それだけでは十分ではなくなってしまう。良き慣行を厳格に実施するだけでなく、安全にとって重要な任務を、正確に、油断なく、当然あるべき思考力と十分な知識、健全な判断と適切な責任感をもって遂行することが求められている。
10. よって以下には、関連する良き慣行を示し、あまり目に見える形とはなっていないが必要となる個人の姿勢についてコメントし、セーフティ・カルチャの有効性の尺度と考えられる特性を示すことにする。

3. UNIVERSAL FEATURES OF SAFETY CULTURE

11. In all types of activities, for organizations and for individuals at all levels, attention to safety involves many elements:

— *Individual awareness* of the importance of safety.
— *Knowledge and competence*, conferred by training and instruction of personnel and by their self-education.
— *Commitmen*t, requiring demonstration at senior management level of the high priority of safety and adoption by individuals of the common goal of safety.
— *Motivation*, through leadership, the setting of objectives and systems of rewards and sanctions, and through individuals' self-generated attitudes.
— *Supervision*, including audit and review practices, with readiness to respond to individuals' questioning attitudes.
— *Responsibility*, through formal assignment and description of duties and their understanding by individuals.

12. *Safety Culture has two general components. The first is the necessary framework within an organization and is the responsibility of the management hierarchy. The second is the attitude of staff at all levels in responding to and benefiting from the framework.*

13. These components are dealt with separately under the headings of Requirements at Policy Level (Section 3.1) and Requirements on Managers (Section 3.2) and Response of Individuals (Section 3.3). Since Safety Culture particularly concerns individual performance, and since many individuals carry safety responsibilities, Section 3.3 is especially important.

14. Figure 1 illustrates the major components of Safety Culture, relating the text headings to this overall scheme.

15. *In keeping with the practice of INSAG-3*, **throughout the report the presentation is in accordance with the assumption that the practices are in current use.** *The sense of the usage is that the circumstances described are those which this report seeks to promote.*

3.1. REQUIREMENTS AT POLICY LEVEL

16. *In any important activity, the manner in which people act is conditioned by requirements set at a high level. The highest level affecting nuclear plant safety is the legislative level, at which the national basis for Safety Culture is set.*

3. セーフティ・カルチャの普遍的特徴

11. 組織にとっても、またすべてのレベルの個人にとっても、すべての活動において安全に対する注意には次のような多くの要素が関係する。
    - 安全の重要性についての<u>個人の認識</u>
    - 要員に対する訓練と教育並びに自己啓発によって得られる<u>知識と能力</u>
    - 安全がすべてに優先することを上級管理者が身をもって示し、各個人が安全を共通の目標とすることを求める<u>公約</u>
    - リーダーシップ、目標の設定、賞罰制度、並びに各個人それぞれに生み出される姿勢を通しての<u>動機付け</u>
    - 監査と見直しの慣行を含み、個人の常に問いかける姿勢にいつでも答えられる用意を伴った<u>監督</u>
    - 任務についての公式な分担と内容及びこれらに対する個人の理解を通した<u>責任感</u>
12. セーフティ・カルチャには２つの一般的な要素がある。第１の要素は、組織内になくてはならない枠組みであり、管理のための階層構造の責任である。第２の要素は、この枠組みに対応し、利益を得るすべてのレベルにおけるスタッフの姿勢である。
13. これらの要素については、「3.1 節、ポリシー・レベルへの要求」、「3.2 節、管理職者への要求」、「3.3 節、個人レベルでの対応」の標題の下で、別々に論じることとする。セーフティ・カルチャは特に個人の行動に関連し、また多くの個人が安全に対する責任を負っているから、3.3 節は特に重要である。
14. 第１図は、セーフティ・カルチャの重要な要素を説明したものである。また、同図は、全体構成の中での本文中の各節の標題の位置付けをも示している。
15. INSAG-3 の慣行に従って、この報告書を通して、表現は要求の形でなく、慣行が既に行われているということを仮定して書かれている。このようにする意味は、記述された状況こそ、本報告書が推進しようとしているものだ、ということである。

3.1 ポリシー・レベルへの要求

16. いかなる重要な行動でも、人々の行動の仕方は、高いレベルで設定された要求によって左右される。原子力プラントの安全性に影響を及ぼす最も高いレベルは法令のレベルであって、このレベルにおいてセーフティ・カルチャの国家的基礎が定まる。

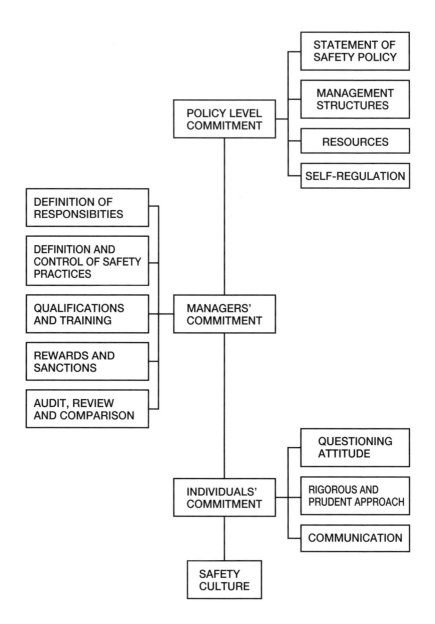

FIG. 1. Illustration of the presentation of safety culture.

付録1　IAEA 安全文化 INSAG-4　対訳

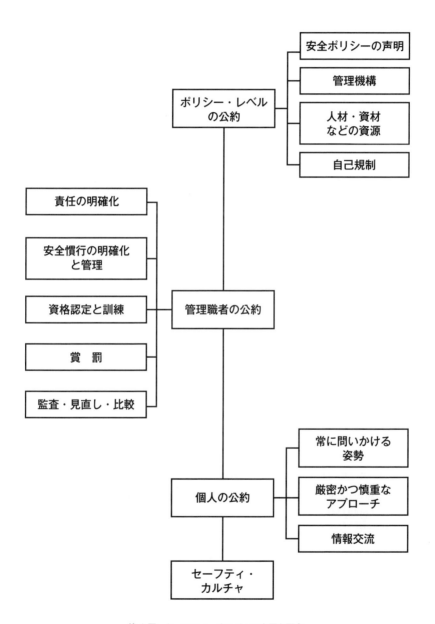

第1図　セーフティ・カルチャの主要な要素

17. Governments discharge their responsibilities to regulate the safety of nuclear plants and other potentially hazardous installations and activities in order to protect individuals, the public at large and the environment. Legislation is backed by the necessary advisory and regulatory bodies, which have sufficient staff, funding and powers to perform their duties and the freedom to do so without undue interference. In this way, national climates are fostered in which attention to safety is a matter of everyday concern. Governments also encourage international exchanges aimed at safety improvements and seek to minimize any commercial or political impediments to such exchanges.

18. *Within an organization, similar considerations apply. Policies promoted at a high level create the working environment and condition individual behaviour.*

19. Safety policies and their detailed implementation vary depending on the nature of the organization and the activities of its staff, but important common features can be defined. Sections 3.1.1 to 3.1.5 show how such commitment at the policy level is declared and supported.

3.1.1. Statements of safety policy

20. *An organization pursuing activities with a bearing on nuclear plant safety makes its responsibilities well known and understood in a safety policy statement. This statement is provided as guidance to staff, and to declare the organization's objectives and the public commitment of corporate management to nuclear plant safety.*

21. Safety policy statements by different bodies with differing functions vary in both form and content. An operating organization has full and formal responsibility for the safety of its nuclear plants. Its safety policy statement is clear and is provided to all staff. This statement declares a commitment to excellent performance in all activities important for the safety of nuclear plants, making it plain that nuclear plant safety has the utmost priority, overriding if necessary the demands of production or project schedules.

22. A regulatory body has a weighty influence on the safety of nuclear plants within its purview and an effective Safety Culture pervades its own organization and its staff. The basis is again set down in a safety policy statement. This makes a commitment to implement legislation and to act to promote plant safety and the protection of individuals and the public, and to protect the environment.

付録1　IAEA 安全文化 INSAG-4　対訳

17. 政府には、個人及び広く一般公衆、並びに環境を保護するために、原子力プラント、その他災害を及ぼす潜在的可能性のある施設及び活動の安全を規制する、という責任がある。法令は、所要の諮問・規制機関によって支えられている。これら機関には、その義務の遂行のために十分なスタッフが与えられ、十分な資金が有り、権限が有る上に、不当な干渉を受けることなく、義務を遂行できるという自由が与えられている。このようにして、安全に注意することが、日々の関心事であるという国家的気風が育成される。また、政府は安全性向上のための国際的交流を奨励し、このような交流に対する商業的あるいは政治的障害をできるだけ小さくするように努める。
18. <u>組織内部でも、同様な考え方が応用できる。高いレベルで推進されるポリシーは、職場の環境だけでなく、個人の行動をも左右する。</u>
19. 安全ポリシーとその具体的な実施法は、組織とスタッフの活動の特性によって変わるものの、共通する重要な特徴は定められる。以下の 3.1.1 から 3.1.5 節には、このようなポリシー・レベルにおける公約がどのように公表され、支持されるかを示す。

3.1.1　安全ポリシー声明

20. <u>原子力プラントの安全性に責任を負って活動しようとする組織は、安全ポリシー声明を出してその責任が周知され、理解させる。この声明は、スタッフに対する手引きとして作成され、原子力プラントの安全性に関して、組織の目的と経営陣の公約を宣言するものである。</u>
21. 異なった任務を有する組織では、この安全ポリシー声明の形も内容も違ったものになるのは当然である。原子力プラントを運転する組織は、プラントの安全に関し、全面的かつ公的な責任を有する。その安全ポリシー声明は明確なものであって、スタッフ全員に提示される。運転組織の安全ポリシー声明では、原子力プラントの安全性にとって重要なすべての活動において、優秀な成果を上げることを公約し、必要となれば発電や計画工程を変更しても原子力プラントの安全性が最優先事項であることを明快に示す。
22. 規制当局は、その権限下にある原子力プラントの安全性に重大な影響力を有しており、有効なセーフティ・カルチャが組織内部とそのスタッフに浸透している。安全ポリシー声明でその基礎が示される。その声明では法令を施行し、プラントの安全、個人と一般公衆の安全並びに環境の防護を推進するために活動することを公約する。

23. Supporting organizations, which include those responsible for design, manufacture, construction and research, influence greatly the safety of nuclear plants. Their primary responsibility is for quality of the product, whether this is a design or a manufactured component, installed equipment, a safety report or software development, or any other output important to safety. The basis for Safety Culture in such an organization is the directive establishing policy and practices to achieve quality, and thereby to meet the safety objectives of the future operator.

3.1.2. Management structures

24. *Implementation of these safety policies requires that accountability in safety matters is clear.*

25. The detailed way in which this is achieved depends on the role of the organization, but one key requirement is common to all: strong lines of authority are established for those matters bearing on nuclear plant safety, by means of clear reporting lines and few and simple interfaces, supported by the definition and documentation of duties.

26. The formal responsibility for plant safety lies with the operating organizations and the delegated authority with the plant manager. In the contributing organizations, the equivalent requirement is to ensure by management structure and definition of duties that responsibility for the quality of the product is well defined.

27. *Large organizations with significant impact on nuclear plant safety provide independent internal management units with responsibility for the surveillance of nuclear safety activities.*

28. In operating organizations, these units have the role of scrutinizing safety practices at the plant. They report at a senior management level, ensuring the integration of safety responsibilities into the management chain with a prominence matching that of other main functions. Supporting organizations adopt similar methods to achieve product quality, involving audit and review practices with arrangements for reporting at a senior level.

3.1.3. Resources

29. *Adequate resources are devoted to safety.*

23. 原子力プラントの設計、製作、建設、研究に責任を有するような支援組織は、原子力プラントの安全に大きな影響を持つ。これら支援組織では、設計であれ、製造された機器であれ、あるいは設置された装置、安全報告、ソフトウェア開発、その他安全上重要なものであればどんなものでも、その生産物・成果の質を保証することが主要な責任となる。これら組織のセーフティ・カルチャの基礎は、良好な品質を達成し、その結果として引き続く運転組織の安全の目標を満足するようなポリシーと慣行の確立を指導することである。

3.1.2 管理機構

24. これらの安全ポリシーを実施するには、安全に関する事項に対する責任を明確にする必要がある。
25. 責任を明確化する具体的方法は、各組織の役割によって異なるが、すべての組織に共通する重要な要求が1つある。それは、原子力プラントの安全に関する事項に対する権限ラインを確固たるものにすることである。そうするためには、それぞれの任務を明確化して文書化し、単純で明確な報告ルートを確立することである。
26. プラントの安全に対する公式な責任は運転組織にあり、その代表権限はプラント所長にある。支援組織においても同様なことがいえ、管理機構と任務を明確化することにより、生産物・成果の質に対する責任を明確にすることが要求される。
27. 原子力プラントの安全に重要な影響を持つ大きな組織においては、その内部に原子力安全に関する活動を監視する責任を有する独立した管理部門を設置する。
28. 運転組織においては、この管理部門は原子力プラントにおける安全の慣行を細部まで調べる任務を有する。この管理部門は、他の主要な部門に劣らず、安全に対する諸責任が確実に管理機構内に組み入れられるように上級管理職者に報告する。支援組織においても、生産物・成果の質を達成するために、上級管理職者への報告制度の整備、監査と見直しの慣行といった類似の方法を採用する。

3.1.3 人材・資材などの資源

29. 安全のために適切な人材・資材などの資源を投入する。

30. Sufficient experienced staff are available, supplemented as necessary by consultants or contractors, so that duties relevant to nuclear plant safety may be carried out without undue haste or pressure. Staffing policies ensure that competent individuals can advance through the key posts. Training of staff is recognized as vital and the necessary resources are devoted to it. Funding is sufficient to ensure that staff in all safety related tasks have available to them the necessary equipment, facilities and supporting technical infrastructure. The working environment for such staff is conducive to the effective performance of their duties.

3.1.4. Self-regulation

31. *As a matter of policy, all organizations arrange for regular review of those of their practices that contribute to nuclear plant safety.*

32. This includes, for example, staff appointments and training, the feedback of operating experience, and the control of design changes, plant modifications and operating procedures. The intent is to bring fresh judgement to bear and to allow new approaches to be suggested by involving fully competent individuals or bodies outside the normal chain of command. Such arrangements are promoted as natural and helpful aids to the practitioners, and they avoid the appearance of a punitive search for shortcomings.

3.1.5. Commitment

33. *Paragraphs 16-32 cover activities which define the working environment and which require corporate level commitment for success. This commitment is publicly asserted and well known, shows the stance of corporate management in relation to its social responsibilities, and demonstrates also an organization's willingness to be open in safety matters.*

34. On a personal basis, managers at the most senior level demonstrate their commitment by their attention to regular review of the processes that bear on nuclear safety, by taking direct interest in the more significant questions of nuclear safety or product quality as they arise, and by frequent citation of the importance of safety and quality in communications to staff. In particular, nuclear plant safety is an important agenda item at meetings of boards of operating organizations.

3.2. REQUIREMENTS ON MANAGERS

35. *The attitudes of individuals are greatly influenced by their working environment. The key to an effective Safety Culture in individuals is found in the practices moulding the environment and fostering attitudes conducive to safety. It is the responsibility of managers to institute such practices in accordance with their organization's safety policy and objectives.*

30. 原子力プラントの安全性に関連する任務を不当に急がされることも、強制されることもなく遂行できるように、経験を積んだスタッフが十分そろっており、必要に応じてコンサルタントや契約者の支援を受ける。スタッフの人事ポリシーは、有能な個人が重要なポストに昇進できることを保証する。スタッフの訓練は不可欠なものであると認識されており、訓練に必要な人材・資材などの資源が投入される。すべての安全に関連する任務に従事するスタッフが、必要な機材、施設、及び支援技術基盤を確実に利用できるように、十分な財源を用意する。こうしたスタッフの作業環境は、任務を効果的に行うのに役立つ。

3.1.4 自己規制

31. ポリシーの問題として、すべての組織は、原子力プラントの安全に寄与する慣行を定例的に見直す制度を整えておく。
32. 慣行の見直しには、例えば、スタッフの任命と訓練、運転経験の反映、設計変更、プラントの改造、及び運転手順の管理が含まれる。このようにする意図は、通常の命令系統の外にいる有能な個人または団体を組み入れることによって、清新な判断を取り入れ、新たな手法を示唆してもらうことである。このようにすれば、従事者にとって自然で役に立つ援助となると共に，欠点を探し出して処罰するような感じを回避できる。

3.1.5 公約

33. パラグラフ16-32には、作業環境を明確にし、経営者レベルが成功に向けて公約すべき活動について示したものである。この公約は公表され、周知されるものであって、企業の経営陣の社会的責任に関する姿勢を示し、安全に関することについて組織が開かれたものでありたいと思っていることを実地に示すものである。
34. 個人的には、最上級の管理職者が、安全に対する公約を身をもって示すことである。この公約では、安全に関係するプロセスの定例的見直しに対して自ら注意を払い、原子力安全あるいは生産物・成果の質により重大な疑問が生じた際に自ら直接関心を抱き、スタッフとの対話において自らが頻繁に安全と品質の重要性について言及することによって達成される。特に、原子力プラントの安全は、運転組織の役員会の重要な議題である。

3.2 管理職者への要求

35. 個人の姿勢は、自らの作業環境によって大きな影響を受ける。有効なセーフティ・カルチャを達成するには、環境を整備し、安全性を高めようという姿勢を育成する慣行が重要となる。組織の安全ポリシーと目的に則して、このような慣行を制度化することが、管理職者の責任となる。

36. The requirements so placed on managers are discussed in the following. Except as specifically indicated, the comments apply to all organizations engaged in activities affecting nuclear safety.

3.2.1. Definition of responsibilities

37. *Discharge of individual responsibilities is facilitated by unique and clear lines of authority.*

38. The responsibility assigned to individuals is defined and documented in sufficient detail to prevent ambiguity. The collective definitions of the authority and responsibility of individuals are reviewed to ensure that there are no omissions or overlaps and no problems of shared responsibilities. Definitions of responsibility are approved at a higher level of authority. Managers ensure that individuals understand not only their own responsibilities but also those of their immediate colleagues and of their management unit, and how these responsibilities complement those of other groups. This requirement for careful definition of responsibilities applies with special force to operating organizations since they carry the formal responsibility for plant safety. The delegated responsibility of the plant manager for the safety of the plant is given particular emphasis.

39. Since operating organizations carry the formal responsibility for the safety of operating plants, they have a further obligation. This is the duty to assure themselves, by means of third parties if necessary, that other organizations whose activities contribute to the technical basis of plant safety discharge their responsibilities satisfactorily.

3.2.2. Definition and control of working practices

40 *Managers ensure that work on matters related to nuclear safety is carried out in a rigorous manner.*

41 While the necessity is obvious in operating organizations, the requirements for product quality in supporting organizations call for similar attention. The necessary basis is generally a hierarchy of up to date documents ranging from policy directives to detailed working procedures. These procedures are clear and unambiguous and they form an integral series. The documents receive formal scrutiny, checking and testing under the organizations' quality assurance arrangements, and formal means are adopted for their control.

42 Managers ensure that tasks are carried out as defined. They institute systems for supervision and control and insist upon orderliness and good housekeeping.

36. 管理職者に課せられる要求を以下に述べる。特に断わらない限り、原子力安全に従事するすべての組織に対して適用できるものである。

3.2.1 責任の明確化

37. <u>個人の責任の遂行は、単一かつ明確な権限ラインによって促進される。</u>
38. 個人に課せられる責任があいまいにならないように十分な詳細さで、その責任を明確化し、文書化する。個人の権限と責任について、脱落、重複、あるいは責任の共有での問題がないようにするために、全体としての見直しを行って確認する。高い権限を有するレベルが権限規定を承認する。管理職者は、各個人が、自己の責任のみならず身近な同僚と管理部門の責任を理解し、これらの責任と他のグループの責任とがどのように補い合っているかを確実に理解するようにする。注意深く責任を明確化するというこの要求は、運転組織に特に重点的に適用される。なぜなら、これら運転組織は原子力プラントの安全について公式な責任を負うからである。プラントの所長に課せられた、自己のプラントの安全に関する責任は、特に重要である。
39. 運転組織には、運転中の原子力プラントの安全について公式な責任が有るため、運転組織にはこれに留まらない義務を負う。それは、必要に応じて第三者に依頼することも含め、プラントの安全の技術基盤に寄与する活動を行っている他の組織が、その責任を十分に果たしていることを自ら確認するという義務である。

3.2.2 作業慣行の明確化と管理

40. <u>管理職者は、原子力安全に関連する事項に対する作業が厳密に行われていることを確認する。</u>
41. 運転組織においては、このような作業確認が必要であるということは自明なことである。そればかりでなく、支援組織での生産物・成果の質に対する要求についても、同様な注意が必要である。このようにするには、一般に、安全ポリシーに沿った指令書から詳細な作業手順書に至るまで、最新の文書類で体系付けておくことが基礎となる。これら手順書は明確であいまいさがなく、完全なシリーズを構成する。これら文書類は、組織内部の品質保証担当部門によって公式に精査され、チェックされ、試験され、公式手段で管理される。
42. 管理職者は任務が規定されたとおりに遂行されているか確認する。管理職者は、監督と管理のためのシステムを制度化し、さらに規律の遵守と整理整頓を強く求める。

3.2.3. Qualifications and training

43. *Managers ensure that their staff are fully competent for their duties.*

44. Selection and appointment procedures establish satisfactory initial qualifications of personnel in terms of intellect and education. Any necessary training and periodic retraining are provided. The assessment of technical competence is an integral part of training programmes. For critical tasks in plant operations, judgement of fitness for duties includes physical and psychological considerations.

45. *Instruction instils more than technical skills or familiarity with detailed procedures to be followed rigorously. These essential requirements are supplemented by broader training, sufficient to ensure that individuals understand the significance of their duties and the consequences of mistakes arising from misconceptions or lack of diligence.*

46. Without this additional understanding, nuclear safety issues arising may not receive the attention they warrant or wrong actions may be taken, out of lack of comprehension of the risks involved.

3.2.4. Rewards and sanctions

47. *Ultimately, satisfactory practice depends on the behaviour of individuals, as influenced by motivation and attitudes, both personal and group. Managers encourage and praise and seek to provide tangible reward for particularly commendable attitudes in safety matters.*

48. Importantly, at operating plants, systems of reward do not encourage high plant output levels if this prejudices safety. Incentives are therefore not based on production levels alone but are also related to safety performance.

49. Errors, when committed, are seen less as a matter of concern than as a source of experience from which benefit can be derived. Individuals are encouraged to identify, report and correct imperfections in their own work in order to help others as well as themselves to avert future problems. When necessary, they are assisted to improve their subsequent performance.

50. Nevertheless, for repeated deficiency or gross negligence, managers accept their responsibility for taking disciplinary measures, since safety may otherwise be prejudiced. There is, however, a delicate balance. Sanctions are not applied in such a way as to encourage the concealment of errors.

3.2.3 資格認定及び訓練

43. 管理職者は、そのスタッフが任務を行うのに十分な能力を有していることを確認する。
44. 選抜と任命という手続きによって、要員が知識と教育について最初の資格を満足していることを確認する。必要な訓練及び定期的な再訓練をすべて実施する。技術的能力を評価することは訓練計画中で不可欠である。原子力プラントの運転で特に重要な任務については、任務への適合性として医学的、心理学的な考慮も含まれる。
45. 教育・訓練では、技術的熟練や、厳格に遵守すべき手順書に習熟する以上のことを教え込む。これらの基本的要求は、各個人が自らの任務の重さと、誤解や怠慢によって生ずる過ちの結果を理解していることを確認するのに十分な、広範な訓練によって補完される。
46. この理解をつけ加えないと、内蔵されるリスクに対する認識欠如から、原子力安全の問題が生じた時に、それにふさわしい注意を払わないか、あるいは誤った行動がとられる可能性がある。

3.2.4 賞罰

47. 結局の所、満足すべき慣行というものは、個人とグループの双方の姿勢と動機に影響された個人の挙動に左右される。管理職者は、安全に関連して特に優れた姿勢に対して、これを奨励し、賞賛し、有形の報償を与えるように努める。
48. 大切なことは、運転組織における報償制度は、もしプラントの高い稼働率が安全性を阻害する場合には、これを奨励しないとうことである。従って、報償制度の動機は高い生産性のみではなく、安全実績にも基づくべきである。
49. 過ちが発生した場合には、この過ちを心配事とするよりは、そこから利益が導き出される経験の源であるとすべきである。個人は、自分自身ばかりでなく、他の人も将来の問題を回避できるように、自らの仕事から不完全な部分を摘出し、報告し、修正することが奨励される。必要とあれば、各個人は自らの今後の仕事の実績を向上させるための支援を受ける。
50. それにもかかわらず、欠陥が繰り返されたり、重大な怠慢があった場合には、管理職者は懲戒処分をとる責任がある。というのは、そうしないと安全性が阻害される恐れがあるからである。しかし、微妙なバランスがある。罰則を適用するに当たっては、過ちを隠すことを助成するようであってはならない。

3.2.5. Audit, review and comparison

51. *Managerial responsibilities include the implementation of a range of monitoring practices which go beyond the implementation of quality assurance measures and include, for example, regular reviews of training programmes, staff appointment procedures, working practices, document control and quality assurance systems.*

52. These practices depend on the activities of the organization. In design, manufacturing and operating organizations, they include scrutiny of the means by which design or engineering changes are controlled. In the plant operational context, they include scrutiny of changes to operating parameters, maintenance requirements, modifications to plant, plant configuration control and any non-routine operation of the plant.

53. By these means, the working of safety management systems is checked by internal processes. It is good practice to augment such processes by calling on experts from functions other than that concerned or from outside the organization. This ensures the availability of broadly based views and experience, provides a basis for emulation and encourages the introduction of good practices that have been adopted elsewhere.

54. Managers make arrangements to benefit from all sources of relevant experience, research, technical developments, operational data and events of safety significance, all of which are carefully evaluated in their own contexts.

3.2.6. Commitment

55. In these ways, managers demonstrate their commitment to Safety Culture and encourage it in others. The practices identified structure the environment in which people work. The attitude of mind that produces satisfactory performance by people in groups or as individuals is fostered by demands for orderly work, by clarity of understanding of duties, by rewards and any necessary sanctions, and by the invitation of external scrutiny.

56. *It is the task of managers to ensure that their staff respond to and benefit from this established framework of practices and, by attitude and example, to ensure that their staff are continuously motivated towards high levels of personal performance in their duties.*

3.2.5 検査、見直し、比較

51. 管理職者の責任には、一連の監視の慣行を実施することが含まれる。この監視には、品質保証のための対策の実施だけではなく、例えば訓練計画、スタッフの任命手続き、作業慣行、文書管理、品質保証システムなどを定例的に見直すことが含まれる。
52. これらの慣行は組織の活動によっても異なる。設計、製作及び運転を担当するような組織においては、設計及び工法の変更を管理する方法を精査することも含まれる。原子力プラントの運転に関しては、運転パラメータの変更、保守上の要求、プラントの改造、プラント配置管理、並びにすべての非日常的なプラントの操作を詳しく調べることが含まれる。
53. これらの手段によって、安全管理システムの働きは内部的手続きでチェックされる。その職務を担当していない部門の専門家、あるいは組織外から専門家の意見を聴取することにより、このようなチェックを広げることは良い慣行である。このようなことを行うことによって、より幅の広い基礎に支えられた見解と経験を活用できるようになり、他より優れようと努力する基礎が作られ、他で行われている良き慣行を導入しようということになる。
54. 管理職者は、関連する経験、研究、技術の進歩、運転データ、安全上重要な事象などの情報について、自らの場合との関連を注意深く評価した上で、これらすべての情報源から有益な教訓を導き出す。

3.2.6 公約

55. このようにして、管理職者はセーフティ・カルチャについての公約を身をもって示し、他人に対してセーフティ・カルチャを奨励する。このような慣行によって、人々の作業環境が構築される。個人であれグループであれ、人々によって満足される成果が得られるような心のあり方が、秩序ある作業の要求、義務の明快な理解、報奨と必要な懲罰、及び外部の検討を喜んで受け入れることによって育成される。
56. 確立された慣行の枠組みにスタッフが対応し、この枠組から利益を受けることを確認し、さらにその姿勢と例示によって、スタッフがその任務遂行において高いレベルを目指すように常に動機づけられるようにすることが、管理職者の任務である。

3.3. RESPONSE OF INDIVIDUALS

57. *Sections 3.1 and 3.2 present the means by which the framework is set for an effective Safety Culture and emphasize the responsibilities of management. As is pointed out in the introduction to these sections, it is the task of staff at all levels to respond to and benefit from this framework.*

58. The question remains: How? To emphasize this key question, what follows is set out in a different style. It is expressed in terms most relevant to operating staff since they bear the most direct responsibility, though in different ways the points apply to all persons with duties important to nuclear safety.

59. The response of all those who strive for excellence in matters affecting nuclear safety is characterized by:

A QUESTIONING ATTITUDE

plus

A RIGOROUS AND PRUDENT APPROACH

plus

COMMUNICATION

The result will be a major contribution to:

SAFETY

60. Before an individual begins any safety related task, his or her *questioning attitude* raises issues such as those listed in the following:
— Do I understand the task?
— What are my responsibilities?
— How do they relate to safety?
— Do I have the necessary knowledge to proceed?
— What are the responsibilities of others?
— Are there any unusual circumstances?
— Do I need any assistance?
— What can go wrong?
— What could be the consequences of failure or error?
— What should be done to prevent failures?
— What do I do if a fault occurs?

3.3 個人レベルでの対応

57. 3.1 及び 3.2 節には、有効なセーフティ・カルチャのための枠組みを設ける手段について述べ、管理部門の責任を強調した。これらの節の導入部で指摘したように、この枠組みに対応して、その枠組から利益を得ることが、すべてのレベルのスタッフの任務である。
58. ここで、「どうやって？」という問題が残る。この重要な問題について力説するために、以下ではこれまでと違ったスタイルで説明する。以下では、運転スタッフが最も直接的な責任を有していることから、彼らに最も関連する言葉で表現することとする。しかしながら、その論点は、原子力安全に重要な任務を遂行するすべての人に、それぞれ違った方法で当てはめることができる。
59. 原子力安全に影響する事項について、優れた成果を上げようと努力しているすべての人々の対応を特徴付けると、次のようになる。

常に問いかける姿勢
＋
厳密かつ慎重なアプローチ
＋
情報交流

その結果として

安全

に大きく貢献するはずである。

60. 個人が安全に関連した任務に着手する前には、個人の「常に問いかける姿勢」から次に示したような質問が生じるはずである。
    - 自分は任務を理解しているか？
    - 自分の責任は何か？
    - 自分の任務は安全とどのように関係しているか？
    - 任務を遂行するのに、自分は必要な知識を持っているか？
    - 他の人達の責任は何か？
    - 状況に何か異常があるか？
    - 自分は支援を必要としているか？
    - 具合が悪くなりそうなことはないか？
    - 失敗や誤操作の結果どんなことが起きるか？
    - 失敗を避けるためにすべきことは何か？
    - もし間違いが起こったら自分は何をすれば良いか？

In the case of relatively routine tasks, for which the individual has been fully trained, question and answer will be automatic to a large extent. For tasks with a novel content, the thought process becomes more deliberate. New and unusual tasks which have an important safety content will be the subject of written procedures clarifying these matters.

61. Individuals adopt a *rigorous and prudent approach*. This involves:
   — understanding the work procedures;
   — complying with the procedures;
   — being alert for the unexpected;
   — stopping and thinking if a problem arises;
   — seeking help if necessary;
   — devoting attention to orderliness, timeliness and housekeeping;
   — proceeding with deliberate care;
   — forgoing shortcuts.

62. Individuals recognize that a communicative approach is essential to safety. This involves:
   — obtaining useful information from others;
   — transmitting information to others;
   — reporting on and documenting results of work, both routine and unusual;
   — suggesting new safety initiatives.

63. A questioning attitude, a rigorous and prudent approach, and necessary communication are all aspects of an effective Safety Culture in individuals. The product contributes to a high level of safety and generates a personal pride in dealing with important tasks in a professional manner.

任務が比較的日常的な場合で、その任務に対して十分訓練されているときには、質問に続いてほとんどの場合自動的に答が出てくるであろう。目新しい内容の任務の場合には、思考プロセスはさらに慎重なものになる。新しくて、通常の作業とは異なる上に、内容的に安全上重要な任務を行う場合には、これらの点を明確にした文書化された手順書が必要となろう。

61. 各個人は、「厳密かつ慎重なアプローチ」を取る。これには次のようなことが含まれる。
    - 作業手順書を理解すること
    - 手順書に従うこと
    - 予期せざる結果に用心を怠らないこと
    - 問題が発生したときには立ち止まって考えること
    - 必要があれば支援を求めること
    - 規律の遵守、適時性、整理整頓に注意すること
    - 慎重な注意をもって作業を進めること
    - 近道を避けること

62. 各個人は、「情報交流」的アプローチが安全にとって不可欠であることを認識している。これには次のようなことが含まれる。
    - 他から有益な情報を得ること
    - 他へ情報を伝えること
    - 通常状態であれ、異常状態であれ、いずれの場合にも、作業結果について報告し、文書として残すこと
    - 新たな安全活動を提案すること

63. 常に問いかける姿勢、厳密かつ慎重なアプローチ、そして必要な情報交流は、個人における有効なセーフティ・カルチャのすべてを表すものである。このようにすることで、高いレベルの安全性に貢献するだけでなく、重要な任務を職業人らしく行えたと言う個人的誇りが生み出される。

4. TANGIBLE EVIDENCE

64. In Section 3, Safety Culture was considered as the assembly of commendable attributes of any organization or individual contributing to nuclear plant safety. This general treatment needs extending to cover the separate attributes of different organizations. Also, examples are needed:
— to show that Safety Culture is a concrete concept essential to safety;
— to provide a basis for judging the effectiveness of Safety Culture in specific cases;
— to identify options for improvements.

65. This section identifies some broad characteristics of an effective Safety Culture in different groups of organizations: governmental, operational and supporting. Its objective is to provide insight from several standpoints into factors that promote the safety of nuclear plants. The list is not exhaustive and can be extended by the reader. It is intended to be used as a starting point for self-examination by organizations.

66. The Appendix approaches the same issue in a different way. It comprises sets of questions which can be used to aid judgement of the effectiveness of Safety Culture in a particular case.

4.1. GOVERNMENT AND ITS ORGANIZATIONS

67. The practical approach that governments adopt towards safety in general and nuclear safety in particular has a major effect on all organizations influencing nuclear safety. The following aspects demonstrate government commitment:
— Legislation and government policies for the use of nuclear power set broad safety objectives, establish the necessary institutions and ensure adequate support for its safe development.
— Governments assign the responsibilities of such institutions clearly, arrange that conflict of interest in important safety matters is minimized, and ensure in particular that safety matters are addressed on their merits, without interference or undue pressure from bodies whose responsibility for nuclear safety is less direct.
— Governments provide strong support for regulatory agencies, including adequate powers, sufficient funds for all activities and guarantees that the regulatory task can be pursued without undue interference.
— Governments promote and contribute to the international exchange of safety related information

4. 目に見える証拠

64. 第3章では、セーフティ・カルチャを、原子力プラントの安全性に寄与するすべての個人または組織の、賞賛に値する特質の組み合せであるとして考察した。このような一般的取り扱いを拡張して、異なる組織のそれぞれの特質をも包含する必要がある。また、次のような例を示す必要もある。
    - セーフティ・カルチャが安全にとって不可欠な具体的概念であることを示す。
    - 具体的な場合について、セーフティ・カルチャの有効性を判断する基礎を提供する。
    - 改善のためのオプションを示す。
65. 本章では、政府、運転、支援など、異なった組織において、有効なセーフティ・カルチャが持つ幅の広い特性を幾つか指摘する。その目的は、原子力プラントの安全性を増進する諸因子について、いくつかの観点から洞察することにある。ここに示したリストは決してすべてを網羅したものではなく、読者が拡張できるものである。意図するところは、組織内の自己検討の出発点として使用されることである。
66. 付録では、同じ問題を異なった手法で取り扱っている。この付録では、特定の場合におけるセーフティ・カルチャの有効性を判断する助けとして用いることができるように、一連の質問から構成している。

4.1 政府とその機関

67. 安全一般、特にその中でも原子力安全に向けて政府がとる実際的なアプローチには、原子力安全に関わるすべての組織に大きな影響力がある。以下に、政府の公約の実例を示す。
    - 原子力の利用に対する法令あるいは政府の政策は、広範な安全の目標を定め、必要な制度を確立し、原子力を安全に開発するための適切な支援を保証する。
    - 政府は、制度の責任分担を明確に定め、安全上重要な事項についての利害の対立が最小となるように調整し、さらに特に安全に関する事項について、原子力安全の技術的側面に対する責任がより直接的でない団体から、不当な干渉や圧力を受けることなしに、客観的に対処されることを保証する。
    - 政府は、規制当局に対し適切な権限、十分な予算を与えると共に、規制活動を不当な干渉なしに遂行できるように強力に支援する。
    - 政府は、安全関連情報の国際的な交流を推進すると共に、自らも貢献する。

68. Regulators have considerable discretionary authority in matters of nuclear safety. This is conferred by legislation and the more detailed instruments under which they operate, and is manifested in several general ways:
— The management style of a regulatory agency ensures that common concern for safety leads to relations with operating organizations that are open and cooperative and yet have the formality and separateness appropriate for bodies with recognizably different accountabilities.
— Controversial topics are dealt with in an open fashion. An open approach is adopted to setting safety objectives so that those whom they regulate have an opportunity to comment on the intent.
— Standards are adopted that call for appropriate levels of safety while recognizing the inevitable residual risk. By this means a consistent and realistic approach to safety is achieved.
— Regulators recognize that the primary responsibility for safety rests with the operating organization and not the regulator. To this purpose, they ensure that regulatory requirements are clear but not so prescriptive as to set undue constraints.
— In dealing with new problems, while a generally conservative approach may be taken, innovation is not stifled by insistence on adherence only to approaches that have been used in the past. Improvements in safety result from a well judged combination of innovation and reliance on proven techniques.

69. Those who regulate economic aspects of nuclear power take into account the fact that decisions based on purely economic factors could be prejudicial to reactor safety

4.2 OPERATING ORGANIZATION

4.2.1. Corporate policy level

70. Safety Culture flows down from actions by the senior management of an organization. In judging the effectiveness of Safety Culture in an operating organization, it is necessary to start at the corporate policy level since it is there that attitudes, decisions and methods of operation demonstrate the real priority given to safety matters

71. The primary indication of corporate level commitment to Safety Culture is its statement of safety policy and objectives. This is prepared and disseminated in such a way that the objectives are understood and made use of by staff at all levels. Particularly, reference is made in the statement to the vital importance of safety, such that concern for safety may on occasion override production objectives.

68. 規制官には、原子力安全に関する事項に関して、相当に自由裁量的な権限が与えられる。このような権限は、規制当局の活動の基礎となる法令と詳細な規定に基づいたものであり、幾つかの一般的な方法で明示される。
    - 規制当局の運営形態では、規制当局と運転組織とで安全に対して共通の認識を持ち、これによって運転組織との関係でも、オープンで協力的ではあっても、明らかに異なる責任を有する組織間にあるべき、適度な節度と隔たりを確実に保持するようにする。
    - 論争の多い話題はオープンに取り扱われる。オープンなアプローチでは、安全目標を設定するときに用いられ、規制される側からもその意図についてコメントできるようにする。
    - リスクが残るのは避けられないという認識のもと、適切なレベルの安全性を求める基準を採用する。このようにすることで、安全性に対して一貫した、そして現実的なアプローチを達成することができる。
    - 規制官は、安全に対する第一の責任は規制官でなく、運転組織にあることを認識している。このため、規制官は、規制上の要求を明確にすることはあっても、不当に束縛するほどに規範的ではないことを保証する。
    - 新たな問題に対処する際には、一般的に保守的なアプローチが取られるとしても、過去に取られたアプローチにばかり固執して新機軸の芽をつぶさないようにする。安全の向上は新機軸と実証された技術に依存することを良く判断して組み合わせることで得られる。
69. 原子力の経済的側面を規制する者は、経済的な因子のみに基づいて決定していると原子炉の安全に悪影響を及ぼすことがあることを忘れていない。

4.2 運転組織
4.2.1 企業のポリシー・レベル
70. セーフティ・カルチャは、経営陣の行動から下部に伝わるものである。運転組織のセーフティ・カルチャの有効性を判断するには、企業のポリシー・レベルから出発する必要がある。なぜなら企業のポリシー・レベルこそ、運転組織の姿勢、決定、経営手法が安全に関することに本当に優先度を置いていることを実地に示すからである。
71. セーフティ・カルチャについて経営陣がまず行うべきことは、安全ポリシーと目標を示すことである。安全ポリシーと目標は、すべてのレベルのスタッフがこの目標を理解し利用するように作成され、普及されるものである。特に、この安全ポリシー声明の中では、安全が至上の重要事項であり、必要な場合には発電という目的よりも優先することを明記する。

72. Establishment of a management structure, assignment of responsibilities within it and allocation of resources are all primary responsibilities at corporate policy level. These arrangements are compatible with the organization's safety objectives.

73. Senior management initiates regular reviews of the safety performance of the organization. Such reviews and the responses to their findings are important pointers to the effectiveness of Safety Culture in the organization. As specific examples:
— Training is reviewed to ensure that it is satisfactory and that the resources devoted are adequate.
— Documentation systems are reviewed to ensure that the resources devoted are sufficient.
— Staff appointment arrangements are reviewed, in particular to ensure that evaluation of the attitudes of individuals to safety is part of the process of selection and promotion of personnel.

4.2.2. Power plant level

74. At the plant itself, safety is an immediate concern, and an effective Safety Culture is an essential feature of day to day activities. Three different aspects are considered:
— the environment created by the local management, which conditions individuals' attitudes;
— the attitudes of individuals, in all departments and at all levels from the plant manager down;
— actual safety experience at the plant, which reflects the real priority given to safety in the organization.

4.2.2.1. The working environment

75. Safety responsibilities and detailed practices at all levels at the plant are defined. Particular care is taken in the treatment of special activities, such as tests or plant modifications with safety implications. In such cases, a systematic independent examination is required. Reviews of documentation and records are carried out to ensure that safety requirements have been met.

76. Training and education ensure that all staff are knowledgeable about errors that might be committed in their area of activity. Such training is founded on a basic understanding of the safety questions involved, includes consideration of the possible consequences of such errors, and deals specifically with how they may be avoided, or corrected if committed.

72. 管理機構の確立、そこにおける責任の分担、人材や資材などの資源の配置など、これはすべてポリシー・レベルの主要な責任である。これらの整備は組織の安全目標と合致するものである。
73. 上級管理者は、組織の安全の実績について定例的に見直す。このような見直しとそこから得られた教訓に対する対応は、組織内におけるセーフティ・カルチャの有効性に対する重要な指標となる。具体例を上げると次のようになる。
    - 訓練が満足すべきものであり、投入されている人材や資材などの資源が適切なものであることを確認するために見直しが行われる。
    - 文書管理システムに投入されている人材や資材などの資源が十分であることを確認するために見直しが行われる。
    - スタッフ任命の手続きについて、特に個人の安全に対する姿勢が、選抜と昇進のプロセスのために評価されていることを確認するために見直しが行われる。

4.2.2　発電所レベル

74. 原子力発電プラントそのものにおいては、安全性は直接の関心事であり、有効なセーフティ・カルチャは毎日の活動に欠くべからざるものである。以下の3つの異なる側面を考慮する。
    - 個人の姿勢にも影響する現地の管理部門によって作られる環境
    - 発電所長以下すべての部局レベルに及ぶ個人の姿勢
    - 組織が真の優先度を安全に置いていることを反映した、プラントにおける実際の安全実績

4.2.2.1　作業環境

75. プラント内のすべてのレベルにおける安全の責任と詳細な慣行を明確にする。安全に関わる試験やプラントの変更などの特別な活動には特に注意を払う。このような場合には、系統的で独立した検査が必要である。安全上の要求が満足されていることを確認するため、文書と記録の見直しを行う。
76. すべてのスタッフが、自分たちの活動分野において、発生するかもしれない過ちについての知識を持てるように教育訓練を実施する。このような訓練は、安全に関わる疑問に対する基本的な理解に立脚し、過ちによって生じ得る影響を考慮し、どのようにしてこのような過ちを避けられるか、あるいはもし過ちが発生したときにどのように対処するかを、具体的に取り扱う。

By way of specific example:

— For control room personnel, simulator retraining takes into account operating experience, difficulties encountered by staff and the questions they have raised.
— Training sessions are held before a complex maintenance activity, with mockups or video recordings, to refresh the knowledge of the staff and to illustrate potential errors.
— The results of safety analyses, including probabilistic safety analysis, are consulted regularly to support decisions as specific issues arise, as well as to provide staff with insight into the important safety features of plant design and operation.

77. Nuclear safety is kept constantly under scrutiny through plant inspections and audits, visits by senior officers, and internal discussions and seminars at the plant on safety matters. Findings are evaluated and acted upon in a timely way.

78. For staff to carry out their duties with ease, satisfactory facilities must be provided. Aspects include: the physical features of work locations; the suitability of controls, instruments, tools and equipment; the availability of necessary information; standards of housekeeping; and, of particular importance, the work-loads of individuals.

79. The relationship between the plant management and the regulatory authority and its local representatives is open and based on a common concern for nuclear safety, but with a mutual understanding of the different accountabilities.

4.2.2.2. Individual attitudes

80. The attitudes of individuals may be examined in exchanges with staff members at various levels, to support judgement of the effectiveness of Safety Culture and to cause lessons to be derived. To illustrate the broad concerns to be tested by more detailed questioning:

— Are procedures strictly followed even when quicker methods are available?
— Do staff members stop and think when facing an unforeseen situation?
— Is a good safety attitude respected by management and within peer groups of the staff?
— Do staff take the initiative in suggesting safety improvements?

81. Managers' attitudes are demonstrated, and staff attitudes are influenced, by exchanges on nuclear safety matters. In particular, managers take opportunities to demonstrate that they are prepared to place safety concerns before those of production, if necessary. As an example, discussion with staff concerned about delays in restarting the plant for reasons of safety makes clear the commitment to safety as a primary objective.

具体例を挙げれば以下のようになる。
- 制御室の要員に対するシミュレータによる再訓練において、運転経験、スタッフが直面した困難、及びスタッフが提起した問題を考慮する。
- 複雑な保守作業に先立って、モックアップやビデオを利用して、スタッフの知識を新たなものにし、潜在的な過ちについて例示するための訓練を行う。
- 具体的問題が提起された場合に決定を支援するとともに、プラント設計と運転に関する安全上の重要な特徴に対する洞察力をスタッフに与えるために、PSAを含む安全解析の結果を定例的に学習する。

77. 原子力安全は、安全に関連する事項に対するプラントの検査、監査、上級幹部の訪問、及びプラント内における討論やセミナーによって、常に精査されている。得られた知見は評価され、適時に処理される。
78. スタッフがその任務を容易に遂行できるようにするためには、十分な施設が整備されていなければならない。このようにするためには、作業場所の物理的特徴、制御・計測器・工具・装置等の適合性、必要な情報の入手可能性、整理整頓の基準、そして特に重要なものとして、各個人の作業負荷を整えることである。
79. プラントの管理部門と、規制当局及びその現地駐在官との関係は、オープンであり、原子力安全に関して共通した認識に基づいたものであるが、一方でそれぞれの異なる責任について、互いに理解する必要がある。

4.2.2.2 個人の姿勢

80. 個人の姿勢は、セーフティ・カルチャの有効性の判断を助け、教訓を導出するために、様々なレベルのスタッフの間で交流することで調べることができよう。より詳細な質問によって試される広範な関心事を説明すると、次のようになる。
- もっと手っ取り早い方法があっても、手順書は厳格に守られているか？
- 予想しなかった事態に直面したとき、スタッフは立ち止まって考えるか？
- 安全に対する良き姿勢には、管理部門や同僚から敬意が払われているか？
- スタッフは安全の改善の提案を率先して行っているか？
81. 安全に関する事項についての情報交換によって、管理職者の姿勢が実地に示され、スタッフの姿勢も影響を受ける。特に、管理職者は機会をとらえて、必要とあれば発電よりも安全に関する事柄を優先させる用意があることを実地に示す。例えば、安全上の理由からプラント再起動が遅れていることを懸念するスタッフと討議することで、安全を最も優先させるという公約を明確に示すことになる。

82. The presence of managers at the work site provides opportunities for them to emphasize directly the importance assigned to safety.

83. The development of local practices for the enhancement of safety is an excellent measure of individual attitudes and management response, since it demonstrates that all staff understand the need to use their experience to improve performance. Specific examples might be in the areas of housekeeping and quality of records, or in extension of the practice of reporting errors to include even those that have no apparent important consequences.

4.2.2.3. Plant safety experience

84. In the long term, the safety performance of the plant reflects the effectiveness of the Safety Culture. The plant performance indicators commonly recognized (such as plant availability, the number of unplanned shutdowns or radiation exposure) provide a measure of the attention to safety in a plant. They are complemented by specific safety indicators, such as the number and severity of significant events, the number of pending work orders and the duration of any unavailability of safety systems. The significance of such indicators is made clear to staff.

85. All significant events that have occurred on the site are analysed in close cooperation with the staff concerned to help all staff to evaluate their strengths and weaknesses.

86. Such experience is reviewed regularly to ensure that the lessons have been learned, the necessary corrective actions identified and timely implementation pursued. The thoroughness of the reviews and the strength of the corrective responses are important Safety Culture indicators.

4.3. SUPPORTING ORGANIZATIONS

87. The important management provisions and individual attitudes which characterize an effective Safety Culture in an operating organization may be adapted to suit all supporting organizations, particularly through emphasis on the demand for product quality. Certain specific issues relating to research and design organizations are identified in the following.

82. 作業現場に管理職者がいることにより、安全にどれだけの重要性を置いているかを直接強調する機会が得られる。

83. 安全性向上のための現場の慣行を作り出すということは、個人の姿勢と管理部門の対応に対する優れた指標となる。というのは、業績を向上させるためには、スタッフの経験を利用する必要があるということを全員が理解していることを示すことになるからである。具体例としては、整理整頓と質の高い記録などの分野、あるいは、一見何ごともなく終わったような過ちでも報告する慣行を広めることなどが挙げられよう。

4.2.2.3　プラントの安全実績

84. 長い目でみれば、プラントの安全実績は、セーフティ・カルチャの有効性を反映したものである。プラントの実績を示す指標として一般に認められているものには、例えば稼動率、計画外停止回数、放射線被ばくなどがあるが、プラントにおける安全に対する注意の尺度ともなる。これらの尺度は、安全上重要な事象の発生回数とその厳しさ、保留されている作業指示件数、安全系の使用不能継続時間といった具体的な安全性の指標で補完される。これらの指標の重要性をスタッフに対して明らかにしておく。

85. 実際に現場で発生した重要な事象のすべてについて、スタッフ全員が自らの長所と欠点を評価するのを助けるために、関係スタッフの密接な協力のもとに解析される。

86. このような経験については、得られた教訓が学習され、必要な改善活動が摘出され、適時に実施されたか確認するために、定例的に見直される。どこまで徹底して見直しを行っているか、対策をどこまでとっているかが、セーフティ・カルチャの重要な指標となる。

4.3　支援組織

87. 運転組織におけるセーフティ・カルチャを性格づけるのに重要となる管理上の措置と個人の姿勢においては、特に製品の質に対する要求に重きを置くことで、すべての支援組織にふさわしく適応させることができよう。研究や設計を行う組織に関連する具体的な問題の幾つかを以下に示す。

88. Research organizations have in place mechanisms for monitoring relevant work around the world that may affect the conclusions of safety analysis. This monitoring is reinforced by mechanisms for ensuring that such information is brought to the attention of those accountable for safety in a timely fashion, and with the emphasis warranted by its significance.

89. Those engaged in research are alert for any potential misinterpretation or misuse of their work.

90. Design organizations may seek the input of external experts, if necessary to complement their own capabilities. By way of example:
— when a design organization lacks experience with a new technology, for example software design, it may seek the assistance of experts to supplement its in-house capability;
— design reviews, which are an important and customary component of the inhouse processes, may be supplemented by involvement of external expertise.

91. Design organizations keep up to date with developments in reactor safety technology and safety analysis techniques by active participation in national and international activities. Formal mechanisms are in place to bring to the attention of the responsible operators any new information that might modify or invalidate any previous safety analyses.

5. CONCLUDING COMMENTS

92. Safety Culture is now a commonly used term. There is a need for a common understanding of its nature, however, and for means of turning what has been simply a convenient phrase into a concept of practical value.

93. This report has sought to remedy the position. The first part sets out INSAG's views on the nature of Safety Culture. The purpose is to provide clarification and to develop a commonly shared understanding. The latter part of the report and the Appendix seek to give practical value to the concept, identifying characteristics that may be used to judge the effectiveness of Safety Culture in a particular case.

94. INSAG offers this description of Safety Culture and the means for its practical use in the cause of ensuring that "as an overriding priority, nuclear plant safety issues receive the attention warranted by their significance".

88. 研究機関は、安全解析の結論に影響を与え得る世界中の関連作業を監視するために適切な制度を設ける。この監視においては、そのような情報がタイムリーに、かつその重要度に応じて、安全に責任を有する人の注意を確実に喚起するような制度を設けることで補強される。
89. 研究に従事しているものは、自らの仕事が誤って解釈されるか、また誤用される可能性に対し常に注意を怠らない。
90. 設計を行っている組織は、必要とあれば自らの能力を補完するために、外部の専門家からの情報を入手するように努めることもできる。例えば、
    - 設計組織において、新しい技術、例えばソフトウェア開発の経験が不足しているときには、企業内の能力を補完するために専門家の助けを求めることができる。
    - 設計の見直しは重要であり、企業内の手続きで慣習化されているが、外部の専門的知識を導入することで補完することができる。
91. 設計を行っている組織は、国内あるいは国際的活動に積極的に参加することにより、原子炉安全及び安全解析に関する最新の技術開発に遅れないようにする。既存の安全解析を見直したり、あるいはこれを妥当でないものとする可能性のある新しい情報を入手した場合には、すべての運転責任者の注意を引くようにするための公式な制度を適切に設ける。

5. 結論

92. セーフティ・カルチャは今や一般に使われる言葉となっている。しかしながら、セーフティ・カルチャの特質について共通の理解を得ることと、単に便利な言葉から実用的な価値を持つ概念に変える方策が必要である。
93. この報告書は、このような状況を改善することを目指したものである。報告書の前半では、セーフティ・カルチャの特質についてのINSAGの考え方を述べている。この目的は、意義を明確にし共通の理解を生み出すことである。報告書の後半と付録では、特定の場合においてセーフティ・カルチャの有効性を判断することができるようにその特性を明示して、概念に実用的価値を与えることを目指している。
94. INSAGは、このセーフティ・カルチャの内容について説明すると共に、「すべてに優先して原子力プラントの安全性に関連する問題に、その重要性にふさわしい注意を集める」ことを確実なものにするための実際的な使用法を示したものである。

Appendix

SAFETY CULTURE INDICATORS

This Appendix identifies questions worthy of examination when the effectiveness of Safety Culture in a particular case is being judged. It is recognized that the list of questions cannot be comprehensive, nor can a list which is at all extensive be applicable to all circumstances. The objective of what follows is therefore to encourage self-examination in organizations and individuals rather than to provide a checklist for Yes/No answers. The main intent is to be thought provoking rather than prescriptive. With this understanding, the list can be extended by the reader.

Al. GOVERNMENT AND ITS ORGANIZATIONS

Government commitment to safety

(1) Is the body of legislation satisfactory?
(2) Are there any undue impediments to the necessary amendment of regulations?
(3) Do legislation and government policy statements emphasize safety as a prerequisite for the use of nuclear power?
(4) Have budgets for regulatory agencies kept pace with inflation, with the growth of the industry and with other increased demands? Is funding sufficient to allow the hiring of staff of adequate competence?
(5) Does the government provide adequate funding for necessary safety research? Are the research results made available to other countries?
(6) How free is the exchange of safety information with other countries?
(7) Does the country support the IAEA Incident Reporting System, the Operational Safety Review Teams (OSART) and Assessment of Safety Significant Events Teams (ASSET) programmes of the IAEA and other relevant international activities?
(8) Are there any instances of undue interference in technical matters with safety relevance?

Performance of regulatory agencies

(1) Are regulatory safety objectives annunciated clearly, meaningfully and so that they are neither too general nor too prescriptive? Do they permit a proper balance between innovation and reliance on proven techniques?

付録（*付属書）

セーフティ・カルチャの指標

この付録（*付属書）は、特定の場合においてセーフティ・カルチャの有効性を判断する際に、調査すべき価値のある質問を示したものである。しかし、この質問リストですべてを網羅することはできず、またすべての状況に当てはまる程広範なものではないことは認識されている。従って、以下に質問リストを示す目的は、組織と個人における自己検証を奨励するためのもので、イエス／ノー的な答えをするためのチェック・リストではない。以下のリストは、主として、規範的というよりは刺激を与えることを意図したものである。このような意図を理解すれば、読者はリストを容易に拡張することができよう。

A1. 政府及びその機関
安全に対する政府の公約
(1) 法令は満足すべきものか？
(2) 規制に必要な改定を加える際に不当な障害はないか？
(3) 法令及び政府の政策には、原子力の利用にとって安全性が不可欠であることが強調されているか？
(4) 規制当局に対する予算は、インフレーション、産業の成長及びその他の需要増加に遅れをとらないようになっているか？ 資金は、適切な能力を持つスタッフを雇用するのに十分なものか？
(5) 必要な安全性研究に対して政府は適切な資金を投入しているか？研究成果は外国へも提供されているか？
(6) 外国との安全に関する情報交換はどの程度自由に行われているか？
(7) 国はIAEAが実施している事象報告システム（IRS: Incident Reporting System）、運転安全評価チーム（OSART: Operational Safety Review Teams）プログラム、安全上重要事象評価チーム（ASSET: Assessment of Safety Significant Events Teams）プログラム、あるいはIAEA以外が実施している関連する国際活動を支援しているか？
(8) 安全に関連する技術的事項への不当な干渉の事例はあるか？

規制当局の実績
(1) 規制当局の安全目標は、明確で意味あるように、そしてまた一般的に過ぎず、同時に規範的に過ぎないように公示されているか？ 実証された技術に依存することと、新機軸の間の適切なバランスがとられているか？,

(2) Are comments on regulatory requirements sought from competent bodies? Have such comments been taken into account frequently enough to encourage future comments?

(3) Is there a predictable and logical process for dealing with issues that require a consideration of both safety and economic factors?

(4) What is the record of project delays or loss of production due to lack of clarity of regulatory requirements or lack of timely regulatory decisions?

(5) Are regulatory practices generally consistent with the objectives of the IAEA's Nuclear Safety Standards (NUSS) programme?

(6) Is there an education and training programme for regulatory staff?

(7) Does the regulatory agency participate actively in relevant international activities?

(8) Are reports on important safety problems published routinely by the regulatory agency?

(9) Does the regulatory agency periodically publish a summary review of the safety performances of plants?

(10) What is the nature of the relation with licensees? Is there an appropriate balance between formality and a direct professional relationship?

(11) Is there mutual respect between the regulatory staff and the operating organization based on a common level of competence? What proportion of regulatory technical experts have practical operating or design experience?

(12) Is there regular joint discussion of the licensees' experience and problems and the impact of regulatory activities on these?

(13) To what extent does the regulatory agency rely on the internal safety processes of the operating organization?

(14) What is the nature and extent of the regulators' presence at the plant?

A2. OPERATING ORGANIZATION

Corporate level safety policy

(1) Has a safety policy statement been issued? Is it clear? Does the policy express the overriding demand for nuclear safety?

(2) Is it brought to staff attention from time to time?

(3) Is it consistent with the concept of Safety Culture presented in this report?

(4) Are managers and workers familiar with the safety policy and can staff cite examples that illustrate its meaning?

(2) 規制上の要求に関して、規制当局からコメントが求められているか？このようなコメントは、将来のコメントを奨励するために、十分頻繁に考慮されてきたか？
(3) 安全性と経済性の因子を同時に考慮しなければならない問題を取り扱えるような、予見可能でかつ論理的な手続きがあるか？
(4) 規制上の要求が不明確であったため、あるいは規制上の決定が遅れたために計画の遅延や発電ができなかったといった記録にはどのようなものがあるか？
(5) 規制の慣行は、概むね IAEA の原子力安全基準 (NUSS: Nuclear Safety Standards) の目標と矛盾していないか？
(6) 規制スタッフに対する教育訓練計画はあるか？
(7) 規制当局は、関連する国際活動に積極的に参加しているか？
(8) 規制当局は、安全上の重要な問題に関する報告を日常的に公表しているか？
(9) 規制当局は、プラントの安全実績の評価の概要を定期的に公表しているか？
(10) 設置者との関係は、いかなる性質のものか？形式重視の関係と、職業人としての直接的な関係との間に適切なバランスが取れているか？
(11) 規制スタッフと運転組織との間には、共通する能力に基づく相互敬意が払われているか？規制の技術専門家には、実際の運転ないし設計の経験を有するものがどれくらいいるか？
(12) 設置者の経験と問題点、及びこれらに対する規制活動の影響について、定例的に合同討論が行われているか？
(13) 規制当局は、運転組織内の安全の手続をどの程度信用しているか？
(14) プラントに駐在する規制官は、どのような性格のもので、どの程度まで立ち入っているか？

A2. 運転組織
経営レベルの安全ポリシー
(1) 安全ポリシー声明は公表されているか？この声明は明瞭か？この安全ポリシーでは原子力安全がすべてに優先する要求であると表明されているか？
(2) スタッフは、安全ポリシーに、常に注意しているか？
(3) その安全ポリシーには、この報告書で述べたセーフティ・カルチャの概念と矛盾している点はないか？
(4) 管理職者も作業者も安全ポリシーに精通しているか？また、スタッフは、その意味するところを説明できる例を挙げることができるか？

Safety practices at corporate level

(1) Does the corporate board have expertise in nuclear plant safety?
(2) Do formal meetings at this level include agenda items on safety?
(3) Do operating staff attend to discuss the safety performance of plants?
(4) Is there an active nuclear safety review committee which reports its findings at corporate level?
(5) Is there a senior manager with nuclear safety as a prime responsibility? How is he supported and assisted in his duties? What is his standing compared with that of the heads of other functions?
(6) Are the resource requirements for the safety function reviewed periodically at corporate level? With what results?

Definition of responsibility

(1) Has the assignment of safety responsibilities been clearly annunciated?
(2) Has the responsibility of the plant manager for nuclear safety been clearly stated and accepted?
(3) Are the documents that identify safety responsibilities kept up to date and reviewed periodically? With what result?

Training

(1) Does all critical training and retraining culminate in formal assessment and approval for duties? What is the success/failure record? What is the proportion of operating staffs time devoted to training and how does this compare with the practices of other nuclear plant operators?
(2) What resources are allocated to training? How does this compare with the allocations of other nuclear plant operators?
(3) Is the quality of training programmes assessed at corporate and plant management levels?
(4) Is there a periodic review of the applicability, correctness and results of training courses? Does this review take into account operating experience feedback?
(5) How frequently are production requirements permitted to interfere with scheduled training?
(6) Do staff understand the significance of the operating limits of the plant in their areas of responsibility?

経営レベルでの安全の慣行
(1) 企業の経営陣は、原子力安全についての専門的知識を有しているか？
(2) 経営レベルの公式な会議で安全問題が、議題とされるか？
(3) そのような会議に、プラントの安全実績を討議するために運転スタッフが出席するか？
(4) 活動的な原子力安全評価委員会があって、その所見を経営レベルに報告しているか？
(5) 原子力安全を主な任務とした上級管理職者がいるか？その上級管理職者の任務に対して、どのような支援と補助が行われているか？その他の部門の長と比較すると、その立場はいかなるものか？
(6) 経営レベルは、安全の任務に対する人材や資材などの資源の要求について定期的に見直しているか？その結果はどのようなものか？

責任の明確化
(1) 安全についての責任の分担は、明確に示されているか？
(2) 原子力安全に対する発電所長の責任は明確に述べられ、受け入れられているか？
(3) 安全に対する責任の所在を明らかにした文書は、常に最新のものとされ、定期的に見直されているか？その結果はどのようなものか？

訓練
(1) 重要な訓練及び再訓練のすべては、最終的に、任務に対する正式な評価と承認につながっているか？成功／失敗の記録はどうなっているか？運転スタッフが訓練に専念する時間の割合はどのようなもので、この割合を他の原子力プラントの運転員の場合と比べるとどうなるか？
(2) 訓練にどのような人材や資材などの資源が割り当てられているか？これは他の原子力発電所の運転員に割り当てられているものと比較してどうか？
(3) 訓練計画の質は、企業の経営陣及びプラントの管理職者レベルが評価しているか？
(4) 訓練コースの適用性、正確さ、及びその結果について定期的な見直しが行われているか？この見直しには運転経験がフィードバックされているか？
(5) どの程度頻繁に発電からの要求によって訓練計画が妨げられてもよいとされているか？
(6) スタッフは、自己の責任範囲においてプラントの運転制限値の重要性を理解しているか？

(7) Are the staff educated in the safety consequences of the malfunction of plant items?
(8) Are staff trained in the special importance of following procedures? Are they regularly reminded? Are they trained in the safety basis of the procedures?
(9) Can training staff cite examples of operating errors that have resulted in modifications to a training programme
(10) For control room operators, do retraining sessions on simulators take into account the difficulties that staff have experienced and the questions that they have raised?
(11) For maintenance personnel, do training sessions make use of mock-ups and video recordings before a complex maintenance activity is performed?
(12) Are training simulator modifications made as soon as the plant is modified?
(13) Do training programmes address Safety Culture?

Selection of managers

(1) Do the staff recognize that attitude to safety is important in the selection and promotion of managers? How is this recognition fostered?
(2) Do annual performance appraisals include a specific section on attitude to safety?
(3) Can cases be identified in which safety attitude was a significant factor in approving or rejecting a promotion to management level?

Review of safety performance

(1) Does senior management receive regular reviews of the safety performance of the plant? Do these include comparisons with the performance of other nuclear plants?
(2) Are the results of safety reviews acted on in a timely way? Is there feedback to managers on the implementation of lessons learned? Can managers identify changes that resulted from reviews?
(3) Are managers aware of how the safety of their plant compares with that of others in the same company? In the country? In the world?
(4) Do staff routinely read and understand reports on operating experience?
(5) Is there a system of safety performance indicators with a programme for the improvement of performance?
(6) Are the safety performance indicators understood by staff?
(7) Are managers aware of the trends of safety performance indicators and the reasons for the trends?
(8) What arrangements exist for reporting safety related events at a plant? Is there a formal means for evaluating such events and learning the lessons?

(7) スタッフは、プラント内の各設備の故障の安全上の影響について教育されているか？
(8) スタッフは、手順書に従うことが特別に重要であることについて訓練されているか？スタッフはそのことについて定期的に注意を喚起されているか？スタッフは手順書が基づいている安全の基本について訓練を受けているか？
(9) 訓練スタッフは、訓練計画に変更をもたらしたような運転上の過ちの事例を引用することができるか？
(10) 制御室運転員の訓練において、シミュレータを用いた訓練項目には、スタッフが経験した困難や提起した問題が考慮されているか？
(11) 保守要員の訓練において、複雑な保守作業を実施する前にモックアップやビデオを利用しているか？
(12) 訓練用シミュレータは、プラントが変更されると直ちに変更されているか？
(13) 訓練計画では、セーフティ・カルチャに触れられているか？

管理職者の選任
(1) 管理職者の選任と昇任において、スタッフは安全に対する姿勢が重要であることを認識しているか？このような認識はどのようにして醸成されているか？
(2) 年次勤務評定には、安全に対する姿勢についての項目が別個に設けられているか？
(3) 管理職者レベルへの昇任の承認または却下において、安全への姿勢が重要な要素となった事例を挙げることができるか？

安全実績の評価
(1) 上級管理職者は、プラントの安全実績についての定例的評価結果を受け取っているか？この評価結果には、他の原子力プラントとの比較があるか？
(2) 安全についての評価結果は、適時に実行に移されているか？得られた教訓の実施について、管理職者にフィードバックされているか？管理職者は、評価結果をもとに変更があった事例を挙げることができるか？
(3) 管理職者は、自分たちのプラントの安全性が社内の他のプラントと比べてどのようなものであるか知っているか？国内の他のプラントとでは？世界とでは？
(4) スタッフは、運転経験に関する報告書に日常的に目を通し、これを理解しているか？
(5) 安全実績の改善計画を伴った安全実績指標のシステムがあるか？
(6) スタッフは安全実績指標を理解しているか？
(7) 管理職者は、安全実績指標の傾向とその理由を知っているか？
(8) プラントで発生した安全に関連する事象を報告するためにどのような手続きが整備されているか？安全に関連する事象から学ぶべき教訓を評価する公式な手段があるか？

(9) Is there a formal mechanism by which the staff who were involved in a significant event are consulted on the final contents of a report?
(10) Is there a full time safety review group which reports directly to the plant manager?
(11) Does the organization have effective safety information links with operators of similar plants?
(12) Does the organization contribute effectively to international safety reporting systems?
(13) What are the trends for the number of outstanding deficiencies, temporary modifications or operating manuals in need of revision?

Highlighting safety

(1) Does the plant manager hold periodic meetings with his senior staff that are devoted solely to safety?
(2) Are there opportunities for non-management staff to participate in meetings devoted to safety?
(3) Do these meetings cover safety significant items at that plant? At other plants in the company? At other plants in the country? At other plants in the world?
(4) Has consideration been given to requesting an OSART mission or similar external review?
(5) Is there a process by which more junior staff can report safety related concerns directly to the plant manager? Is the process well known?
(6) Is there a system for reporting individuals' errors? How is it made known to staff?
(7) Do systems of reward include factors relating to safety performance?

Work-load

(1) Is there a clear policy on limits to overtime worked? To which staff does it apply?
(2) How is overtime controlled, monitored and reported to the plant manager and higher management?
(3) What fraction of the time of the senior person on shift is spent on administrative duties?

Relations between plant management and regulators

(1) Is the relation frank, open and yet adequately formal?
(2) What is the nature of arrangements for access of regulators to documentation? To facilities? To operating staff?

(9) 重要な事象に実際に関わったスタッフと報告書の最終的な内容について協議する公式な制度があるか？
(10) 発電所長に直接報告することができる専任の安全性評価グループがあるか？
(11) 組織には、類似プラントの運転員と安全に関する情報を交換する有効なリンクがあるか？
(12) 組織は、国際的な安全に関する情報の報告システムに有効に寄与しているか？
(13) 未解決の欠陥、一時的変更、あるいは改定を要する運転要領書の数はどのような傾向を示しているか？

安全の強調
(1) 発電所長は、上級管理職者と安全のみを議題とした定期的会合を開いているか？
(2) 非管理職者が、安全専門の会合に出席する機会はあるか？
(3) 安全専門の会合は、プラントで発生した安全上重要な事項をカバーしているか？社内の他のプラントについてはどうか？国内の他のプラントについては？外国のプラントについては？
(4) OSART ないしは類似の外部からの評価を要請することについて検討したことがあるか？
(5) 下級職員が安全に関連する懸念を直接発電所長に報告する手続きがあるか？ この手続きはどの程度スタッフに周知されているか？
(6) 個人の過ちを報告するシステムがあるか？この報告システムはどのようにしてスタッフに知らされているか？
(7) 報償制度は、安全の実績に関連する要素を含んでいるか？

労働負荷
(1) 超過勤務の制限についての明確なポリシーがあるか？このポリシーは、どのスタッフまで適用されるのか？
(2) 超過勤務は、どのように管理され、監視され、プラントの所長と上位の管理部門に報告されるか？
(3) 当直長レベルが管理業務に携わっている時間割合はどのくらいか？

プラント管理部門と規制官との関係
(1) この関係は、率直で、解放的でありながら、適正に節度を保っているか？
(2) 規制官が文書類を閲覧するための手続きはどのような性質のものか？施設への立入り手続きは？運転員からの聴取手続きは？

(3) Are required reports to the regulatory agency made in a timely fashion?
(4) At what levels are the plant contacts for the regulatory inspectors?.
(5) Does the plant manager meet routinely with regulatory staff?

Attitudes of managers

(1) When there is apparent conflict between safety and cost or between safety and operation, do managers discuss with staff members how it is resolved?
(2) Are the schedules and content of work for annual shutdowns examined by an internal safety review process?
(3) When safety considerations introduce a delay in the startup of a plant, do managers use the occasion to illustrate that safety comes first?
(4) During periods of heavy work-load, do managers ensure that staff are reminded that unnecessary haste and shortcuts are inappropriate?
(5) Do managers explain their commitment to Safety Culture to their staff? Do they regularly disseminate relevant information such as objectives, expenditure, accomplishments and shortcomings? What practical steps are taken to assist management commitment, such as establishing professional Codes of Conduct?
(6) How often have directives from management been aimed at the improvement of safety?
(7) Do managers disseminate to their staff the lessons learned from experience at their own and similar plants? Is this a training topic?
(8) Is there a system for bringing safety related concerns or potential improvements to the attention of higher management? Is its use encouraged by managers? Do managers respond satisfactorily? Are individuals who transmit such concerns rewarded and given public recognition?
(9) What is the attitude of managers to safety reviews and audits affecting their activities? Do they discuss with their staff the results and the means by which deficiencies may be corrected?
(10) What is the attitude of managers to the application of quality assurance measures to their activities?
(11) Does management regularly review the performance of personnel, with assessment of their attitude to safety?
(12) Do managers give public recognition to staff members who take actions beneficial to safety?
(13) What is the response of management to safety infringements and violations of safety related technical specifications?
(14) What systems exist to apprise managers of safety accomplishments or shortcomings? How effective are they?

(3) 規制当局から要求される報告書は、適時に作成されているか？
(4) プラントのどのレベルが検査官対応をしているか？
(5) 発電所長は、規制スタッフと日常的に会っているか？

管理職者の姿勢

(1) 安全とコスト、あるいは安全と運転との間に明らかな矛盾がある場合、管理職者はスタッフと、どのように解決するかについて討議しているか？
(2) 年度毎の停止のためのスケジュールと作業内容について、内部の安全評価のプロセスで検討されているか？
(3) 安全性の考慮によってプラントの起動が遅れる場合、管理職者は、この機会をとらえて安全が第一であることを説明しているか？
(4) 作業負荷が重いとき、スタッフが不必要に急いだり近道をしたりすることは不適当だということを思い起こしていることを、管理職者は確認しているか？
(5) 管理職者は、自らのスタッフにセーフティ・カルチャへの公約を説明しているか？目標、経費、達成度、不十分な点などの関連する情報を常に周知させているか？職業人としての行動基準を確立するといった、管理部門の公約を支援するための実際的なステップとしてどのようなことが行われているか？
(6) 管理部門から安全性の向上を目指した指令がどの位の頻度で出されてきたか？
(7) 管理職者は、自らのプラントないしは類似プラントの運転経験から得られた教訓をスタッフに周知させているか？このような教訓は訓練の際に話題とされるか？
(8) 安全上の懸念、あるいは安全性の向上の可能性について、より高い管理層の注意を引くような制度があるか？管理職者は、この制度の活用を奨励しているか？管理職者は、この制度に十分に対応しているか？ 安全上の懸念を提起した個人が褒賞を受け、表彰されているか？
(9) 管理職者の活動に影響を与えるような安全の評価あるいは監査に対する管理職者の姿勢は、どのようなものか？管理職者は、欠陥の改善の結果と手段についてスタッフと討議しているか？
(10) 管理職者の活動に品質保証対策を適用することについて、管理職者の姿勢はどのようなものか？
(11) 管理部門は、要員の安全に対する姿勢を含めた業績を定例的に評価しているか？
(12) 安全性の向上に有効な行動を取るスタッフを管理職者は表彰しているか？
(13) 安全の侵害や保安規定の違反に対する管理部門の対応はどのようなものか？
(14) 管理職者の安全の達成度あるいは欠点を評価する制度にはどのようなものがあるか？このような制度はどの程度有効なものか？

(15) Are managers alert to the need to identify weaknesses in their staff, to specify training requirements or to provide other support?
(16) Do managers participate in staff training courses at which safety policies and procedures are explained? Do they present any of the training material? Do they follow the training of their staff and are they aware of their training status and levels of ability? Do they encourage good staff members to spend time as instructors? Do managers themselves undergo retraining in safety matters?
(17) Do managers review regularly the assignment of their staffs duties? Are the relevant documents up to date?
(18) Do managers attend regularly at the work-place to review safety related activities?
(19) Do managers give attention to the physical working environment of their staff?'

Attitudes of individuals

(1) Are staff aware of the management commitment to Safety Culture?
(2) Can personnel state ways in which safety might be prejudiced by their own erroneous actions? And by those of others working in related areas?
(3) Can staff clearly enunciate their own responsibilities? Can they cite the documents that define them?
(4) Can operating and maintenance personnel list any recent violations of operating limits of the plant, describe the way they happened and state what has been done to prevent repetition?
(5) Are laid down procedures followed strictly even when quicker methods are available?
(6) How attentive are staff to the completeness and accuracy of records, logbooks and other documentation?
(7) What steps would staff take if they observed actions that might reduce safety margins?
(8) What attitude do individuals take towards their own mistakes that might prejudice safety?
(9) What would an operator or a member of the maintenance staff do if in following a written procedure he came upon a step that he thought was a mistake?
(10) What would an instructor do if he came upon a step in a procedure that he thought was a mistake?

(15) 管理職者は自らのスタッフの弱点を摘出し、訓練の要件を定め、あるいは他からの支援を求めることの必要性について注意を怠っていないか？
(16) 管理職者は、安全ポリシーや手順書が説明されるスタッフ訓練コースに参加しているか？管理職者は、どんな訓練材料を提供しているか？ 管理職者は自らのスタッフの訓練内容と結果を確認し、スタッフの訓練の状況と能力の程度を知っているか？管理職者は、優秀なスタッフには講師として時間を割くことを奨励しているか？管理職者は、安全に関連する事項について自ら再訓練を受けているか？
(17) 管理職者は、定常的にスタッフの任務分担の見直しを行っているか？ 関連文書類は、常に最新のものとなっているか？
(18) 管理職者は、安全に関連する活動を評価するためによく作業現場に出向いているか？
(19) 管理職者は、スタッフの物理的な作業環境に注意を向けているか？-

個人の姿勢

(1) スタッフは、管理部門のセーフティ・カルチャに対する公約を知っているか？
(2) 要員は、自らの誤った行動によってどのように安全性が侵されるかを述べることができるか？同様に関連分野で働いている他人の誤った行動についてはどうか？
(3) スタッフは、自らの責任を明確に述べることができるか？スタッフは、責任を定めている文書を引用できるか？
(4) 運転員及び保守要員は、プラントの運転制限値に違反したような最近の事例を挙げて、どうしてそれが起こったかを説明し、再発防止のためにどんなことが行われたかを述べることができるか？
(5) スタッフは、もっと手っ取り早い方法があっても、定められた手順を遵守しているか？
(6) スタッフは、記録、運転日誌、その他の文書類の完全さと正確さにどれだけ注意を払っているか？
(7) スタッフが、安全性に対する余裕を減らすような行動に直面したとき、どのようなステップを取ることになっているか？
(8) 個人が、安全を侵害するかも知れないような過ちを犯したとき、どのような態度をとるか？
(9) 運転員あるいは保守要員が文書化された手順書に従っているとき、その手順書の誤りと思われることに気付いたときには、どうすると思われるか？
(10) 講師が、手順書の誤りと思われることに気付いたときに、どうすると思われるか？

(11) Do staff use the mechanisms for reporting on safety shortcomings and suggesting improvements? Is the mechanism used to report individuals' errors? Is it used even when no detrimental effect is apparent?
(12) Do staff respond satisfactorily to the investigation of safety problems, assisting effectively in seeking the causes and implementing improvements?
(13) Do co-workers look favourably on those who exhibit a good safety attitude by actions such as attention to housekeeping, completeness of entries in log-books and adherence to procedures?
(14) Do control room staff show a watchful and alert attitude at all times?
(15) Are staff aware of the system of rewards and sanctions relating to safety matters?
(16) Do staff make maximum use of training opportunities? Do they adopt a responsible approach, complete necessary preparatory work and participate actively in discussions?
(17) Do staff stop and think when facing an unforeseen situation? In such cases are their actions 'safety inspired'?
(18) What is the attitude of staff to safety reviews and audits affecting their area of work? How responsive are they to improvements sought as a result?
(19) Do staff participate in peer reviews of safety activities aimed at reducing human errors?
(20) Do staff communicate their experience effectively to other individuals and groups? What examples are there?

Local practices

(1) Has the plant manager instituted any safety related initiatives that go beyond requirements set at the corporate level?
(2) What mechanism is available to staff to report errors even when they were immediately corrected or had no detectable effect? Do staff make occasional use of the mechanism provided?
(3) Are records on the performance or maintenance of components and systems easily retrievable? Complete? Understandable? Accurate? Up to date?
(4) What is the general state of the plant in terms of general appearance and tidiness, steam and oil leaks, the tidiness of log-books and records?
(5) What are the arrangements for supervising, reviewing and signing off maintenance work carried out by supporting organizations?

(11) スタッフは、安全性に対する欠点を報告し、改善について提言する制度を利用しているか？この制度は、個人の過ちを報告するのに利用されているか？個人の過ちによって一見何の有害な影響がなくても、この制度は利用されているか？
(12) 安全性に関する問題の調査において、スタッフはその原因の探究や改善の実施に対して効果的に支援し、満足できるように対応しているか？
(13) 同僚が、整理整頓への留意、運転日誌への完全な記入、手順書の遵守などの行動によって、安全への姿勢が良好な場合に、その同僚を好意的に見ているか？
(14) 制御室のスタッフは、常に注意深く用心を怠らない姿勢を示しているか？
(15) スタッフは、安全性に関する賞罰制度を知っているか？
(16) スタッフは、訓練の機会を最大限に活用しているか？スタッフは、責任あるアプローチを取り、必要な予習を行い、討論に積極的に参加しているか？
(17) スタッフは予想していなかった状況に直面したとき、立ち止まって考えているか？このような場合、スタッフの行動は「安全を常に念頭に置いた」ものであるか？
(18) スタッフは、自らの作業範囲に影響を与え得る安全性の評価または監査に対してどのような姿勢を示すか？その結果として求められる改善に対して、スタッフは敏感に対応しているか？
(19) スタッフは、人間の過ちを減らすための安全活動のピア・レビューに参加しているか？
(20) スタッフは、他の個人あるいはグループに自らの経験を有効に伝えているか？そのような例としてはどのようなものがあるか？

現場の慣行

(1) 発電所長は、経営レベルの要求を上回るような安全に関連する活動を率先して行ったことがあるか？
(2) スタッフは、自らの過ちを即座に修正し、あるいは何ら目に見える影響がない場合でも、自らの過ちを報告する制度を使用しているか？スタッフは、このような制度を折りにふれて利用しているか？
(3) 機器・系統の運転実績あるいは保守の記録は容易に検索できるようになっているか？それは完全か？それは理解しやすいものになっているか？それは正確か？それは常に最新のものになっているか？
(4) 一般的な外観や整理整頓の様子、蒸気や油の漏れ、運転日誌や記録の整理などといったプラントの一般的状況はどのようなものか？
(5) 支援組織によって行われた保守作業に対する監督、検査及び検収についての手続きは、どのように整備されているか？

Field supervision by management

(1) What is the working style of the senior supervisors on shift? Do they seek information? Are they well informed? Do they visit routinely the areas where safety related work is being done? Are they interested in the problems or solely the schedules?

(2) Do middle managers often make first hand inspections of the conduct of safety related work for which they are responsible?

(3) Does the plant manager from time to time inspect the conduct of safety related work?

(4) Do senior managers visit the plant regularly? Do they give attention to safety matters?

A3. RESEARCH ORGANIZATIONS

Research input to safety analyses

(1) Do researchers ensure that they understand how the results of their work will be used in safety analyses? Are they familiar with how their data are used in interpolating or extrapolating for ranges of parameters different from those in their experiments?

(2) Do researchers identify the shortcomings and limitations of their results?

(3) Do they keep abreast of safety analyses to permit them to identify any misuse of their work? Do they report any potential misuse or misinterpretation?

(4) On any particular topic, is it clear which group or individual is responsible for monitoring new material or international data? What personal contacts have been developed to keep abreast of new data?

(5) Is there a mechanism for reporting new information that may invalidate previous safety analyses? What is the appeal route if the first level of notification is ineffective? How often are these mechanisms used?

(6) Is there a mechanism for ensuring that the relevant research to solve design and operational safety problems is pursued and carried out in a timely fashion?

(7) How promptly are the results of research fed into the design and regulatory process?

(8) Is there a policy for regular publication of research results in journals that insist on refereeing by peers?

管理部門による現場の監督
(1) 当直長レベルの作業の仕方は、どのようなものか？当直長レベルは、情報を求めているか？当直長レベルには十分情報が伝えられているか？当直長レベルは、安全に関連した作業が実施されている区域に日常的に足を運んでいるか？当直長レベルは、様々な問題に興味を示しているか、それともスケジュールだけに関心があるか？
(2) 中間管理職者は、自らが責任を有する安全に関連した作業の実施状況について、しばしば直接検査しているか？
(3) 発電所長は、安全に関連した作業の実施状況を随時検査しているか？
(4) 上級管理職者は、プラントを定常的に訪問しているか？上級管理職者は、安全に関連する事項に注意を払っているか？

A3. 研究機関
安全解析への研究情報の提供
(1) 研究者らは、自らの仕事の結果が安全解析においてどのように使用されるかを確実に理解しているかどうかを確認しているか？研究者らは、自らのデータが実験とは異なる範囲で内挿あるいは外挿されて使用されているということを熟知しているか？
(2) 研究者らは、自らの結果について不足している点と限界を指摘しているか？
(3) 研究者らは、自らの仕事が誤用されたら指摘できるように、安全解析の進捗に注意しているか？研究者らは、誤用あるいは誤解の可能性について報告しているか？
(4) どのグループあるいは個人が、特定の問題についての新しい要素や国際的データを監視する責任を負っているかが、明確になっているか？新しいデータに遅れないようにするためにどのような個人的接触がなされてきたか？
(5) 従来の安全解析を無効とするかもしれない新しい情報を報告する制度があるか？この最初の通知を無視された時に再度訴える制度としてはどのようなものがあるか？これらの制度は、どの程度の頻度で使用されているか？
(6) 設計あるいは運転に関する安全上の問題を解決するために、関連した研究を適時に実施することができるような制度があるか？
(7) 研究成果は、どの程度速やかに設計や規制プロセスに提供されるか？
(8) レフリー審査を条件とする定期刊行物に研究成果を定常的に発表するといったポリシーがあるか？

A4. DESIGN ORGANIZATIONS

Codes for safety aspects of design

(1) What processes exist for verification and validation of computer modelling codes? Do these involve the relevant researchers?
(2) Are the safety design codes verified and validated for the specific circumstances?
(3) Are the limitations of codes taken into account explicitly in the design review process?
(4) In which international standard problem exercises have analysts participated to test national computer modelling codes? What efforts have been made on a bilateral or multilateral basis to compare work with that of experts in another country?
(5) What is the formal mechanism for reporting the matter if it is considered that the previously reported outputs of a computer model may be invalid? Has there been a need to use this mechanism?

Design review process

(1) In which areas has outside expertise been used to supplement in-house capability? How was the competence of the outside experts established?
(2) Where are the functions and responsibilities of design review teams described?
(3) Has the design review process been audited by internal Quality Assurance auditors? By the regulatory agency? By a peer group of national or international members?

A4. 設計組織
安全設計に用いられる設計の安全面に関する基準コード
(1) 計算コードのモデルを検証し、実証するための手続きは確立されているか？この手続きには関連する研究者が参加しているか？
(2) 安全設計用のコードは、具体的な状況に対して検証され、実証されているか？
(3) コードの限界は、設計審査の過程において明確に考慮されているか？
(4) 国内で開発された計算コードのモデルを試験するために、解析者はどのような国際標準問題に参加してきたか？外国の専門家の仕事と比較するために二国間あるいは多国間ベースでどのように努力してきたか？
(5) 既に報告された計算結果が無効となるかもしれないと思われる時に、これを報告する公式な制度として、どのようなものがあるか？この制度を活用しなければならないことがあったか？

設計審査過程
(1) 企業内の能力を補完するために、外部の専門家を活用してきた分野にはどのようなものがあるか？外部の専門家の能力はどのようにして確認されたか？
(2) 設計審査チームの機能と責任は、どこに示されているか？
(3) 企業内の品質保証を担当する監査員は、設計審査過程について監査したことがあるか？規制当局が監査したことはあるか？国内または国際的メンバーによるピア・レビューは？

MEMBERS OF THE INTERNATIONAL NUCLEAR SAFETY ADVISORY GROUP

Beninson, D.
Birkhofer, A.
Chatterjee, S.K.
Domaratzki, Z.
Edmondson, B.
González-Gómez, E.
Höhn, J.

Kouts, H.J.C. (Chairman)
Lepecki, W.
Li, Deping
Sato, K.
Sidorenko, V.A.
Tanguy, P.
Vuorinen, A P

Note: A.M. Bukrinski deputized for Mr Sidorenk

国際原子力安全諮問グループ構成員

Beninson, D.
Birkhofer, A.
Chatterjee, S. K.
Domaratzki, Z.
Edmondoson, B.
González-Gómez, E.
Höhn, J.

Kouts, H.J.C.（議長）
Lepecki, W.
Li, Deping
Sato, K.
Sidorenko, V.A.
Tanguy, P.
Vuorinen, A.P.

A.M. Bukrmski が Sidorenko 氏の代理を務めた。

付録2
NRC 安全文化方針表明
解　　説

付録 2　NRC 安全文化方針表明
　　　　　解　　説

　NRC による「安全文化方針表明」は、次の3編からなり（日付は、掲載された連邦登録の発行日）、3番目の「最終安全文化方針表明」のみ、ここに邦訳を収める（原文はインターネット上で閲覧できる）。
・2009年11月6日付、『草案安全文化方針表明およびパブリックコメント請求』[1]（以下、「草案」という）
・2010年9月17日付、『修正草案安全文化方針表明』[2]（以下、「修正草案」という）
・2011年6月14日付、『最終安全文化方針表明』[3]（以下、「最終版」という）

　「草案」および「修正草案」の内容は、「最終版」に要約されているので、「最終版」で全体を知ることができる。

　NRC は、原子力規制の実務の機関であるが、綿密な論理での議論をしていて、学術的な批判に耐えるとともに、理解するつもりで読めば、誰でもわかる内容といえよう。

　いま日本人がこれを読むことには、一つには、福島原子力事故の前に、NRC が、どのように安全確保に取り組んでいたか、知る意義がある。1986年、チェルノブイリ事故が起きて IAEA が安全文化の重要性を提起したのだが、それからの20余年間に、米国の法制に合わせ、その後のセキュリティ問題の発生も視野に入れて、規制の実務に根づかせている。

　もう一つは、経営者と技術者の目標の相反による対立は、チャレンジャー事故が提起したテーマだが、原子力に限らず、あらゆる産業の、現場の課題である。NRC の論理と解決策は、それに対して方向を示す、優れた業績と思われる。

---

[1] NRC: "Draft Safety Culture Policy Statement: Request for Public Comments", NRC-2009-0485.
[2] NRC: "Revised Draft Safety Culture Policy Statement: Request for Comments", NRC-2010-0282.
[3] NRC: "Final Safety Culture Policy Statement", NRC-2010-0282.

1. 福島原子力事故前の NRC の活動

　チェルノブイリ事故を機に、IAEA が安全文化を提唱し、1991 年に INSAG-4 を発表したのだが、NRC はその間、安全文化への期待を、1989 年、『原子力発電プラント運転の行動に関する方針表明』に、1996 年、『原子力産業の被用者が報復の恐れなしに安全への懸念を提起する自由』に、それぞれ定めていた。

　2001 年 9 月 11 日のテロリスト攻撃の後、NRC は、公衆の健康と安全に大きな影響を及ぼしかねない施設の、セキュリティを強化する命令を発した。その強化実施の初期に、セキュリティ職員たちが「交代待機室」で寝ていたなど、安全文化の脆弱性が判明した。

　2008 年 2 月、NRC はスタッフに対し、安全文化を強化する必要があるか、どのようにステークホルダーの関与を有効に利用するか、安全文化とセキュリティの二つを、分けるか、一本にするか、などの調査を指示した。スタッフは、国内・国際の安全文化関係の文書を検討したうえで、ステークホルダー組織での会合、ニュースレター、テレビ会議など、さまざまなフォーラムで情報を与えた。

　NRC は草案の開発を進めて、2009 年 2 月、公開ワークショップで披露し、その論評とステークホルダーのフィードバックにもとづき、安全とセキュリティを一本にした、単一の草案を準備し、これが 2009 年 11 月 6 日付「草案」となった。

　2010 年 2 月、NRC は第 2 回ワークショップを開催し、利害関係者が「草案」に意見を述べる機会を提供するとともに、さらなる目標は、広い範囲のステークホルダーのパネリストたちが、一連の積極的安全文化の特性について、普通の用語を用いて歩調を合わせることだった。その後、「草案」に対するパブリックコメントを評価して、さまざまな産業のフォーラムで発表するなどして情報を提供し、かつ積極的安全文化の特性が、ステークホルダーの見解を正確に反映しているかを確かめた。同年 7 月には、2 月のワークショップに参加したパネリストと公開テレビ会議を、9 月には追加の公開テレビ会議を開催した。その論評とステークホルダーのフィードバックにもとづき、「修正草案」を発行した。この方針表明は、規制や規則ではなく、NRC の期待を示し、NRC スタッフの活動を誘導するものであることを明らかにした。同月、公開の会議を開催し、遠隔参加が可能なようにインターネット経由のウェブで発信した。

　「最終版」は、「パブリックコメント」の項において、「草案」と「修正草案」がもたらした、ステークホルダーおよび公衆のメンバーからの 76 件のパブリックコメントを総括し、「方針表明」の項において、この方針表明の目的を記し、最後に、「積極的な安全文化の特性」9 項目を示している。

付録2 NRC安全文化方針表明 解説

2. 経営者と技術者の目標相反の解決

　安全文化方針表明の主要なテーマの一つは、経営層とメンバーとが、目標の相反により対立する場合の解決である。本書では、チャレンジャー事故で、経営者と技術者の、目標相反による対立を見た。NRCは、「草案」において、考え方を検討し、「最終版」で、積極的安全文化の特性9項目のなかに、それを取り入れている。

(1)「草案」の考え方
　「草案」は、次のとおり論じている。

　INSAGの安全文化の定義が意味するのは、あらゆる組織体は、コスト、スケジュール、および品質（あるいは安全）という目標の間にある相反の解決に、たえず直面することである。その組織体のメンバー（グループと個人）もまた、その職務を遂行するにおいて、異なる目標間の相反に直面する。
　経営層は、その枠組み（すなわちマネジメントのシステム、プログラム、およびプロセス）を確立し、異なる目標間の相反を解決する優先順位についてコミュニケーションをする。組織体のメンバーは、その枠組み内で作業をし、経営層の優先順位によって左右されるが、何が重要かについて自らの信条と姿勢を持ち、複数の競合する目標に直面した場合に、どのように進めるかについて、個人の選択をする。
　IAEAの定義が強調するのは、積極的な安全文化においては、組織体および個人の意思決定と行動において、組織体または個人の他の目標との競合に直面した場合に、原子力安全を維持するという目標を、最高の優先順位に受け入れることである。

　以上、「草案」の引用である。著者らは、この考え方を、図に表現した（図1。本文の図4.5再掲）。

(2)「最終版」
　草案の考え方が、「最終版」の「積極安全文化の特性」9項目のなかに、特に、「個人的な説明責任——すべての個人は、安全について個人として責任を持つ」（第3項）、「懸念を提起する環境——安全を意識する作業環境を維持し、要員が安全の懸念を、報復、脅し、嫌がらせ、または差別、の怖れなしに、自由に提起できると感じる」（第6項）、に結実しているとみられる。
　注意したいことは、積極安全文化9項目を、"これが大切だ、これを守れ"というふうに、これのみを現場に持ち込むのは、さして有効ではないかもしれない。まず、図1によって、考え方を理解するのがよいと思われる。

419

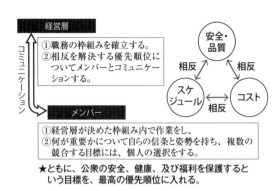

図 1 異なる目標間の相反の解決（図 4.5 再掲）

3.「安全文化方針表明」訳語解説

INSAG-4 訳語解説と共通するほか、安全文化方針表明の適用対象などの訳語を、次のとおりとする。

license　免許
licensee　免許保有者
certificate holder　資格保有者
permit holder　許可保有者
authorization holder　権限保有者
holder of quality assurance program approvals　品質保証プログラム認証保有者
vendors and suppliers of safety-related components　安全関係コンポーネントの納入者と供給者
applicant　申請者
employee　被用者
employer　雇用者

その他、次のとおりとする。

event　事象
accident　事故
incident　事態
characteristic　特質
trait　特性
interface　連結

付録2　NRC安全文化方針表明
邦　　訳

原子力規制委員会
[NRC–2010–0282]
最終安全文化方針表明
機関：原子力規制委員会
措置：最終安全文化方針表明の発行
　要旨：合衆国原子力規制員会（NRCまたは当委員会）が本方針表明を発行し、大きな期待を寄せていることは、規制される活動を行う個人及び組織体が、それぞれの活動の安全とセキュリティの重要性にふさわしく、かつそれぞれの組織と機能の、性質と複雑性にふさわしい、積極的安全文化を実現し、維持することである。
　当委員会は、原子力安全文化とは、リーダーと個人たちの集合的コミットメントから生じる、中心的な価値観と行動であり、人々と環境の保護を確実にするために、競合する目標よりも、安全を強調するもの、と定義する。本方針表明は、すべての免許保有者、資格保有者、許可保有者、権限保有者、品質保証プログラム認証保有者、安全関係コンポーネントの納入者（ベンダー）と供給者、及び免許、資格、許可、権限または品質保証プログラム認証の申請者であり、NRCの権限の対象に適用される。
　日付：この方針表明は連邦登録の公刊により発効する。
　アドレス：あなたはこの文書に関係して公開的に利用可能な文書に、次の方法でアクセスできる。
- NRCの公開文書室（PDR）：公衆は、NRCのPDR, Room O1-F21, One White Flint North, 11555Rockville Pike, Rockville, Maryland 20852 で、有料で公開文書を調べ、コピーすることができる。
- NRCの全庁文書アクセス管理システム（ADAMS）：NRCで作成または受信された公開文書は、NRC図書館のオンラインで入手するには、

https://www.nrc.gov/reading-rm/adams.html. 公衆はこのページから、NRCの公開文書のテキストファイルと画像ファイルを提供するADAMSにアクセスできる。ADAMSにアクセスできない場合、またはADAMSにある文書へのアクセスに問題がある場合は、NRCのPDR参照スタッフ（1-800-397-4209, 301-415-4737）に連絡する、または、e-mail, pdr.resource@nrc.gov による。
- 連邦規則制定Webサイト：この文書に関連するパブリックコメント及び裏付け資料をみるには、https://www.regulations.gov で、Docket ID

NRC-2010-0282 で検索する。NRC docket に関する質問は Carol Gallagher（電話：301-492-3668）；e-mail：Carol Gallagher@nrc.gov.
　さらなる情報コンタクト:Roy P. Zimmerman, Director, Office of Enforcement, U.S. Nuclear Regulatory Commission, Washington, DC 20555-0001; 301-415-2741

補足説明：

Ⅰ．背景
Ａ．以前の方針表明と安全文化にかかわる事象

　NRC が長い間、安全第一の重要性を認識してきたのは、公衆の健康と安全のために、原子力の作業環境に、焦点を合わせる安全第一の重要性であった。当委員会の安全第一の強調は、以前に発行された二つの方針表明に反映されている。1989 年の『原子力発電プラント運転の行動に関する方針表明』(54 FR 3424; January 24,1989) は、原子力発電プラントの安全に影響を及ぼす活動に従事するすべての個人に適用されるもので、定めていることは、運転の行動に関して、施設マネジメント及び免許保有オペレーターへの、当委員会の期待である。1996 年『原子力産業の被用者が報復の怖れなしに安全の懸念を提起する自由』(61 FR 24336; May 14, 1996) は、すべての NRC 免許保有者とその契約者及び下請けの、規制される活動に適用されるもので、定めていることは、NRC 権限に属する免許保有者及びその他の雇用者（employer）は、安全を意識する作業環境を実現し、維持し、その場合、被用者（employee）が、経営層と NRC の両方に、報復の怖れなしに安全への懸念を自由に提起できるようにすることへの、当委員会の期待である。この安全文化方針表明は、以前の二つの方針表明と連携し、意図することは、すべての規制される活動に、積極的安全文化を展開し、維持することの重要性を、NRC が強調することである。

　1986 年のチェルノブイリ原子力発電プラントの事故は、安全文化の重要性と、安全文化の脆弱性が安全の成果に及ぼす影響とに、注目を集めた。それ以降、積極的安全文化の重要性は、世界中の一連の重大な注目度の高い事象（event）によって、明示されてきた。米国では、放射性物質の民間利用を含む事象が、特定のタイプの免許保有者または有資格者に限定されないのは、それらが、原子力発電プラントや核燃料サイクル施設とか、規制される物質にかかわる医療や産業の活動にも、ありうるからである。これらの事態（incident）のアセスメントが明らかにしたことは、規制される主体の安全文化の脆弱性が、それらの事象の根底にあったか、またはそれらの事態の過酷性を高めたことである。これらの事態の原因に含まれるのは、たとえば、工程変更の不適切な管理によるミス、感じられる生産圧力、問いかける姿勢の欠落、及びコミュニケーション不足である。そのような事態の一つが示したのは、当局が原子炉免許保有者

の安全文化への注目を高めるべきかどうかを評価する、NRC の努力を、増やすことの必要性である。このことは、NRC の原子炉監理プロセス（ROP）の重要な改定となった。当委員会の 2006 年 5 月 24 日付文書 SECY-06-0122（ADAMS 受付 No. ML061320282）が、当時の NRC の安全文化活動、及びその活動の成果を説明している。

2001 年 9 月 11 日のテロリスト攻撃の後、当委員会は、攻撃された場合に、公衆の健康と安全に大きな影響を及ぼしかねない施設のセキュリティを強化する命令を発した。そのセキュリティ強化実施の初期の年には、当委員会のセキュリティ要件の違反がいくつか識別され、そこでは、免許保有者のセキュリティ・プログラムの有効性に影響する積極的安全文化を、養うことができていなかった。その最も明らかなものは、原子力発電プラントの交代勤務中に、セキュリティ職員たちが「交代待機室」で寝ていたことである。これらの脆弱性のほとんどは、セキュリティ監視の不適切なマネジメント、セキュリティ組織内での問いかける姿勢の欠落、独りよがり、セキュリティ問題の懸念提起への障壁、セキュリティ要員の不適切な訓練であった。

B. 委員会指示

2008 年 2 月、当委員会は「スタッフ要件通達」（SRM）、RM-COMGBJ-08-0001（ADAMS 受付 No.ML080560476）、を発行して NRC スタッフに指示したことは、委員会の安全文化方針を拡大し、セキュリティの特有の局面に取り組むこと、その結果としての方針は、すべての免許保有者と有資格者に適用できることを確実にすることであった。当委員会はスタッフに対して、次のいくつかの追加質問に答えるよう指示した。（1）原子炉に適用する安全文化を強化する必要があるか否か、（2）どのように物質分野での安全文化への注目を高めるか、（3）どのように、ステークホルダーの関与を最も有効に利用して、NRC 及び協定州の免許保有者と資格保有者が、セキュリティに特有の局面を含めて、安全文化に取り組むようにするか、そして、（4）NRC の、安全文化への期待と、セキュリティ文化への期待とを、最善となるよう公刊するには、単一の安全／セキュリティ文化表明にするか、または、安全とセキュリティの連結を考慮しながら、二つに分けた表明にするか。

当委員会の指示に応じて、NRC スタッフは、国内及び国際の安全文化関係文書を検討し、NRC が学んだ教訓を考慮した。さらにスタッフは、外部のステークホルダーから見解とフィードバックを求めた。これを実施したのは、ステークホルダー組織での会合、ニュースレター、テレビ会議など、さまざまなフォーラムで情報を与えること、及び 2009 年 2 月 9 日付、連邦登録公告（FRN）、表題「安全文化方針表明：公聴会及びパブリック・コメント請求」（ADAMS 受付 No. ML090260709）における委員会指示、に対して出てきた質問を公刊することであった。

2009年2月にNRCは、「安全文化とセキュリティ文化に関する方針表明の開発」についての公開ワークショップを開催し、幅広いステークホルダーが参加し、協定州の代表も含まれていた（会議要旨:ADAMS受付No. ML090930572）。スタッフは、積極的安全文化の「特質（characteristics、このあとtraitsとする）」草案を開発し、そのワークショップで披露した。セキュリティの重要な役割への注目が高まっていることに配慮して、スタッフが、さらにワークショップ参加者の意見を求めたのは、単一の安全文化方針表明とするか、それとも、安全とセキュリティの連結を考慮しながら、それぞれに取り組む二つの表明にするかだった。当委員会へその答申を行う前に、スタッフは、安全文化の定義の草案を開発し、その中で国際原子力機関の国際原子力アドバイザーグループによる定義を修正して、NRCの規制活動すべてに適用可能で、かつセキュリティに取り組むようにした。

　その論評とステークホルダーのフィードバックにもとづいて、2009年5月16日付、SECY-09-0075、「安全文化方針表明」（ADAMS受付No.ML091130068）のとおり、NRCスタッフは、単一の草案の安全文化方針表明を準備し、委員会の承認を求めた。この草案方針表明は、安全とセキュリティの重要性、及び、安全の全体的文化の範囲内に両者の連結を、認めた。

　さらに委員会の質問に応じて、スタッフが（1）推断したことは、原子炉に適用される安全文化の、NRCによる監視は強化されてきており、それは有効であって、既存のROPの自己アセスメントプロセスに従って、継続して洗練されるべきこと、（2）物質分野で安全文化への注目を高めるために計画され、とられる活動を説明し、そして、（3）説明したことは、ステークホルダーの関与を最も有効に獲得して、すべてのNRCと協定州の免許保有者及び資格保有者のために、セキュリティに特有の局面を含む、安全文化に取り組むことであった。

　SRM-SECY-09-0075（ADAMS受付No.ML092920099）において、当委員会がスタッフに指示したことは、（1）草案安全文化方針表明を、90日以内に公刊すること、（2）引きつづき、広い範囲のステークホルダーを、協定州及びその他の原子力安全に関心のある組織を含め、引き入れて、委員会へ提出される最終方針表明が、広い範囲の意見を反映することを確実にし、そして原子力産業全体に適用可能な安全文化のために必要な基盤を整えること、（3）必要な調整を行うことによって、その表明に、セキュリティを取り入れること、（4）機会を求めて、NRCの専門用語を、できる限り、NRC規制などに使われ続けている、既存の規格及び参考資料の専門用語と、一致するようにする、そして（5）安全関係コンポーネントの供給者及び納入者を、その安全文化方針表明に、組み入れるよう検討する。

C. 最終方針表明の開発

2010年2月2-4日、NRCは第2回安全文化のワークショップを開催し、パネリストが草案安全文化方針表明に意見を述べる場を提供した。このワークショップに加えられた目標は、広い範囲のステークホルダーを代表するパネリストたちが、安全文化の定義及び、積極的安全文化に重要な分野を記述する一連の高水準の特性（前述の「特質」を参照）について、普通の用語を用いて、歩調が合うようにすることであった。ワークショップのパネリストたちは、NRC及び／または協定州によって規制されるステークホルダーの広い範囲を代表する、医療、産業、核燃料サイクル物質利用者、及び原子力発電原子炉免許保有者とともに、原子力エネルギー協会（NEI）、原子力発電運転協会（INPO）、及び公衆のメンバーが含まれていた。ワークショップのパネリストたちは、安全文化の定義、及び積極的安全文化に重要な分野を記述する一連の高水準の特性（trait）について、他の会合参加者からのインプットと、歩調が合うようになった。

2010年2月のワークショップの後、NRCスタッフは2009年11月6日付、FRN（74FR 57525 * 連邦登録公告）に応じて提出されたパブリック・コメントを評価した。さらにスタッフはパネル（*討論会）に参加し、さまざまな産業のフォーラムで発表して、安全文化方針表明の開発についてステークホルダーに情報を提供し、及び／または、追加のインプットを入手し、かつワークショップで開発された定義と特性が、広い範囲のステークホルダーの見解を、正確に反映しているかどうかを確かめた。これらの手を伸ばす活動には、たとえば、保健物理学会年次大会での安全文化の特別共同セッションへの参加、及び核燃料サイクル情報の年次交換会、放射線管理に関する放射線管理ディレクター全米年次大会の会議、核物質管理学会の年次大会、新規原子炉の納入者監視についての第2回NRCワークショップ、協定州組織の年次大会、などがあった。

SRM-SECY-09-00075における当委員会指示に応じて、スタッフが重点を置いたのは、協定州組織及びその他の物質免許保有者がかかわる会議に参加することであった。

2010年7月、NRCは、2010年2月のワークショップに参加したパネリストらと公開テレビ会議を開催し、方針表明の開発と結びついた、手を伸ばす活動の状況について討論した。その2010年7月の会議で、パネリストらが、2010年2月のワークショップで開発された定義と特性を支持する、と繰り返し述べたのは、彼らが同業者に手を伸ばした結果である。この状況は、スタッフがさまざまな手を伸ばす活動中に受けた意見と、つながるものであった。2010年9月、スタッフは追加のテレビ会議を行い、INPO（原子力発電運転協会）が行った妥当性検討の最初の結果について情報を提供し、それは一部として、INPOの安全文化調査の結果から出てきた要素が、2010年2月のワークショップでの特性を、支持するかどうか、どの程度支持するか、を判断するものであった。それ

らの要素は、そのワークショップで開発された特性を、支持している。
　この論評とステークホルダーのフィードバックとにもとづき、スタッフは、2010年9月17日付、修正草案安全文化方針表明（ADAMS受付No.ML102500563）を、30日間をパブリック・コメント期間として、公刊した。パブリック・コメントが、当委員会の方針表明の利用が、規制または規則ではないかのような、いくらかの誤解を反映していたので、この2010年9月のFRN（*連邦登録公告）はそれを明瞭にし、当委員会が方針表明を利用することになるのは、NRC管轄内にある活動に関係し、かつ当委員会にとって一定の関心と重要性がある事項に取り組むためであるとした。方針表明は、NRCスタッフの活動を誘導するもので、他者に対し当委員会の期待を述べることができる；しかしながら、規制または規則でもなければ、行政手続法の意味の範囲内の規制または規則という位置づけと一致するものでもない。物質免許保有者を監督する責任のある協定州が、方針表明の要素を実行するよう要求されないのは、このような表明は、NRCの規制と違って、両立可能性（compatibility）の問題ではないからである。さらに方針表明は、NRCまたは協定州の免許保有者及び資格保有者に対し、拘束し、または強制可能と、みなすことはできない。
　この方針表明が開発されたのは、核物質を含めて規制される活動を遂行する個人及び組織を引き入れ、積極的安全文化の開発及び維持に関する当委員会の期待を、共有するためである。
　NRCは、2010年9月、ネバダ州ラスベガスのラスベガス公聴施設において公開の会合を開催し、それは同時に、メリーランド州ロックビルの当委員会の聴聞室へ放送され、さらにインターネットの同時配信で遠隔地参加ができるようにした。2010年9月、FRN及び会議の目標は、さらにステークホルダーに修正草案方針表明への、2010年2月ワークショップで開発された定義及び特性を含めて、意見を述べる機会を提供すること、ならびに2010年2月ワークショップ以降行われた手を伸ばす活動から収集された情報について討論すること、であった。さらにINPOの代表は、INPOとして行なった妥当性研究にもとづく情報を提示し、これは、安全文化に重要な分野の識別と定義について、技術基準を確立するのを助けようという、INPOの努力である。原子力規制研究局の一メンバーはまた、そのINPOの研究の監視に関係する判断を報告した。

II. パブリック・コメント

　2009年11月FRN及び2010年9月FRNは、影響を受けるステークホルダー及び公衆のメンバーからの、76の意見をもたらした。スタッフの評価の結論は、それらのコメントの多くは、草案及び修正草案の安全文化方針表明に含まれた情報への同意の表明であり、さらなる行動を要求することはしない、ことであった。少数のコメンテーターが提起したのは、スタッフが方針表明の開発中に考慮した論点が、最終的に、それらの論点のいずれも、方針表明に適用で

きないとの結論になった。例えば、「そのすべてを取り込む適用可能性のためには、その方針は、戦略的な言辞とならざるをえない」ということ、あるいは、この用法での方針表明の概念は、誤解されたり無視されたりすること、例えば、方針表明というものは、「広い範囲の行動基準を確立する目的には、ほとんど不適切である」となる。残りのコメントは、NRCスタッフによる最終方針表明の開発を啓発した。これらの意見は、次のテーマ別に分類された。

1. NRCは2010年2月のワークショップ中に開発された定義と特性を採用すべきである。このテーマは、積極的安全文化の定義と特性に、単語「セキュリティ」を維持したならば、多くの免許保有者、特に物質免許保有者を混乱させることがある、との追加の意見を取り込んだ。
2. 2010年2月のワークショップからの、特性は方針表明に含められるべきで、その趣旨を、より明瞭にするものである。
3. 方針表明をどのように実施するかについてのNRCの期待には、もっと指針を必要とする。そのことから取り入れられた追加のテーマが、ステークホルダーはその指針を開発するプロセスに積極的に関わりたいこと、及び、さまざまな免許保有者とのワークショップを引き続き利用するのが役に立つであろうことだった。
4. 方針表明に含められるべき討論の一つは、規制されるコミュニティの多様性に取り組むことである。さらに、当委員会が認めるべきは、規制されるコミュニティがすでに、この方針の表明に取り組んでいることである。
5. NRCは、この方針表明を厳守するよう、どのように「強制する」のか。
6. 草案方針表明についての意見は、総じて、安全関係のコンポーネントの納入者及び供給者を方針表明に含めることに賛成であったが、慎重に検討されたことは、管轄権についての懸念、と同時に、方針表明に安全関係のコンポーネントの納入者及び供給者を含めることが、それらの者と作業する免許保有者の能力に及ぼす影響が、ありうることであった。
7. 草案安全文化方針表明についてのパブリック・コメントの評価中に、スタッフが感じたのは、独りよがりに取り組む特性を、2010年2月ワークショップの特性に、追加すべきことであった。数か月後、INPOの研究が指摘したのは、特性「問いかける姿勢」が、原子力プラントを運転する要員から強力に支持されたことであった。この特性は、すべての規制される活動のために、独りよがりを取り入れる一つのアプローチとして、スタッフを共感させた。2010年9月の公開会議で、INPOの評価研究の結果を示す、より大きな発表の一部として、スタッフは、この特性を含めるかどうかという質問を追加した。さらに2010年9月、FRNが特に問うたことは、方針表明で独りよがりに取り組むべきかどうかであった。この質問の答はさまざまであったが、スタッフが決定したことは、それは積極的安全文化に

おいて考慮されるべきこと、そして、方針表明における独りよがりの概念を、特性「問いかける姿勢」のなかに含めた。「問いかける姿勢」は、この最終方針表明において、「個人は独りよがりを避け、誤りや不適切な活動から生じるかもしれない不一致を識別するために、既存の状態や活動に挑戦しつづける」文化、とされている。

この方針表明は、発行されようとしていて、スタッフが注意深く考慮したのは、2009年11月と2010年9月のFRNで受け取ったパブリック・コメント、2009年2月、2010年2月、7月、及び9月に開催された公開会議、2010年3月の当委員会説明会の間にステークホルダーが述べた見解、そして、2010年2月のワークショップから2010年10月18日に終わった第2回パブリック・コメント期間までに、スタッフが追加して手を伸ばす努力により、さまざまなステークホルダーとの非公式の対話である。

以下の段落は、この最終方針表明の開発に利用された具体的な情報であって、2009年11月付FRNに対してなされた変更を含んでいる。

1. この方針表明は、2010年2月ワークショップの積極的安全文化の定義と特性を採用する。単語「セキュリティ」は、定義にも、特性にも含まれていない。当委員会が同意することは、全体にかかわる安全文化は、安全及びセキュリティの双方に取り組むもので、セキュリティを単一の定義にする必要はないことである。しかしながら、セキュリティが方針表明のなかに適切に組み込まれていることを確実にするために、特性に前文を加え、かつセキュリティについての確固たる討論が、安全とセキュリティの連結を考慮することの重要性とともに、草案方針表明案に含まれ、それが本方針表明に維持されている。

2. 当委員会が同意することは、本方針表明に特性を入れることが、その方針を明瞭にするのに役立つであろうことである。2009年11月FRNで公刊された草案方針表明は、特質(現在は「特性」と表される)を、現実の方針表明に含めていなかった。NRCスタッフは、ROPで使われていた安全文化の構成要素13項目を含む、さまざまな源泉にもとづいて、草案特質を開発した。そこに含まれた特質は、本方針表明に取り入れてある特性よりも、かなり詳細なものだった。スタッフが、その特質を草案方針表明の別の項、実際の草案方針表明にはない項だが、に含めるとの、当初の決定の根拠は、三つあった、第一に、それは方針表明を短く、簡潔に保つこと。第二に、それは方針表明を高いレベルに維持すること、そして第三に、それは、草案方針表明の一部としての特性の位置づけを、その草案方針表明の別条項に置くのが不当ではないことであった。2009年11月6日FRNは、草案方針表明を収めていて、その特質を方針表明に含めるべきかどうか、に特定して意見を求めた。幾人かのコメンテーターが示したのは、実際の

方針表明に特性を入れないほうがよいこと、または、最初の決定の、方針表明のなかの、それ自体の項に特性を含めることに、同意するものであった。しかしながら、幾人かのコメンテーターが示したのは、方針表明それ自体に特性を加えることが、当委員会の期待を明瞭にする助けになるだろうことであった。問題の特性は、2010年2月のワークショップでステークホルダーによって開発され、積極的安全文化に重要な分野の高水準の記述を定めるものであったゆえに、草案特質に含められた詳細の水準は、この特性には存在しない。従って、特性を含めながらも、この方針表明は短くて簡潔なままである。さらに、このアプローチは、草案方針表明にはなかった、高水準の詳細を定める。この方針表明に特性を含めることは、方針表明の一部としてよりも、規制されるコミュニティのメンバーが、積極的安全文化を開発する際に考慮すべき分野があるとの、当委員会の期待の一部としての位置づけを、目に見えるように裏付けている。最後に、方針表明が示すとおり、この特性のリストは、検査目的のために開発されたのでもなければ、積極的安全文化に重要な分野の、すべてを包含するリストでもない。

3. 実施は、この方針表明が直接に取り組むのではなく、この方針表明は、積極的安全文化というものの、何よりも大切な原理を、設定するものである。この議論を含めていない理由は、当委員会は、規制されるコミュニティの多様性（含まれるのは、たとえば、産業レントゲン撮影サービス、病院、医院、放射性物質の医療利用にかかわる個々の開業医、研究用と試験用の原子炉、大規模核燃料加工施設とともに、運転中の原子力発電プラント及び建設中の新規施設は、公衆の健康、安全、通常の防御及びセキュリティに影響を及ぼす可能性のある放射性物質にかかわる）を知っていて、実施には、設定の複雑性に違いがあるだろうと認識するからである。NRCプログラム局が、免許付与及び監視の責任を負うのは、影響を受ける主体であって、規制される物質の安全に取扱いとセキュリティに一義的な責任を負う自らの構成員たちとともに作業をしようとし、次の段階及び具体的な実施問題に取り組む者である。それでも、実施問題に取り組む前に、規制されるコミュニティは、強化する分野を特定するための活動を開始することができる。例えば、産業の代表者たちは、組織及び個人の暗黙の目標を、特定し始めることができ、その際、安全第一に焦点を合わせて、目標を調整する戦略を、開発することがありえよう。いくらかの金銭的インセンティブやその他の報奨プログラムが、安全の意思決定に対して機能することがありえよう。現行の訓練プログラムが、安全文化及びその特性に取り組むものでないかもしれず、あるいは、それらの特性を日々の作業活動にどのように適用するかがある。規制されるコミュニティにおける、安全文化に関係する強さと弱さを識別

することが、実施の戦略を理解するのに役立つことになる。
4．この最終の方針表明には、当委員会がこの方針表明に含まれるさまざまな組織体の多様性を認識していることの表明、及び、いくつかの組織体はすでに、積極的安全文化を支持するプログラム及び方針の開発に、かなりの時間と資源を消費している事実、が含まれている。当委員会は、これらの努力を、規制されるコミュニティがこの方針表明に取り組んでいるとみて、考慮に入れることになる。
5．当委員会による方針表明の利用が、規制ではないことについて、いくらか疑問があるようなので、スタッフは2010年9月17日FRNにおいて、その違いの短い議論を提供し、方針表明は、強制可能ではなく、NRCスタッフの活動のガイドとなり、当委員会の期待を表すものであることを示した。当委員会は、2010年9月FRNで提供した議論の結論を繰り返すものであり、規則制定という選択肢は存在するものの、現段階では、方針表明を開発することがステークホルダーを引き入れる、より効果的な方法だと信じている。
6．安全関係コンポーネントの納入者と供給者を、この方針表明に含めてきた。少数のステークホルダーは、どのように実施が行われることになるか、特に納入者と供給者がNRCの管轄権外に位置する場合について、懸念を提起した。しかしながら、当委員会が信じることは、安全関係のコンポーネントの納入者と供給者は、自らの組織内で積極的安全文化を開発し、維持すべきであり、それは他のNRCに規制される主体がするべきであるのと同じ理由である。
7．この最終の方針表明は、特性「問いかける姿勢」を、2010年2月のワークショップで開発された特性に追加し、独りよがりに取り組むのにふさわしい手段とする。

III. 方針表明

この方針表明の目的は、当委員会の期待を設定すること、すなわち、個人及び組織体が、彼らの活動の安全とセキュリティの重要性、及び、彼らの組織の性質と複雑性にふさわしい、積極的安全文化を確立し、維持することである。そのことに含まれるのは、すべての免許保有者、資格保有者、許可保有者、権限保有者、品質保証プログラム認証の保有者、安全関係のコンポーネントの納入者と供給者、及び免許、資格、許可、権限、または品質保証プログラム認証の申請者で、NRC権限が適用される者である。当委員会が奨励することは、協定州、協定州の免許保有者、及びその他の原子力安全に利害関係のある組織体が、この方針表明に明文化されたとおり、積極的安全文化を開発し、維持するのを支援することである。

付録2 NRC安全文化方針表明 邦訳

　原子力安全文化は、リーダーと個人の集合的コミットメントから生じる中心的な価値観と行動であり、人間と環境の保護を確実にするという競合する目標よりも、安全を強調する、と定義される。規制される活動を遂行する個人と組織体は、安全とセキュリティに、一義的な責任を負う。個人と組織体の成果は、モニターして方向づけることができ、それゆえに、要件及びコミットメントの遵守を判定するのに利用してよいし、そして、ある組織体の安全文化にありうる問題分野の指標として役に立つだろう。NRCは、価値観をモニターしたり、方向づけることはしない。それらのことは、安全文化プログラムの部分としてその組織体の責任であろう。

　組織体が確実にするべきことは、安全とセキュリティ部門の要員が、それぞれの重要性を正しく認識し、彼らの活動における安全とセキュリティの双方を達成するために、統合とバランスの必要を強調することである。安全とセキュリティの活動は、密接に結びついている。多くの安全とセキュリティの活動は、互いに補完関係にあり、安全とセキュリティの利害関係が、競合目標を生む例がありえよう。重要なことは、これらの活動を、減退させたり、逆に作用することがないように、統合することである。すなわち、それらの違いを識別し、解決するメカニズムを、確立することである。これを達成する安全文化は、NRCが規制する活動と結びついた、すべての原子力の安全とセキュリティの問題にかかわることになろう。

　経験が示してきたことは、積極的安全文化には、人と組織体の、一定の特性が存在することである。この場合の特性は、安全について考え、感じ、行動することのパターンであって、強調することは、特に目標相反状態、たとえば、生産、工期、及び努力の費用と、安全とが対立する場合の、安全である。注意すべきことは、「セキュリティ」という単語は、以下の特性に明示されてはいないが、安全とセキュリティは、NRCの規制の使命の最も重要な柱である。したがって、安全問題とセキュリティ問題が、それらの重要性にふさわしい考慮をすることが、この方針表明の根底にある原理である。

　以下は、積極的安全文化の特性である。
（1）**安全の価値観と行動のリーダーシップ**——リーダーは安全へのコミットメントを、自らの意思決定と行動で明確に示す
（2）**問題点の識別と解決**——安全に影響する可能性のある問題点を直ちに識別し、十分に評価し、その重大性にふさわしい取組みをし、是正する
（3）**個人的な説明責任**——すべての個人は、安全について個人として責任を持つ
（4）**作業プロセス**——作業活動を計画し管理する活動は、安全が維持されるように実行する
（5）**継続的学習**—安全を確実なものにする方法について学習する機会を、求

めて実行する
- (6) **懸念を提起する環境**——安全を意識する作業環境を維持し、要員が安全の懸念を、報復、脅し、嫌がらせ、または差別、の怖れなしに、自由に提起できると感じる
- (7) **効果的な安全のコミュニケーション**——コミュニケーションは、安全に焦点を合わせつづける
- (8) **尊敬し合う作業環境**——組織のどこにも信頼と尊敬がある、及び
- (9) **問いかける姿勢**——個人は、独りよがりを避け、そして、既存の条件及び活動に絶えず挑戦することにより、誤りまたは不適切な活動となるかもしれない不具合を識別する。

この方針表明に含まれない特性で、積極的安全文化には重要ということがありうる。注意すべきは、それらの特性は、検査目的に利用可能なようには開発されてはいないのである。

当委員会が期待することは、規制される核物質にかかわる活動を遂行し、または監視するすべての個人と組織体は、積極的安全文化を推進するのに必要なステップとして、これらの特性を育成して、自らの組織環境に適用するべきことである。当委員会は、これら組織の多様性を認め、いくつかの組織が、すでに積極的安全文化の開発にかなりの時間と資源を費やしていることを認める。当委員会は、規制されるコミュニティがこの方針表明に取り組む際に、そのことを考慮することとする。

メリーランド州ロックビルの日付、2011 年 6 月 8 日
原子力規制庁のために
Annette L.Vietti-Cook、規制庁長官

あ と が き

杉 本 泰 治

　2011年3月11日、東北地方太平洋沖地震に伴う大津波によって、福島県双葉郡大熊町・双葉町に立地する、東京電力福島第一原子力発電所で事故（福島原子力事故）は起きた。

問題意識

　事故から1年4か月後の2012年7月23日に、政府事故調による事故調査最終報告書が提出された。マスメディアは、これで政府、国会、民間、東京電力による「主な四つの事故調の報告がすべて出そろったが、未解明な部分が多く残った」（朝日新聞）、「結論を出せないまま、事故後1年4か月あまりで原因究明の作業は幕を下ろした」（日本経済新聞）、「今後の解明に期待するとの記述が目立ち、期待外れの感は否めない」（東京新聞）、などと評した。

　原因がはっきりしない、というのが国民一般の印象ではなかろうか。国会事故調、政府事故調という、わが国最高の権威ある機関の事故調査でもわからないのだから、仕方がないとの思いもあるだろう。しかし、この事故の重大性を思うと、原因追究を断念すべきではない。

　なぜ、この事故は難解か。「真実は現場にあり」といわれるが、事故現場を調査すれば、すべて判明するだろうか。現場の原子力発電施設の技術を検証すれば、明らかになるかというと、この事故の場合、技術に、技術以外の要素が幾重にもからみついている。それが、原因究明を難しくしている。在来の手法では解けない、"世紀の難題"という覚悟でかからなくてはならない。

西洋における前例

　1986年に米国で起きたスペースシャトルのチャレンジャー事故の場合、ロジャース元国務長官を長とする大統領委員会が、事故原因の究明を担った。

　この米国最高の権威ある事故調査報告書（ロジャース報告）に対し、行

政学の若い准教授、ロムゼックとデュブニックが、「視野が狭い」と批判し、組織理論を学ぶ学生なら知っているパーソンズの理論を適用して、学問の力を示した。社会学の若い準教授、ヴォーガンも、それまでに受け入れられていた原因と違って「逸脱の正常化」を取りあげた。倫理学のデービスやハリスらは、個人の心に影響する要素を解明した。意欲と能力のある人たちが、事故の事実を徹底して追及した努力を、日本は福島原子力事故についてやるべきではないか。

手がかりを求めて

　福島原子力事故が起きてすぐ、IAEAと日本政府が、日本の原子力の安全文化の不足を認めていた。安全文化はチェルノブイリ事故でIAEAが提唱し、1991年のIAEA文書INSAG-4に、安全文化の実務の体系がある。

　しかし、INSAG-4の英語は読めても、内容を解読するすべがない。2013年ごろ、インターネットのLinkedin上で問題を投げかけると、深い教養の持ち主とみられる米国のコンサルタントの方が応答してくださった。

　一つには、筆者はシャインの『組織文化』（本文68頁参照）を読んではいたが、企業や行政などの組織の文化には三つのレベルがあること、そして表面の目に見えることから、深いところにある基本的な了解を探り当てる、という考え方を教わった。

　INSAG-4の手法が、「目に見える表れを利用して、その底に何があるかを調べる」ものであり、まさにそれである。これでINSAG-4の理解が一つ進んだ。

　もう一つは、日本は第二次世界大戦後、米国に品質管理を学び、高い品質の製品によって国際一流の地位を築いた前例がある。米国には海軍の原子力で尊敬されている提督がおられるが、その助力を得るようにしてはどうだろうか、との先方の意見である。

　当方が、品質管理の場合は、抜取検査、管理図、標準偏差などのテクニックだから、容易に学習できたが、これは日本の社会の事情がかかわるから、そのようにはいかないと思う、と述べたところ、先方も同意された。日本が自分で取り組むほかはないことを確認する結果になった。

西洋と日本の関係
　このLinkedin上の対話の間、筆者が思い出していたのは、技術者として現役の1970年代、米国からの技術導入のビジネスの経験である。技術だけでなく、労働ユニオンや人種問題の作法まで、米国側が教え、日本側が学ぶ。そこで、教える相手を下に見るのではなく、こちらが対等の関係で扱われている。あちらが先輩、こちらが後輩というぐらいの、対等の扱いである。上記のLinkedin上の対話でも、同じだった。
　万延元（1860）年、咸臨丸の使節に随行し米国から欧州を回った福沢諭吉は、西洋での応対について「外国の人に一番わかり易いことでほとんど字引にも載せないというようなことが、こちらでは一番むつかしい」と記している（福沢『新訂 福翁自伝』岩波文庫、132頁）。
　この状況は、160余年後のいまも、あまり変わらないのではないか。科学技術など、西洋が生み出したものには、敬意をもって、すなおに学習し理解する姿勢が必要だと思う。

技術だけでは解決できないこと
　筆者は、工学部の化学系を卒業し、30余年間、化学品製造業での社会経験をして、定年退職の年齢に、法学部法律学科3年に編入学し2年間、法学を学んだ。卒業した1986年から、会社法周辺の問題に関心を持ち、そして今日まで、技術者の倫理（科学技術に携わる者の倫理）に取り組んできた。
　そうして思うことは、技術、法、倫理の3面から見ることによって、見えるものがあることである。社会では技術と法と倫理が、別々にではなく、一体となって存在する、その全体を見る目と、技術を中心に、技術に法がかかわり倫理がかかわる学際を見る目が必要である。

技術者の学際能力
　2022年7月、日本技術士会東北本部の、「東日本大震災復興10年事業」2022年シンポジウムで筆者は講演をした。規制行政の枠組みの解明など、科学技術に法がかかわる内容であり、これまでの観念では技術者に容易なことではなく、反応が懸念された。
　ところが、共感を得た。ほんとうに理解されたのか、と何度も自問したが間違いないらしい。思うに、東北の技術者たちは、日々、厳しい震

災復興に従事し、研ぎ澄まされた意識がある。その意識によって、法や倫理に関することが理解され、互いに心が一つになって、この「安全文化」プロジェクトにつながった。

遡ると、共著者の福田、森山ら技術者たちと、技術者倫理の研究会を始めたのは10余年前である。技術とかかわる法の問題について筆者がリードしながら論議すると、意外にも、理解され受け入れられた。

この研究会の成果として、『安全工学』誌上に、「技術と倫理の今日的課題」と題する6報[1]と、規制行政と安全文化に焦点を合わせた2報[2]を発表した。本書『安全文化』の基礎となったものである。

それは、科学技術との学際の法的問題について、技術者の潜在的な能力の発見だった。従来、ほとんど未開発だった能力である。技術者の法教育によって、潜在的な能力が開発され、たとえば、福島原子力事故を抑止することができたらどうだろう。

本書推進の同志、渡邉嘉男先生が、本書完成を目前にして急逝された。言葉には言い表せない悲しみの極みというほかない。渡邉先生は、原子力発電に携わったご経験とともに、原子力の利用について幅広い識見を持っておられ、その上、哲学を修め、大部の訳書、ジョン・フォージ著、佐藤 透・渡邉嘉男訳『科学者の責任――哲学的探究』産業図書（2013）を残された。技術士の部門は「建設」だが、専門技術を越えて、技術が社会や人間とかかわる学際の能力の持ち主だった。

日本技術士会の役割

技術士制度は、産業経済、社会生活の科学技術に関する、ほぼ全ての分野（21の技術部門）をカバーしている。日本の主要な学術団体で、このように科学技術のほぼ全域を対象とするところが他にあるだろうか。21の技術部門の、単なる集合ではなくて、部門間の学際とともに、科学技術が社会と接する社会的学際がその視野にある。

渡邉先生が、そういう人であった。そのほか、故人だが矢部五郎先生、本田尚志先生を記憶しておられる人もおられるだろう。それぞれの部門の専門技術だけでなく、社会的な学際の能力によって影響を及ぼし、後輩を指導してこられた。

ここで強調したいことは、日本技術士会が、科学技術の各部門の専門技術の団体であると同時に、事実上、社会的学際を視野に置いていることである。1998年、日本技術士会訳編『科学技術者の倫理』(丸善)が先駆して、日本の技術者倫理で果たした大きな役割を、思い起こしていただきたい(第2章18頁)。それは、部門別の単なる集まりではなく、部門間の垣根を越えた会員による学際的な協力によって生まれた。

　そういえば、本書『安全文化』が、やはり、そうである。日本技術士会東北本部を場として、部門間の垣根を越えた、学際的な共同の産物にほかならない。日本技術士会は、部門ごとの活動と並ぶ位置づけで、学際の活動が認識されるようになるとよい。

　本書で、法学の新たな見方を取り入れる基礎となったのは、太田勝造先生(東京大学・明治大学)に導かれて法社会学のコミュニティに入れていただき、平田彩子先生の論文で、規制行政に「学問のエア・ポケット」があることをはじめ、啓発されたこと。そして、村上裕一先生(北海道大学)が、規制行政に関して、行政学の立場からご指導のうえ、新たな見方のモニタリングをしてくださり、難問だった安全文化の解明への道程となった。さらに、規制行政の合理的なあり方の例として、1972年の英国のローベンス報告の重要性を解説したサーズの論文の存在を、三上喜貴先生(長岡技術科学大学＝当時)から教えていただいたのが、強力な支援となった。

　ここに記して、心から感謝申し上げたい。

　なお付記すれば、本書は技術者団体編による著作だが、行政学、法社会学など法学の最新の研究を、本書を構成する主部として参照し、引用している。これは、これまでなかったことだろう。科学技術が人間生活に広く深くかかわり、そのかかわりは将来にわたり、より強くなることだろう。本書が、科学技術と人間や社会との学際のある現実の問題に、目を向けるきっかけとなるとよい。

　本書は、いまの世代の技術者の作だが、将来にわたり科学技術の限りない発展に即して、あとの世代によって更新され改版されることを願うのである。

以上

[1] ①杉本泰治・福田隆文・佐藤国仁・森山 哲「科学技術と倫理の今日的課題、第1講：「科学技術がかかわる事象・事故の三元観」安全工学、vol.58-3, pp.201- 210（2019）
②杉本泰治・福田隆文・佐藤国仁・森山 哲「科学技術と倫理の今日的課題、第2講：「科学技術にかかわる倫理とは何か」安全工学、vol.58-4, pp.257-264（2019）
③杉本泰治・福田隆文・佐藤国仁・森山 哲「科学技術と倫理の今日的課題、第3講：「科学技術にかかわる個人と組織の倫理」安全工学、vol.58-5, pp.357- 364（2019）
④杉本泰治・福田隆文・森山 哲「科学技術と倫理の今日的課題、第4講：科学技術にかかわる安全確保の構図」安全工学、vol.59-1, pp.39-47（2020）
⑤杉本泰治・福田隆文・佐藤国仁・森山 哲「科学技術と倫理の今日的課題、第5講三元幹にもとづく福島原子力事故の原因究明」安全工学、vol.59-2, pp.184- 188（2020）
⑥杉本泰治・福田隆文・佐藤国仁・森山 哲「科学技術と倫理の今日的課題のまとめ――福島原子力事故から将来へのメッセージ」安全工学、vol.59 -3, pp.184- 188（2020）

[2] ①杉本泰治・森山 哲・福田隆文、安全確保の規制行政の理解――エンジニアが知ってほしいこと、安全工学、vol.61-2, pp.81-88（2022）
②杉本泰治・森山 哲・福田隆文、「日本の安全文化は国際慣行とどこが違ったか」安全工学、vol.61-3, pp.177-185（2022）

索　引

人名索引

アシモフ　198
アリストテレス　164, 192
アリソンら　273
アルドリッチ　9
伊藤博文　34
今村文彦　4
ヴィノグラドフ　29
ヴォーガン　97
宇都彰浩　295
梅謙次郎　36, 39
梅田昌郎　19
エドモンドソン　108, 198
遠藤信哉　4, 6
大隈重信　34
大塚剛宏　108
小渕恵三首相　19
ガート　206
加藤一郎　151
北村喜宣　153, 283
工藤飛車　19
グリフィス　33
ケネディ大統領　96, 274
郷原信郎　264
サーズ　178
齋藤明　297, 299
サヴィーニ　40, 158
佐々木源　298
佐藤一男　108
佐藤真吾　298
サンデル　206
ジェニス、アービング　96
塩野宏　161
司馬遼太郎　45
シャイン　68
末弘厳太郎　152, 158
スミス、アダム　192, 196
高橋清秋　293

高城重厚　19
丹保憲仁　44
ティボー　158
デービス、マイケル　95, 214
富井政章　36, 39
トンプソン　83, 88
名和小太郎　19
バークレー　191
パーソンズ　83, 88
パーマー工兵中佐　43
畠山正樹　19
ハチスン、フランシス　196
バルトン　43
樋口陽一　46
平田彩子　153, 283
フランクリン、ベンジャミン　192
ベルツ　42
ベンサム　207
ボアソナード　35
ボイジョリー、ロジャー　88, 90
星野英一　40
ポチエ　40
穂積陳重　36, 38, 39, 158
堀内純夫　19
マクドナルド、アラン　97
松浦祥次郎　68
水口吉蔵　40
武藤栄　267
村上裕一　156, 266, 283
村上陽一郎　18
メーソン、ジェラルド　89, 91
モーゼ　190
守弘栄一　19
リーズン　85
ルンド、ロバート　88, 90
レガソフ、ヴァレリー　86, 281
ロムゼックら　83, 87

事項索引

あ

当たり前のこと　122
IEEE（電気電子エンジニア協会）　199
IAEA 安全文化への日本の対応　130
IAEA と日本の共通の理解　16
IAEA 報告　257
ISO 9001　133
あいまいな法　155
明石海岸砂浜陥没事故　254
悪業を償う　29
悪党　29
アシモフ『わたしはロボット』　198
熱海市の土砂災害　5
アメリカ土木エンジニア協会　209
　の倫理規程　216
安全確保　132
　の補完関係　127
　の規制行政の枠組み　313
　科学技術の　25
安全確保の流れ　75
　科学技術の　76
安全とセキュリティを一本に　418
安全文化　55
　と科学技術の関係　10
　の活動　203
　『原子力安全白書』の扱い　131
　国際共通の　65
　の根本思想　59
　事故から育った　77
　の事故観　52
　の実務と理論の関係　107
　社会のなかの　48
　を"醸成"する　79, 132
　の性格描写　125
　には正と負の両面　55
　西洋育ちの　15
　はただ一つの道　126
　を貫く根本思想　65
　の展開　78
　の到達レベル　104
　の到達点を示す　106
　日本育ちの　130, 141

日本の　132
BP の　102
　の複雑性　125
　の不足　253
　と防災文化の関係　304
　の「理念」　118
　の三つの理念　118
　には倫理が必要　23
　が倫理とつながる　198
　と倫理の関係　22
　の理解の障害　12
　の枠組み　123, 255
安全文化モデル　255
安全文化のイメージ
　IAEA が描く　17
　日本政府が描く　17
安全文化の定義　109, 124
　INSAG-4 の　124
「安全文化」定義の拡散　109
安全文化と完全性　103
安全文化方針表明　417
　は規制や規則ではない　418

い

EAD　199
意見公募　143
意思決定
　重大事項の　273
　の重大性への対応　273
一義的な責任　170
逸脱　100
逸脱の正常化　98
五つの関門　82
意訳　321
INSAG-4　65, 74, 85, 107, 109
　の読解の難しさ　57
　の性格　74
　の安全文化の解明　281
INSAG-4 の対訳　319
INSAG-4 の「日本語版」　320
INSAG-4 を収める意義　323
インテグリティ　103, 135
インフォームド・コンセント　214

う

「失われた30年」　79
ウラン加工工場臨界事故　131, 254

え

『エア・ポケット』　153, 157, 176
　　学問上の　283
英国の思想の系譜　197
ASCE　209
SDGs　205
NRA公表訳　319
NRC（原子力規制委員会）　69, 104, 417
NSPE　209
NHKのドキュメンタリー　81, 86

お

黄金律　189
大きな正義　280
大きな津波対策　266
OSHA　102
「公」　215
Oリング　89
思い込み　16, 97
思い込みをしないこと　97
重みの認識　32
御岳山噴火　5

か

ガートのモラル原則　206
階層構造　61
階層組織　91
概念法学　41, 158
CAIB　129
CAIB報告　101, 102
科学技術
　と安全文化の関係　10
　は国境を越える　283
　の安全確保のリスク　25
　への法の対応　66
科学技術イノベーション　32
科学技術が自生　24, 26
科学技術の安全確保
　にほかに選択肢はない　47

科学技術の危害　31
　の認識　151
　を抑止する　10
科学技術立国　32
学者たちの努力　78
学問
　西洋から導入された　27
　の専門分化　26
　は世に先駆けて　26
学問がなくてはならない　177
学問の空白　26, 79
学問の専門分化　41
学問の役割　87
　非「科学技術」の　87
学問は不要か　176
可視化の効用　75
過失　148
過失責任　147, 149
価値観　265
　の混乱　265
活性化されたモラルの意識　93, 188, 203
神に対する義務　189
神の御業　58
官が上で民が下　262
環境尊重　204
環境倫理　204
関係者　170
間接原因　130
完全性（インテグリティ）　58, 59
完全性への指向　119, 308
官庁とマスコミの結びつき　263, 264
官と民の「協働」　157
官民協働　156, 176
官民関係　172
　旧来の　141
官民連携　297
官僚制　84, 99
官僚的　100

き

機械安全　127
機械的完全性　102
機械的完全性プログラム　103

索引

規格が非関税障壁　132
危険は原子力だけでない　75
技術　229, 230
　　の正の効果／負の効果　25
「技術」と「工学」の使い分け　44
技術士の意見　297
技術士法改正　25
技術者
　　の条件　141
　　の責任　32
　　の責務　274
　　の役割　2, 10
　　復興事業に従事した　2
技術者たちの勧告　88
技術者の帽子　89
技術者の倫理規程　207
技術者倫理の生育　208
技術者倫理教育　20, 200, 274
　　の始まり　20
擬人化アプローチ　200
規制
　　原子力発電施設の　167
　　3種類の　174
　　処方箋的な　262
　　の目的を達する　170
規制改革　128
規制側（官）　62
規制機関は「顧客」ではない　262
規制行政　134
　　のあり方　63, 134
　　に学問は不要か　176
　　の近年の解明　153
　　の国民的基礎　262
　　国民の、国民による、国民のための　165
　　の成功例　165
　　日本国憲法下の　162
　　日本の　175
　　と法学の空白　258
　　の目的　160
　　の枠組み　166, 259
規制行政の迷走　260
　　安全確保の　166
規制行政の枠組みの概念図　283
規制者　168

　　は無謬でありえない　165
規制者（官）　134
規制対象　167
規制の組合せ　175
規制の虜　265
規制法　168, 170
　　の性格　165
規制や規則ではない　418
規則（rule）　104
期待が実現される人間関係　213
規範（norm）　22, 27
　　モラルの　189
義務
　　神に対する　189
　　人間に対する　189
QMS規制の迷走　260
QCサークル活動　133
キューバ・ミサイル危機　273
教育勅語　194
共助　6
共助の台頭　300
共助を担うもの　314
行政学　83, 155
強制起訴による裁判　267
行政行為　160, 162
行政法学　153, 155, 161
共通の理解を見いだす糸口　320
共通モラル　28, 188, 203, 214
協働関係　174
業務上過失罪　148, 254
寄与原因　102
議論の方法　30
「近代水道の100年」記念　44
緊張関係　173

け

経営者・技術者
　　の相反の解決　105, 266
　　の目標の相反　417
経営者と技術者の関係　270
経営者の責務　274
経営者の帽子　89
経済学　192
警察的規制　169, 283

445

警察的取締　152, 156
警察的取締から安全確保へ　165
刑罰　254
契約という「制度」　94
契約と不法行為　145
ケーススタディ　80
ケース・メソッド　158
厳格責任　149
研究資源を判例に依存　159
『原子力安全白書』　131
原子力規制組織の改革　251, 321
原子炉等規制法　262
建築基準法　290
建築士の意見　293
顕微鏡的な見方　95
憲法学　46
権力　161, 162
権力・権限を持つ者　94

こ

広域複合災害　3
「公共」　215
公共の福祉　215
公衆（public）　208, 209, 214, 215
公衆の福利を推進する　11
公衆を災害から救う　10
公助　6
公正　216
後世への伝承　8
公定力　162, 163
公的機関（public agency）　84, 172
公的機関の説明責任　84
行動の理念　203
高度経済成長後の日本　46
幸福（well-being）　164
公平　216
衡平　216
公平・公正・衡平　216
功利主義　207
国際共通の安全文化　65
国際社会に対する責任　1
国際社会の信頼　283
国民主権　165, 262
国民的基礎

規制行政の　262
国民の信頼　264, 276
　と安全文化　275
国民のための規制行政　165
国連防災世界会議　302
心　56
心に影響する要素　95
心や意識は一定不変でない　95
故障保全　103
個人（人間）　128
個人
　のあり方　91
　の性格と姿勢　56
　の重要性があいまい　60
　の動機　203
　自ら重い責任を負う　134
　と組織の関係　92
　の働き方　60
個人のモラルの意識　207
国会事故調報告　257
異なる目標間の相反　419
こなれた日本文　321
個の確立　60
この国を支える「働く人」　283
コミットする　105
コミュニケーション　62, 93, 106, 226
　組織の　93
コミュニティ　191, 213
　階層組織と　93
コミュニティで育つ倫理　212
雇用者（employer）　211
雇用者（使用者）　179
五倫　194
「殺さない」モラル　206
コロンビア事故　81, 99
コロンビア事故調査委員会（CAIB）　99, 129
　の方法　102
根本原因　102, 130

さ

災害
　三重苦の　9
　日本史上最大級の　287
災害ケースマネジメント　297

索引

災害対応の三つの段階　301
災害救助法　290
災害対策基本法　290
災害対策行政　290
災害に強いまちづくり　7
災害列島　289
在宅被災者　296
『坂の上の雲』　45
作業安全　127
産業革命　77
三重苦の災害　9
三陸沖地震　5
三陸地震　5

し

CSB　101
JR 福知山線脱線事故　254
JCO 臨界事故　131
「士業」専門家　292
士業組織の支援活動　301
事故
　　の根本原因　102
　　から育った安全文化　77
　　の分析方法　255
　　を見る目　253
事故観　253
　　安全文化の　52
　　在来の日本の　52
　　西洋の　253
　　日本の　254
事故原因の見逃しを防ぐ　129
事故原因の究明　129
事故の構造
　　チャレンジャー事故との比較　270
事故全体の構造　271
事故に対応する日本の傾向　93
事後法　147
　　の性格と限界　177
"思考停止"　162
自己規制　170, 175
自主規制　175
自助　6
自助、共助・互助、公助　300
自信過剰　100

自然災害　5
　　に対する事前防災　8
事前防災　5
　　自然災害に対する　8
事前法　150
事前法・事後法の区別　145
思想を外した　45
持続可能性　204
事態の重みの認識　32
十戒　189, 190, 206
実務と理論の関係
　　安全文化の　107
実務の倫理　22
自動車を運転するシステム　167
社会科学　159
社会学　83, 97, 116, 282
社会観察をしない　41
社会規範　27
　　二つの　27
社会的な抹殺　264
社会に自生し伝承される　119, 308
社会のなかの安全文化　48
社会を動かす力　21
弱者保護　232, 238, 283
　　の展開　283
ジャパン・アズ・ナンバーワン　46
集団思考　96
住民らの災害からの保護　306
囚虜（キャプチャ）理論　266
主権者は国民　171
首都直下地震　289
貞観津波シミュレーション　267
消極的安全文化　55, 275, 276
消極的な姿勢の日本　78
上下関係　173
　　官が上で民が下の　262
"醸成"　79, 132
処方箋的　122, 170, 260, 262
処方箋的な規制　262
自律　60
自律の規範　212
人格の完成　192, 193, 194
震災の教訓と伝承　7
信頼される倫理　21

信頼し行動する倫理　202

す

スイスチーズのモデル　109
水道技術　43
『水道施設基準』的技術　45
スタンドアロン（stand-alone）　200
スペースシャトル事業　80
「する人」と「される人」の区別　200

せ

性格と姿勢
　個人の　56, 124
　組織の　56, 124
　組織と個人の　56
生活者／消費者の目　310
"世紀の難問"　281
成功し、次に誤るパターン　45
政治学　155
精神に宿る　28
精神を学ぼうとしない　42
制度（institution）　116
　契約という　94
政府規制　169, 174
政府事故調中間報告　257
政府事故調報告　257
生命倫理　206
西洋　60
西洋が先んじる可能性　48
西洋社会　26
西洋人と日本人の違い　76
西洋育ちの安全文化　15
西洋と共通の法　28
西洋と日本　281
　が同じ科学技術を利用　47
　近代水道の　43
　の文化の違い　47, 57
西洋文化の理解の後れ　198
西洋と文化を共有　48
西洋に学ぶ努力　48
西洋の学問を否定　41
西洋の原理による法　28, 48
西洋法の受け入れ　35
西洋の事故　80

西洋の事故観　253
西洋の社会　23
セキュリティ　104, 418
積極的安全文化　55, 103, 275, 276
積極的安全文化の特性　70, 106, 272, 419
積極的安全文化の方針表明　104
設計
　人を殺さない　206
説明責任　83, 84, 107, 172
　公的機関の　84, 172
戦後民主主義　47
全体的品質管理　132
全体的品質マネジメント　132
仙台防災枠組　6, 302
全米プロフェッショナル・
　　エンジニア協会　209
専門技術　84, 168
専門技術への尊敬　84
専門職の責務　90
専門分化　26
　の機能不全　26

そ

相互理解
　見かけ上の　17
相互理解の虚構　17
想定シナリオ　269
相反解決の意思決定の手続き　272
相反の解決
　経営者・技術者の　105, 266
聡明な資質の日本人　48
組織
　の性格と姿勢　56
　のコミュニケーション　93
組織原理　62
組織と個人
　の関係　149
　の性格と姿勢　56
組織としての倫理的な行動　207
組織の意思決定の課題　105
組織の共通モラル　207
組織の障壁　100
組織の責任と管理　83
組織は個人からなる　91

組織文化
　シャインの　68
　備え以上のことはできない　6
損害賠償責任　254
忖度　99

た

第一の責任　170
対等関係　173
対話　30, 31, 214
ただ一度の機会　33
ただ一つの道　47, 126
脱原発（原発廃止）　1
他律　60
他律よりも自律が基本　120, 308
団体主義　60

ち

小さな正義　280
チェルノブイリ事故　80, 281
　の衝撃　58
チャレンジャー事故　80
　原因の全体像　98
チャレンジャー事故との比較　270
チャレンジャー打上げ前夜　88
チャレンジャー打上げの意思決定　82
治外法権の撤廃　34
注意義務　147
直接原因　130
直近原因　130

つ

津波工学　4
津波対策
　大きな　266
　非常用ディーゼルエンジンの　268
津波による死亡率　5

て

TQM　132
TQC　132
ディベート　30, 31
データ改ざん等の不正　275, 276, 280
テキサスシティ製油所事故　101, 129

敵対関係　213
テロリスト攻撃　418
伝承　8
天地万物の創造　191
てんでんこ　8
天皇のための政府　165

と

統計的品質管理　134
当事者・関係者　168
道徳　193
　の語　194
『道徳感情論』　196
道路交通規制　175
道路交通の規制の経験　283
道路交通法　165
徳（virtue）　192
独立宣言　197
　米国の　197
土木学会の定款　171
土木学会に検討を依頼　267

な

仲間（fellow）　201, 213
　の力　201
仲間関係の特徴　214
仲間たちと心を合わせる　191
ならぬことはならぬ　195
南海トラフ地震　5, 289

に

日露戦争　45
日清戦争　37
日本
　高度経済成長後の　46
　消極的な姿勢の　78
日本技術士会　15, 19, 32, 299
日本技術士会訳編　19
日本国憲法　47, 173, 262
日本語で読める　320
日本人　47, 134
　聡明な資質の　48
　が日本語で読める　320
日本人のモラル　193

日本の"安全文化"　132
日本育ちの安全文化　130, 141
日本独自の行き方　41
日本の科学技術の安全確保の体制　24
日本の規制行政　175
日本の空白　81
　消極的姿勢の　79
日本の事故観　52, 254
日本の社会　26
日本の盲点　63, 65
日本の労働安全規制　181
日本保全学会　261
人間観察をしない　41
人間に対する義務　189

は

パーソンズ組織管理モデル　83, 86
パーソンズの理論　87
廃藩置県　34
ハインリッヒの法則　54
働く人　275
　この国を支える　283
パブリックコメント　105, 143, 169
ハリスらのテキスト　18, 20, 81, 88
　日本技術士会訳編による　19
パンドラの箱　85
犯人追及がすべてという見方　94

ひ

BP　101
　の安全文化　102
東日本大震災　1
　の概要　6
　の教訓　6
　の復興　287
東日本大震災復興10年事業　3, 287
非関税障壁　132
被規制側（民）　62
被規制者（民）　134, 170
被災者　295, 313
被災者標準　311
人の心に宿る　28
人を動かす力　21
人を殺さない設計　206

ヒヤリ・ハット　54
ヒューマンエラー　128
被用者（employee）　211
被用者（労働者）　179
広島豪雨土砂災害　5
品質管理（QC）　132
品質文化　132

ふ

不確実性とジレンマ　155
不確実な状況下での判断　6
福島原子力事故
　安全文化の不足　24
　が気づかせたこと　20, 23
　の原因　1, 257
　の事故全体の構造　271
　の事実関係　257
　を見る目　252
　の当事国　281
武士道　194
不平等条約　33
普遍的価値　47
不法行為法　148, 254
不法行為法学の姿勢　151
プロセス安全　127
プロフェッショナル・エンジニア　208
雰囲気　95
文化（culture）　17
　日本語の　67
「文化」という言葉　9, 67
文化の違い
　西洋と日本の　57
文化の分かれ道　157
文化勲章　68
文化財　68

へ

平衡感覚の混乱　265
米国人に当たり前のこと　20
米国のテキストに学ぶ　18
米国の法制　417
ベーカー報告　101
弁護士の意見　295
弁護士の責務　297

弁護士法　297

ほ

法
　あいまいな　155
　西洋の原理による　28
法域（jurisdiction）　33
法学の空白　258
法学の空白の認識　153
法学の不作為　259
法学が研究資源を判例に依存　159
防災組織　300
防災文化　9, 287, 288, 305
　と安全文化の関係　304
　として後世に伝承　6
　の定義　309
　の特質　305
　の二重の難問　288
　の理念　308
　の枠組み　307
「防災文化」と名づける　8
法社会学　153
方針表明　104
「方針表明」の性格　104
法制
　西洋の原理による　48
法治国　28
　の立法のあり方　38
法典調査会　36
　の詳細な議事録　39
法典調査会議事録　39, 41
『法典論』　38, 41
法典論争　36, 158
法と倫理　27, 212
　の互いに補う関係　30
法の支配　28
法の対応
　科学技術への　66
法の特徴／倫理の特徴　28
法はモラルの最小限度　29
法への期待　274
法・法律・法令　142
法律　30
「法律による行政」原則　159

ボランティア　311, 313, 314

ま

マスメディア　99
　の影響力　172
　の活動　55
　世論を背景とする　172, 255
マンパワーの広大な可能性　77

み

見えざる手　197
見かけ上の相互理解　17
「自ら重い責任を負う」個人　134
自ら責任を負う　92
三つの事故　80
宮城県災害復興支援士業連絡会　293
宮城モデル　7
見る目
　福島原子力事故を　252
民法　35, 39, 53, 144, 158, 235
民法の施行　67
民法の根幹にかかわる大問題　236
民法学の特色　40
民法典創設の学識　39

む

無過失責任　149
「無気力」から「自己規制」へ　179
無謬性　265
無謬でありえない　165

め

明治維新　15, 26, 27, 33
明治憲法　162
目に見えない垣根　27

も

盲点 X1　60
盲点 X2　63
盲点 X3　64
モーゼ　190
モーゼの故事　201
目標の相反　272
　経営者と技術者の　272, 417

モラル　29, 187, 188
　日本人の　193
モラルの最小限度　29
モラル科学　192
モラル感情　196
モラル原則　191, 201
　ガートの　191
モラルと道徳の混同　193
モラルの意識　188, 203
　活性化された　203
「モラルの意識」の発見　196

ゆ

優良実務　74

よ

善い人　134
よく知らされたうえでの同意　214
予知／予測の技術　305
予防的効果　151
予防的・予測的保全　103

り

リーズンの見方　108
理性　56
倫理　188, 212
　のあいまい　27
　の意義　201
　実務の　22
　社会規範としての　27
　の定義　202
　の特徴　28
　は何のためのものか　201
倫理規程
　技術者の　207
　の性格　211
倫理教育
　エンジニアの　200
倫理的な行動
　組織としての　207
倫理的に配慮された設計（EAD）　199
倫理と安全文化がつながる　198
倫理と安全文化の関係　22
倫理の限界／法への期待　274

倫理の力　21
倫理への信頼　21, 196, 201

れ

レジリエンス　59, 135, 300
レジリエント社会　6
連邦公報　104

ろ

労働安全　127
　は労働法の領域　180
労働安全規制
　日本の　181
ローベンス報告　67, 77, 198, 262
　の意義　178
　の位置づけ　121
　の40余年後の評価　178
ロジャース報告　82
ロボット工学3原則　198
ロボットと人間の共存ではない　199

著者紹介

- 杉本泰治　技術士（名誉会員／化学部門）
  T. スギモト技術士事務所
  e-mail：MXC05423@nifty.com
- 福田隆文　博士（工学）
  長岡技術科学大学名誉教授
  e-mail：fukuda4267@gmail.com
- 森山　哲　博士（工学）技術士（電気電子部門、総合技術監理部門）
  （有）森山技術士事務所代表取締役
  （一社）安全技術普及会理事長
  e-mail：moriyama@safetyeng.co.jp
- 齋藤　明　技術士（建設部門、総合技術監理部門）
  株式會社オオバ
  e-mail：akira_saito@k-ohba.co.jp
- （故）渡邉嘉男　技術士（建設部門）

安全文化　公益社団法人 日本技術士会東北本部 編
仙台市青葉区錦町1-6-5 宮酪ビル2F
電話 022-723-3755

令和6年11月8日　初　版

編著者　杉本泰治　福田隆文　森山　哲
　　　　齋藤　明　渡邉嘉男
発行者　藤　原　　直
印刷所　株式会社ソノベ

発行所　株式会社 金港堂
仙台市青葉区福沢町9-13
電話　022-397-7682
FAX　022-397-7683

Ⓒ 2024 TAIJI SUGIMOTO, TAKABUMI FUKUDA, TETSU MORIYAMA, AKIRA SAITO, YOSHIO WATANABE

乱丁本、落丁はお取りかえいたします。
許可なく本書の一部あるいは全部の複写複製（コピー）を禁じます。

ISBN978-4-87398-169-7